Sozialkompetenz

Zielkompetenz

Engelmann
Führungs-Coaching

In Liebe für meinen Mann Jens ...
Und in Liebe für Ruth, Rita, Martha, Horst, Herbert, Julia und Justin ...

Bea Engelmann

Führungs-Coaching

3 × 7 Erfolgsfaktoren für eine positive Unternehmensführung

Mit 147 Arbeitsmaterialien für den Coachee

BELTZ

Bea Engelmann, Dipl.-Psych., arbeitet als freier Coach und als Lehrbeauftragte der Universität Bremen. Sie ist Gründerin des Instituts für Glückspsychologie in Bremen.
Homepage: www.zum-glueck-gecoacht.de
www.bea-engelmann.de

Dieses Buch ist auch als E-Book erhältlich:
ISBN 978-3-407-29287-2

www.beltz.de

Lektorat: Ingeborg Sachsenmeier
Herstellung und Satz: Sonja Frank
Druck und Bindung: Beltz Bad Langensalza, Bad Langensalza
Reihenkonzept: glas ag, Seeheim-Jugenheim
Umschlaggestaltung: Sarah Ferdin
Umschlagabbildung: Ingeborg Sachsenmeier, Weinheim
Grafiken: BlütezeitDesign/Stefanie Rinkenbach
Printed in Germany

ISBN 978-3-407-36541-5

Inhalt

Die Icons bedeuten:

- Arbeitsblatt
- Beispiel
- Download
- Info
- Literaturtipp
- Übung

Vorwort

»Wessen wir am meisten im Leben bedürfen, ist jemand, der uns dazu bringt, das zu tun, wozu wir fähig sind.«

Ralph Waldo Emerson

Liebe Leserin, lieber Leser,

ich freue mich, dass Sie sich für dieses Buch entschieden haben! Gleich zu Beginn möchte ich Ihnen erzählen, warum mir dieses Buch so wichtig ist –, denn das lässt sich in wenigen Worten ausdrücken: Ich glaube daran, dass es möglich ist, Unternehmen so zu führen, dass die am Arbeitsprozess beteiligten Menschen

- Freude am eigenen Tun haben,
- in ihrer Arbeit einen Sinn sehen,
- erfolgreich sind, weil sie ihre Stärken einsetzen und ihre persönlichen Ziele erreichen,
- wirklich im Mittelpunkt stehen und
- dazu beitragen, dass die Unternehmensziele aus genau diesen Gründen erreicht werden.

Während meines Studiums der Psychologie bin ich auf die Positive Psychologie gestoßen, deren Ziel es ist, Menschen das zu ermöglichen, was Aristoteles *das gute Leben* nannte. Das zu nutzen und umzusetzen ist mir seit diesem Zeitpunkt mein wichtigstes Anliegen geworden – für die Menschen, mit denen ich arbeite und die mir im Alltag begegnen, für meine Familie und Freunde und auch für mich selbst.

Als Coach habe ich das Ziel, mit meiner Arbeit Menschen auf ihrem Weg zu begleiten, als Betriebswirtin habe ich dabei zudem fest die Ergebnisse des Unternehmens im Blick, und aus meiner Zeit als Schifffahrtskauffrau sowie durch meine Arbeit in Seminaren, Trainings und mit Unternehmen weiß ich nur zu gut, wie frustriert, resigniert und erschöpft viele Menschen durch ihr Berufsleben sind. Deshalb ist es mir als Arbeits- und Organisationspsychologin ein Herzensanliegen, Menschen dahingehend zu unterstützen, dass ihnen das gelingt, was wir als *das gute Arbeitsleben* bezeichnen können. Denn ein großer Teil unserer Lebenszeit ist Lebensarbeitszeit – und da nichts so kostbar wie unsere Zeit ist, ist es von immenser Bedeutung, dass diese Lebensarbeitszeit eine gute Zeit ist. Denn am Ende des Tages möchten wir glücklich sein – das ist der Motor für all unser Tun!

Wie kann das in Zeiten glücken, in denen Burnout, Erschöpfung, Stress und psychische Erkrankungen zunehmen und zum ernsthaften Problem für unsere Gesellschaft werden? In Anbetracht der neuesten repräsentativen Gallup-Studie vom März 2013 kann einem schwindlig werden bei der Vorstellung, wie viel vorhandenes Potenzial ungenutzt bleibt. Demnach stellt sich die Situation wie folgt dar:

- 24 Prozent der Beschäftigten in Deutschland haben innerlich gekündigt
- 61 Prozent machen Dienst nach Vorschrift
- 15 Prozent der Mitarbeiter sind emotional hoch an ihren Arbeitgeber gebunden

Können wir uns das volkswirtschaftlich überhaupt leisten? Die Antwort lautet: Nein! Der Mensch muss wieder in den Mittelpunkt gestellt werden, denn die Menschen sind es, die durch Pioniergeist Unternehmen nach vorne bringen können, wenn sie kreativ und frei denken und sich voller Begeisterungsfähigkeit engagieren. Die Voraussetzung dafür ist eine *positive Unternehmensführung*, die auf der Kernintention der Positiven Psychologie basiert. Die Prämisse, die dafür erforderlich ist: **Führungskräfte müssen Menschen mögen!** Sie müssen sich ernsthaft für ihre Mitarbeiter interessieren und etwas Gutes im Schilde führen.

Sie wissen, dass Coaching eine wunderbar geeignete Methode dafür ist, Menschen auf ihrem Weg zu begleiten mit all ihren Ressourcen, Stärken, Werten, Motiven, Zielen, Hoffnungen und Träumen. Die Aufgabe von Coaches ist es, ihre Klienten zu unterstützen, zu spiegeln, zu inspirieren und ihnen ein hilfreiches Gegenüber zu sein. Ich coache für mein Leben gern! Mit welchen Anliegen auch immer meine Klienten zu mir kommen – ich sehe zuallererst den Menschen, der mir gegenübersitzt. Ich bin davon überzeugt, dass Menschen in ihrer Arbeit nur wirklich gut, erfolgreich und effizient sind, wenn sie diese mit Leidenschaft, Begeisterung und Engagement verbinden, wenn sie wertgeschätzt werden und wenn sie sich gesehen fühlen. Sind diese Voraussetzungen erfüllt, so zeigen sich Mitarbeiter leistungs- und verantwortungsbereit, dann sind sie gute, engagierte Mitarbeiter und somit ein Gewinn für das Unternehmen.

Wenn Sie Führungskräfte coachen, dann wissen Sie um die hohen Anforderungen, denen diese sich gegenüberfühlen. Eines haben Führungskräfte alle gemeinsam: Sie müssen erfolgreich sein, indem sie die vorgegebenen Ziele erreichen – sie können demzufolge gute, erfolgreiche Führungskräfte sein, wenn sie über *Erfolgskompetenz* verfügen. Viele von ihnen sind Führungskraft geworden, ohne dass sie eine besondere Befähigung zum Führen von Mitarbeitern haben. So werden sie zu Kursen und Seminaren geschickt, in der Hoffnung, dort Führungsqualitäten zu erwerben. Aber vergessen wir dabei nicht etwas ganz Wesentliches? Es reicht nicht, wenn Führungskräfte Methoden zur Führung von Mitarbeitern an die Hand bekommen, als sei dafür nur ein Rezept erforderlich. Aus meiner Sicht besteht der wichtigste Schritt darin, dass sie die Kompetenz erlangen, über sich selbst zu reflektieren, sich zu kennen und zu führen, denn sie sind der individuelle Startpunkt, von dem aus ihr gesamtes Handeln startet.

- Sie benötigen *Selbstkompetenz*.
- Darauf aufbauend sollten sie eine hohe *Sozialkompetenz* erwerben, die es ihnen ermöglicht, die Menschen in ihrem Team wirklich zu erreichen.
- Abschließend benötigen sie *Zielkompetenz*, um die Unternehmensziele erfolgreich zu realisieren.

Jedem dieser drei Kompetenzfelder habe ich sieben Erfolgsfaktoren zugeordnet. Das sind Basisfähigkeiten, die Führungskräfte benötigen, um ihre Arbeit erfolgreich meistern zu können. Jede dieser Basiskompetenzen können Ihre Klienten auch mit Ihrer Hilfe im Rahmen von Coaching erwerben.

Das Besondere und Neuartige an diesem Buch ist die umfangreiche Sammlung von Arbeitsmaterialien. Im Buch sind es 147 Arbeitsblätter und dann erhalten Sie nochmals 21 zum Downloaden, die Sie bei Ihrer Arbeit mit Ihren Klienten unterstützen. Ich möchte Sie mit diesem Buch auch dazu einladen, über sich selbst zu reflektieren. Sicherlich finden Sie Gefallen an dem einen oder anderen Arbeitsblatt, das Sie für sich persönlich nutzen können. Um es im Sinne des amerikanischen Philosophen Ralph Waldo Emerson zu sagen: »Bringen Sie die Führungskräfte, die zu Ihnen ins Coaching kommen, dazu, das zu tun, wozu diese fähig sind.«

Ich wünsche Ihnen viel Freude mit Ihrem Buch, viele erfolgreiche Coachings und viele inspirierende Gedanken!

Ihre Bea Engelmann

P.S.: Aus Gründen der besseren Lesbarkeit habe ich es mir als Frau erlaubt, ausschließlich die männliche Form zu verwenden.

Danksagung

Ich bin dankbar und glücklich, dass ich dieses Buch schreiben durfte, und möchte mich herzlich bei den folgenden Menschen für ihre Unterstützung und ihre Inspiration bedanken.

Ich bedanke mich zu allererst beim Beltz Verlag und hier sehr herzlich bei meiner Lektorin Ingeborg Sachsenmeier für die inspirierende, ermutigende und beglückende Zusammenarbeit. Das war ein wirklich schöner Weg …

Herzlichen Dank an Dr. Marc Förster (Hochschule für Ökonomie und Management, Bremen), Prof. Dr. Petra Hampel (Universität Flensburg), Dr. Wolfgang Kemmnitz (Universität Bremen), Imke Lohmeier, Prof. Dr. Tina Nehlsen-Pein (Hochschule für Ökonomie und Management, Bremen).

Mein besonderer Dank gilt Sabine Klenke, bei der ich meine Ausbildung zum Coach absolviert und von der ich unglaublich viel gelernt habe, was großen Einfluss auf meine Arbeitsweise hat.

Herzlicher Dank gebührt auch meinen Klienten, Seminarteilnehmern, Zuhörern und Studenten, die ich im Laufe der letzten Jahre kennengelernt habe und mit denen ich durch meine Arbeit schöne inspirierende Begegnungen hatte. Sie alle wissen, dass es mein Anliegen ist, sie zum Selbstdenken, Nachdenken und Querdenken zu motivieren. Ich habe so viel von ihnen gelernt – dafür bin ich sehr dankbar! Viele der Ideen für die Arbeitsblätter sind aus der Arbeit mit ihnen allen entstanden.

Das Wichtigste in meinem Leben ist meine Familie, für die ich unendlich dankbar bin! Besonders herzlich danke ich meinem Mann, meinen Kindern und meinen Eltern …

Grundlagen für ein Führungs-Coaching

Positive Psychologie

»Positive Psychology is the scientific study what goes right in life.«

Chris Peterson

Die Positive Psychologie verkörpert eine junge, neuartige Wissenschaftsdisziplin, die sich im Rahmen der Psychologie insbesondere auf das konzentriert, was Menschen dazu verhilft, *das gute Leben* zu leben, wie Aristoteles es definiert hat. Der amerikanische Psychologe Martin Seligman gilt als Vorreiter der Positiven Psychologie, die zunehmend an Bedeutung – auch im deutschsprachigen Raum – gewinnt. Gleichwohl muss erwähnt werden, dass schon Gordon W. Allport (1961) und Abraham Maslow (1971) als erste Begründer gezählt werden können, deren Ansätze sich jedoch nicht durchsetzen konnten.

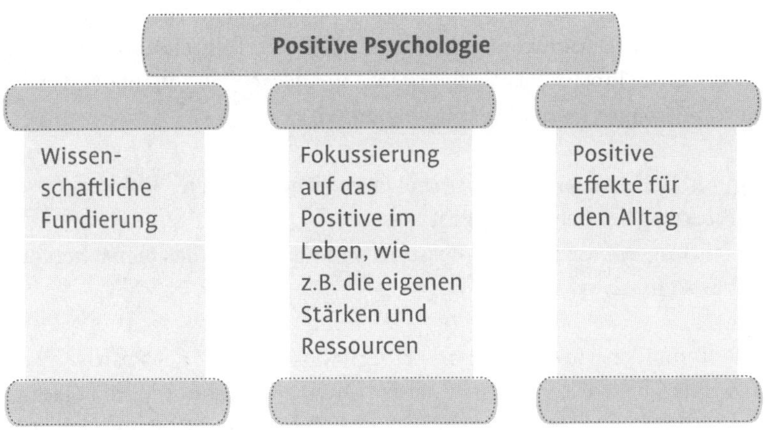

Die Positive Psychologie wird von drei Säulen getragen, die gleichzeitig ihre Ziele darstellen (Engelmann 2012).

Im Zusammenhang mit der Positiven Psychologie kann dabei durchaus die Rede von einem Paradigmenwechsel sein, wobei wir nicht den Fehler machen dürfen, andere psychologische Herangehensweisen als negativ zu bezeichnen. Die herkömmliche Ausrichtung der Psychologie beschäftigt sich primär mit der Entstehung psychischer Krankheiten, psychischen Störungen und deren Behandlungsmöglichkeiten.

Dem gegenüber stehen die drei Säulen, auf die sich die Positive Psychologie stützt und die gleichzeitig deren Zielsetzung darstellen (modifiziert nach Auhagen 2008).

Ziel der Positiven Psychologie ist, das Gute im Leben zu vermehren, die Verbesserung der Lebensqualität der Menschen sowie die Ausrichtung unter anderem auf deren Stärken, Ressourcen und Talente.

Im Unterschied zur bisherigen, »normalen« Psychologie liegt das Kerninteresse der Positiven Psychologie darin, das Gute im Leben der Menschen zu mehren oder wie der amerikanische Psychologe Peterson es ausdrückt: »Positive Psychology is the scientific study what goes right in life« (Peterson 2009). Sie konzentriert sich auf die psychische Gesunderhaltung von Menschen, indem ihr Augenmerk auf der Verbesserung der Lebensqualität liegt. Sie ist daher als primär präventiv zu bezeichnen. Die Positive Psychologie sieht den Menschen als selbstverantwortliches Wesen, das dazu befähigt werden kann, sein Leben erfolgreich zu meistern.

Die Kernelemente der Positiven Psychologie lassen sich aufbauend auf der Definition von Auhagen (2008) wie folgt benennen:

- die guten Gefühle und das Gute im Leben zu vermehren
- Verbesserung der Lebensqualität
- Ausrichtung auf die Stärken, Ressourcen und Talente des Menschen, um diese nutzbar zu machen.

Martin Seligman erweiterte sein ursprüngliches Konzept der Positiven Psychologie, das er als Theorie des authentischen Glücks bezeichnet, deren Hauptziel im Finden des Glücks und der Lebenszufriedenheit liegt. Die Erweiterung erfolgt dahingehend, dass er nun von der Positiven Psychologie in der Theorie des Wohlbefindens spricht, die mehrdimensional ist und nicht nur das Glück im Blick hat. Dementsprechend stellen sich die Elemente, die er unter Theorie des Wohlbefindens subsummiert – im Gegensatz zu den Elementen seiner ursprünglichen Theorie – wie folgt dar (Seligman 2011):

Theorie des authentischen Glücks	Theorie des Wohlbefindens
Thema: Glück	Thema: Wohlbefinden
Maßstab: Lebenszufriedenheit	Maßstab: positives Glück, Engagement, Sinn, positive Beziehungen und Erfolg
Ziel: zunehmende Lebenszufriedenheit	Ziel: zunehmendes Aufblühen durch das Verstärken von positiven Gefühlen, Engagement, Sinn, positive Beziehungen und Erfolg

Die Positive Psychologie zielt dabei nicht nur auf das Wohlbefinden allein, wie zum Beispiel Glück, Lebensfreude, Achtsamkeit, Mut, Dankbarkeit, Optimismus, Geborgenheit und Gelassenheit, denn sie beinhaltet daneben auch Konstrukte, die für uns als soziale Wesen von Bedeutung sind (Lyubomirsky 2008). Darunter fallen beispielsweise Vergebung, Güte und Solidarität (Auhagen 2008). Betrachten wir die fünf Hauptziele der Positiven Psychologie in der Theorie des Wohlbefindens genauer, so fällt mir als Erstes dazu ein, dass all diese Ziele auch im Unternehmenskontext von großer Bedeutung sind.

Seligman prägte den Oberbegriff *Flourish*, womit das Aufblühen von Menschen gemeint ist. Zu den drei Kerneigenschaften, die es zum Aufblühen bedarf, gesellen sich noch sechs weitere Eigenschaften hinzu (Seligman 2011):

Kerneigenschaften	zusätzliche Eigenschaften
positive Gefühle	Selbstachtung
Engagement, Interesse	Optimismus
Sinn, Bedeutung im Leben	Resilienz
	Vitalität
	Selbstbestimmtheit
	positive Beziehungen

Inwiefern können Unternehmen von der Positiven Psychologie lernen?

Zweifelsohne ist Erfolg ein hoher Wert – und das nicht nur für die Positive Psychologie. Auch im Unternehmenskontext ist Erfolg erstrebenswert. Wie lässt sich Erfolg operationalisieren? Sicherlich gibt es dafür unterschiedliche Möglichkeiten – eines werden diese alle gemeinsam haben: Erfolg bedeutet das Erreichen von Zielen. Insofern ist Erfolg im Unternehmenskontext meistens messbar und quantifizierbar. Doch hinsichtlich der Zielerreichung ist eines unerlässlich: Es geht nicht darum, Ziele um des Erreichens willen zu erreichen, denn das gibt uns Menschen keinen tieferen Sinn und die damit verbundenen guten Gefühle verflüchtigen sich dabei oft schneller, als uns lieb ist. Wichtig ist also, dass das Erreichen von Zielen in Anlehnung an Seligmans Verständnis Positiver Psychologie den Menschen Sinn und positive Gefühle bringen, damit sie ein Kohärenzgefühl im Sinne der Salutogenese Antonovskys erhalten.

Salutogenese

Der amerikanisch-israelische Medizinsoziologe Aaron Antonovsky ist der Begründer des salutogenetischen Modells, das sich mit der Entstehung und Erhaltung von Gesundheit beschäftigt. Salutogenese bedeutet »Gesundheitsentstehung«, abgeleitet von lat. salus für Gesundheit, Wohlbefinden und genese von griech. genesis für Geburt, Ursprung, Entstehung. Für Antonovsky sind Gesundheit und Gesundsein kein Zustand, sondern vielmehr ein dynamischer Prozess, den wir durch gesundheitsförderliches Verhalten selbst gestalten können.

Den Begriff *positive Unternehmensführung* habe ich in Anlehnung an die Positive Psychologie entwickelt, denn ich bin überzeugt davon, dass Unternehmen weitreichend von den Erkenntnissen der Positiven Psychologie lernen und profitieren können – ich bitte Sie, insbesondere darauf zu achten, dass in dem Wort *profitieren* das Wort *Profit* enthalten ist, wobei es sich um das Kernziel wirtschaftlicher Unternehmen handelt.

Die Conclusio lautet: Unternehmen sollten das Ziel verfolgen, zum Wohlbefinden ihrer Mitarbeiter beitragen zu wollen, in dem Vertrauen darauf, dass genau diese Haltung zum Erfolg führt. Solange dieses Ziel nicht das höchste Standardziel ist und solange es keineswegs selbstverständlich ist, dass Unternehmen eine derartige Ausrichtung haben, gilt: Dafür bedarf es Mut! Nicht etwa, weil es ein riskanter Weg, sondern nur weil es lediglich ein neuer Weg wäre, wenn er in dieser Konsequenz umgesetzt würde. Ich habe diese Vision – und ich denke, dass es keine Utopie ist!

Positive Unternehmensführung

Positive Unternehmensführung

Positive Unternehmensführung wird als Gesamtheit aller Prozesse innerhalb eines Unternehmens definiert, die zur Zufriedenheit aller am Arbeitsprozess beteiligten Menschen sowie zu einer positiven Entwicklung des Unternehmens und zum gewünschten Unternehmenserfolg führen, sodass durch positive Unternehmensführung die Gestalt einer Aufwärtsspirale entsteht. Kernbereiche sind dabei das Gesamtunternehmen, die darin arbeitenden Teams mit ihren jeweiligen Führungskräften sowie das Individuum.

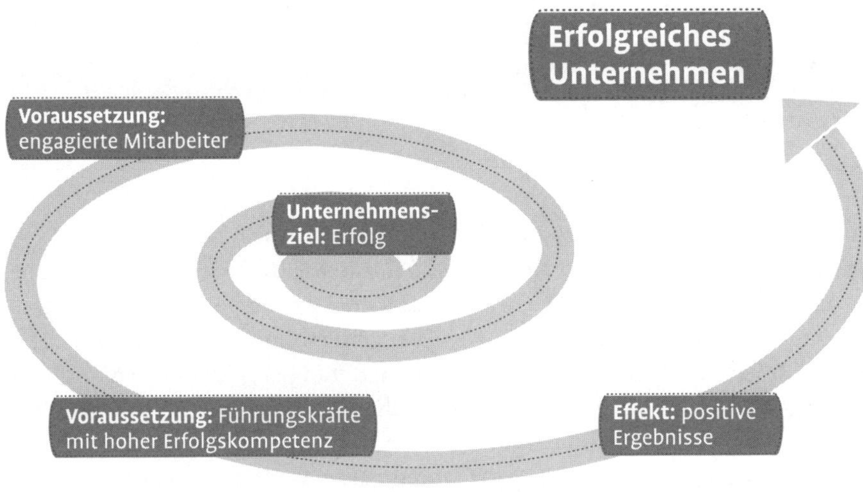

Aufwärtsspirale positiver Unternehmensführung

In Analogie zu den Zielen der Positiven Psychologie lässt sich feststellen: Ziel der positiven Unternehmensführung sind das Gute im Arbeitsleben zu vermehren, der Unternehmenserfolg sowie die Ausrichtung auf die Stärken, Ressourcen und Talente der am Arbeitsprozess beteiligten Menschen.

Eine Voraussetzung ist dabei grundlegend: Jeder im Unternehmen Handelnde wird dazu befähigt und ist bereit, Verantwortung für sein Denken, Handeln und Fühlen zu übernehmen! Das liest sich im ersten Moment unter Umständen leichter, als es in der Praxis umzusetzen ist. Denn nur wenn das gewährleistet ist, kann eine Aufwärtsspirale in Gang gesetzt werden, an deren Ende der Unternehmenserfolg sowie aufgeblühte Menschen stehen (in Anlehnung an Bucher 2009).

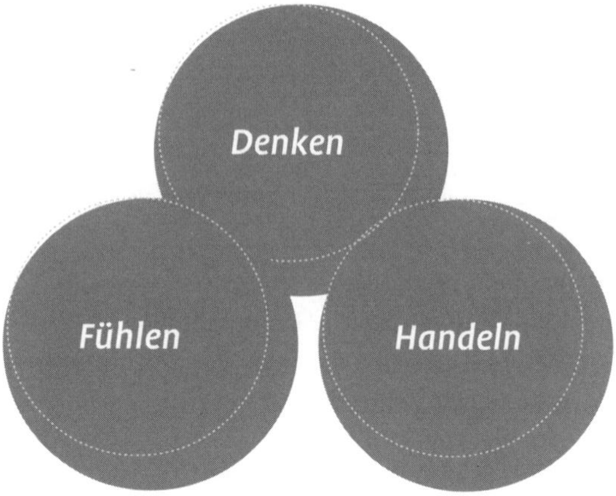

Fühlen, Denken und Handeln bilden zusammen die Grundlage, um Aufwärtsspiralen in Gang zu setzen

Positive Unternehmensführung ist ein dynamisches Geschehen, das das gute Arbeitsleben zum Hauptziel hat, wodurch es gelingt, die unterschiedlichen Interessen und Zielsetzungen des Gesamtunternehmens, der darin arbeitenden Teams und der Individuen an sich positiv zu berücksichtigen sowie deren jeweilige Stärken und Ressourcen sinnvoll zu nutzen. Das Hauptaugenmerk liegt dabei auf den Führungskräften, da sie als Bindeglied zwischen Unternehmensleitung und Mitarbeitern fungieren. Sie sind der entscheidende Faktor im Unternehmensgefüge im Hinblick auf die Mitarbeiter. So gibt es das geflügelte Wort:

»Menschen kommen zu Unternehmen und verlassen ihre Vorgesetzten.«

Dies gilt es zu verhindern, damit das Potenzial, das in Unternehmen vorhanden ist, voll ausgeschöpft werden kann. Das Mittel der Wahl ist die Erfolgskompetenz, die Führungskräften einen positiven Führungsstil ermöglicht.

Welche Effekte lassen sich durch positive Unternehmensführung erzielen?

Positive Unternehmensführung ist eindeutig darauf ausgerichtet, positive Effekte für jeden der drei Kernbereiche zu erzielen.

Erstens: Positive Effekte für das Gesamtunternehmen Das Ziel von Wirtschaftsunternehmen ist das Erwirtschaften von Gewinnen. Darüber hinaus gibt es noch eine Vielzahl staatliche und nicht staatliche Organisationen, deren primäres Ziel nicht im profitorientierten Handeln liegt, die dennoch auf ihre Weise erfolgreich sein wollen oder müssen. Das Gesamtunternehmen profitiert durch die positive Unternehmensführung dahingehend, dass seine Entwicklung als

- erfolgreich
- positiv
- zeitgemäß
- innovativ

beschrieben werden kann. Darüber hinaus zeigen sich weitere Auswirkungen dieses Führungsstils darin, dass

- Vertrauen im Unternehmen herrscht
- innovatives Denken gefördert wird
- Mitarbeiter eine hohe emotionale Bindung zum Unternehmen haben
- das Unternehmen und seine Mitarbeiter gesund sind
- Leitbilder durch die Menschen gelebt werden

Zweitens: Positive Effekte für das Team und die Führungskraft Für eine erfolgreiche Arbeit zeichnet im Unternehmen nicht nur ein Arbeiter oder Angestellter allein verantwortlich, sondern Ergebnisse sind meistens das Produkt aus Kooperation und Know-how von Teams. Dafür ist eine positiv ausgerichtete Führung von Mitarbeitern erforderlich. Und unabhängig von der Art der Organisation – profitorientiert oder nicht – bedeutet Mitarbeiterführung eine besonders hohe Anforderung, da Führungskräfte ihre Teams so leiten müssen, dass die Unternehmensziele erfolgreich erreicht werden.

Positive Unternehmensführung wirkt sich auf Teams dadurch positiv aus, dass Führungskräfte

- die notwendige Sachkenntnis haben
- über ausreichend Erfolgskompetenz verfügen

- mit Leidenschaft, Begeisterung und Kompetenz führen
- sich den Unternehmenszielen verpflichtet fühlen
- kreativ Lösungen finden
- querdenken dürfen

Drittens: Positive Effekte für das Individuum Lassen Sie uns von der Grundannahme ausgehen, dass jeder Einzelne, der dem Unternehmen seine Arbeitskraft gegen Geld zur Verfügung stellt, mit seiner Arbeit zufrieden sein und sich dadurch glücklich fühlen möchte. Zudem ist er bereit, sich zu engagieren und erfolgreich zu sein. Es versteht sich von selbst, dass er durch diese Arbeit auch seine wirtschaftliche Existenz sichern möchte, doch das allein reicht als Schutz vor psychischen oder physischen Erkrankungen durch Belastungen am Arbeitsplatz nicht aus. Folgende Ziele lassen sich durch eine positive Unternehmensführung für das Individuum erreichen:

- Freude am eigenen Tun
- sich durch die Arbeit als sinnvoll begreifen
- erfolgreich die eigenen Stärken einsetzen
- persönliche Ziele erreichen
- sich gesehen und wertgeschätzt fühlen

Was macht Unternehmenserfolg möglich?

Schon die Frage ist genau genommen falsch gestellt. Sie muss lauten: **Wer macht Unternehmenserfolg möglich?** Erst engagierte und emotional hoch gebundene Mitarbeiter machen Unternehmenserfolg möglich. Die Gallup-Studien vergangener Jahre zeigen, wie viel Potenzial in den Unternehmen ungenutzt vor sich hinschlummert (s. S. 16).

Ich finde diese Zahlen alarmierend! Emotional hoch gebundene Mitarbeiter machen nicht nur Dienst nach Vorschrift und versuchen unauffällig im Tagesgeschäft zu bleiben, sondern sie engagieren sich aus sich selbst heraus in ihrer Tätigkeit. Diese Mitarbeiter sind es, die das Unternehmen nach vorn bringen können, wenn sie sich durch die Rahmenbedingungen dazu ermutigt fühlen, ihr Potenzial auszuschöpfen, kreative Quer- oder gar Andersdenker zu sein und ihre Expertise gefragt ist. Denn zweifelsohne kennt sich niemand in ihrem Arbeitsbereich besser aus als sie. Fragt man nach der Hauptursache für die dramatischen Zahlen, so sind die Schuldigen schnell ausgemacht: die Führungskräfte – so heißt es in dem Bericht zur Gallup-Studie 2012. Sie sind der Hebel, an dem angesetzt werden muss, weil sie für den Erfolg der Mitarbeiter und des Teams verantwortlich zeichnen.

Definition von Führung

Fast könnte man sagen, dass es fast so viele Definitionen über Führung gibt wie Führungsforscher. Mich persönlich spricht am meisten die von Peter Drucker und Warren Bennis an, die Covey in seinem Buch »Die 7 Wege zur Effektivität« (2013, S. 116) beschreibt: »Management ist, wenn man die Dinge richtig macht; Führung ist, wenn man die richtigen Dinge macht.«

Was hinter dieser Definition steckt, erklärt Covey anhand eines Dschungels, durch den sich eine Gruppe von Menschen kämpft. Sie haben Macheten und arbeiten sich Schritt für Schritt durch das Unterholz. Die Manager schärfen diese Macheten, geben die Regeln vor, erstellen Arbeitspläne, Fitnessprogramme ... Er beschreibt, dass die Führungskraft auf den höchsten Baum im Dschungel klettert und sich einen Überblick darüber verschafft, ob sie alle zusammen im richtigen Dschungel unterwegs sind. Wichtig in Zeiten von Krisen und Wandel ist also die Einsicht, dass die Effektivität und das Überleben eines Unternehmens davon abhängen, ob wir im richtigen Dschungel sind, und nicht davon, wie viele Anstrengungen wir leisten. Das Dschungelbild zeigt zudem, wie wichtig es ist, sich hervorzuwagen und eine Vision zu entwickeln.

In einem Artikel der ZEIT habe ich das folgende Statement eines ehemaligen Managers gelesen, das treffend die Forderung nach einer andersartigen Art der Unternehmensführung zusammenfasst: »Das deutsche Management ist zwar in der Lage, Druck zu erzeugen, aber die Leute können mit dem Druck nicht mehr umgehen. Leadership gibt Werte vor, Management häufig nur Anweisungen. Leadership erzeugt Sog, Management Druck. Oft fehlt zudem, wodurch sich die guten alten Unternehmer auszeichneten: Intuition.« Und es heißt weiter: »Manager gäben häufig eben keine Orientierung – obwohl in ihren Händen das Schicksal Tausender Familien liegt und sie qua Aufgabe und Verantwortung wie ein Leuchtturm aus der Gesellschaft herausragen sollten« (Quelle: http://www.zeit.de/karriere/beruf/2011-01/zen-rotarier/seite-3, Abruf am 06.04.2013).

Der Unterschied zwischen wertefundiertem Leadership und Druck erzeugendem Management ist evident. Hier sollten sich Führungskräfte dazu eingeladen fühlen, sich an den Charakteristika erfolgreicher Führungskräfte, wie sie der Führungsforscher Oswald Neuberger (2002) formuliert, zu orientieren. Führungskräfte zeichnen folgende Aspekte aus: Sie

- innovieren
- entwickeln
- kreieren

- sind Originale
- fokussieren sich auf Menschen
- setzen auf Vertrauen
- sind begeistert und begeisternd
- haben die Vision im Herzen
- machen die richtigen Dinge

Führung bedeutet immer auch Einflussnahme, die mit einer gewissen Intention verbunden ist. Die wichtigste Voraussetzung dafür ist Kommunikation, die den Hauptanteil an Führungsarbeit darstellt. Daraus ergibt sich, dass Führungskräfte ständig defragmentiert arbeiten: Sie werden häufig unterbrochen, arbeiten an Teilen und müssen sich stets wieder neu orientieren. Die besondere Kunst besteht darin, diese Führungssituationen stets positiv zu gestalten, denn das wirkt sich auf den Erfolg aus.

Die besonderen Anforderungen an Führungskräfte

»Gut zugehauene Steine schließen sich ohne Mörtel aneinander.«

Cicero

Eine besondere Bedeutung im Unternehmensgeflecht kommt den Führungskräften zu, die eine Schnittstelle zwischen Topmanagement und Mitarbeitern bilden. Sie müssen in vier Richtungen agieren:

- hin zum Topmanagement, von dem sie die Unternehmensziele, -strategien und -werte vorgegeben bekommen
- hin zu ihren Kollegen, die sich mit ihnen auf der gleichen Hierarchiestufe befinden und mit denen sie in direkter Konkurrenz stehen
- in Richtung Mitarbeiter, die sie für die »Mitarbeit« gewinnen wollen und die sie führen, um die vorgesetzten Ziele zu erreichen
- hin zu sich selbst. Denn in allererster Linie müssen sie sich selbst führen

Die Anforderungen an Führungskräfte sind immens hoch, weshalb diese über besondere Kompetenzen verfügen müssen, damit sie den Spagat nach allen Seiten schaffen.

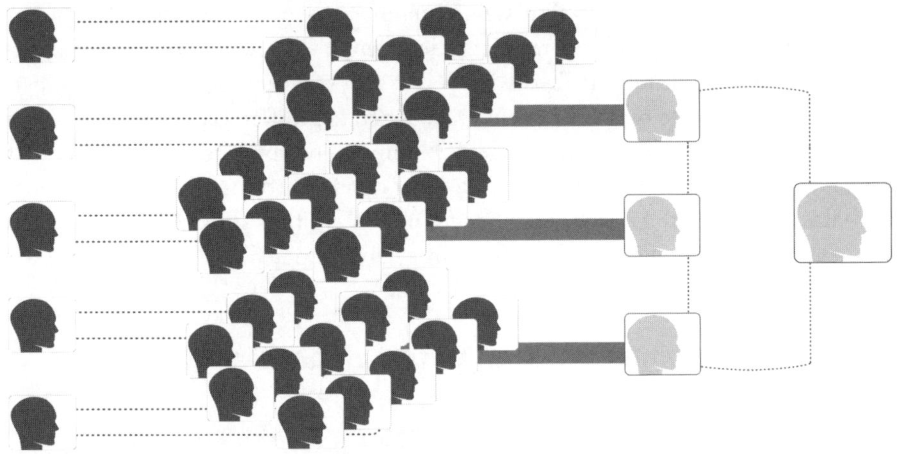

Struktur im Unternehmen: Ein Mitarbeiter ist Teil eines Teams, das von einer Führungskraft geleitet wird, die wiederum die Unternehmensziele erfüllen soll

Voraussetzung für erfolgreiche Führungskräfte im Rahmen der positiven Unternehmensführung Der Professor für Organisationspsychologie Neuberger (2002) weist darauf hin, dass einzelne Persönlichkeitsmerkmale und Führungserfolg kaum signifikant miteinander korrelieren. Jedoch besteht schon ein deutlicher Zusammenhang zwischen intellektueller Kapazität und sozialer Kompetenz einerseits und dem Führungserfolg andererseits.

Aus meiner Sicht gibt es eine grundlegende Voraussetzung, die Führungskräfte neben ihrem Know-how benötigen: Sie müssen Menschen mögen. Das impliziert, dass sie gern mit Menschen zusammenarbeiten, dass sie bereit sind, ihren Mitarbeitern eher zu dienen (Covey 2013) und ihnen bei der Erfüllung ihrer Ziele hilfreich zur Seite stehen. Führungskräfte können erfolgreich sein, wenn sie ein echtes Interesse am Wohlergehen ihrer Mitarbeiter haben.

Und natürlich müssen sie die Kompetenz haben, andere Menschen zu führen! Denn wie Sprenger feststellt, verkörpern die Führungskräfte in den Augen der Mitarbeiter das Unternehmen und werden von diesen nicht als Individuen, sondern als Teil des Systems wahrgenommen (Sprenger 2012).

Da Führung ein dynamisches Geschehen ist, reicht es nicht aus, dass Führungskräfte Fachkompetenz haben. Sie werden es nicht schaffen, auch nur ein einziges Ziel allein zu erreichen, denn das können sie nur durch die erfolgreiche Zusammenarbeit mit anderen: Ohne die Unterstützung ihrer Mitarbeiter ist es ihnen nicht möglich, ans gewünschte Ziel zu kommen. Hart formuliert könnte man sagen: Ohne ihre Mitarbeiter sind sie nichts! Es ist also im höchsten Maße wünschenswert, dass Führungskräfte erfolgreiche, empathische und beziehungsfähige Menschen sind, durch die ihre Mitarbeiter sich während der Arbeit als selbstwirksame, engagierte und kompetente Menschen begreifen. Dafür sind eine gute Selbst- und Sozialkompetenz neben der Zielkompetenz vonnöten. Meiner Ansicht nach ist Coaching hier das Mittel der Wahl für den Erwerb von Erfolgskompetenz. Ich halte die Begleitung durch einen Coach für eine weitaus sinnvollere Investition als die Erstellung von Leitbildern, die nicht gelebt werden.

Die Bedeutung einer positiven Unternehmenskultur

»Ein Sonnenstrahl reicht hin, um viel Dunkel zu erhellen.«

Franz von Assisi

Innerhalb einer positiven Unternehmenskultur kommt der Bedeutung der Unternehmenskultur eine besondere Bedeutung zu. Wenn wir uns die Frage stellen, welche Faktoren das Verhalten von Mitarbeitern determinieren, so lassen sich vier unterschiedliche Faktoren benennen (Pümpin u. a. 1985):

- Beziehung Führungskraft–Mitarbeiter
- gruppendynamische Funktion
- sozialsystemische Dimension
- Unternehmenskultur

Cuno Pümpin, Jean-Marcel Kobi und Hans A. Wüthrich sehen in der Unternehmenskultur den entscheidenden Faktor für den Unternehmenserfolg. Hier wird die Basis für zufriedene Mitarbeiter gelegt. Dabei handelt es sich um die grundlegenden Werte, die im Unternehmen lebbar sind. »Der Fisch fängt vom Kopf an zu stinken«, sodass der Fokus hier auf Topmanagement und Führungskräften liegt. Welches Leitbild ist stimmig im Hinblick auf die Unternehmenskultur?

Durch eine Studie mit Kommilitonen im Rahmen meines Studiums und auch durch meine Lehrtätigkeit an der Universität Bremen im Fach Wirtschaftspsychologie sind mir viele interessante Ergebnisse zu Unternehmensleitbildern begegnet und eine Erkenntnis ist mir seitdem nicht mehr aus dem Kopf gegangen: Wenn Unternehmensleitbilder in einem starken Kontrast zu dem Gelebten und Erlebten stehen, dann wirken sie keineswegs motivationsfördernd oder zusammenschweißend – nein, dann ist das Gegenteil der Fall: Sie generieren Frust und haben desillusionierte Mitarbeiter zur Folge.

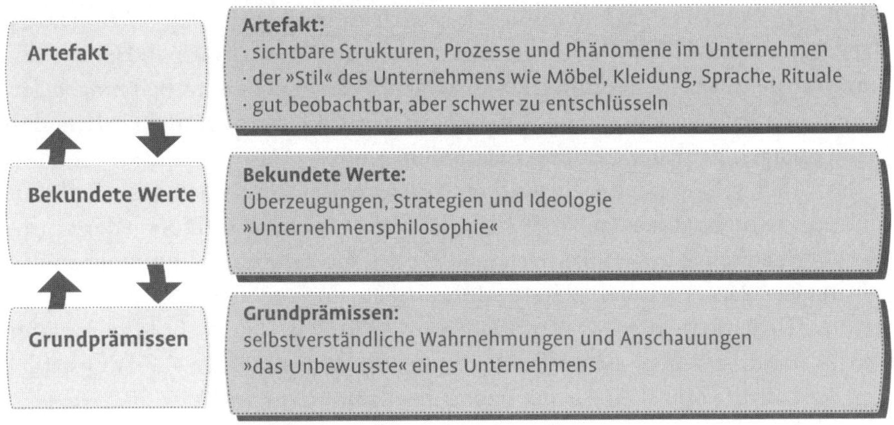

Die Ebenen der Unternehmenskultur nach dem Grad ihrer Offensichtlichkeit (nach Schein 1995).

Wenn Mitarbeiter Sätze sagen wie: »Am Anfang habe ich noch an das Leitbild geglaubt, aber die meinen das doch sowieso nicht so«, »Nach außen sieht das ja alles ganz toll aus, aber ich merke davon nichts« oder »Papier ist geduldig, gelebt wird das nicht«, dann ist das fernab von einer positiven Unternehmenskultur. Ich erinnere mich noch an einen Mitarbeiter, der über das Leitbild meinte, es sei damals sowieso nur zusammengezimmert worden, damit es gut aussieht. Erstaunlich finde ich es auch, wenn viele Mitarbeiter das Leitbild des Unternehmens, in dem sie schon seit Jahren arbeiten, gar nicht kennen …

Generell bietet die Unternehmenskultur den Mitarbeitern den Rahmen für deren Handeln und ihre Arbeit. Wer sich engagierte, begeisterte und motivierte Mitarbeiter wünscht, muss die entsprechenden Rahmenbedingungen dafür liefern.

Warum brauchen wir eine neue Art der Unternehmensführung?

Die Antwort ist einfach: Weil eine positive Unternehmensführung dazu führen wird, dass Menschen im Unternehmen nicht verblühen, sondern aufblühen. Eine große Bedeutung kommt dabei dem Aspekt *Zeit* zu, denn Zeit ist das Kostbarste, was wir Menschen haben. Damit wir glücklich und voller Wohlbefinden sind, sollten wir uns sehr gut überlegen, wie wir mit diesem wertvollen Gut umgehen wollen. Unsere Arbeitszeit ist Teil unserer Lebenszeit, ist somit *Lebensarbeitszeit.*

Mitarbeiter scheitern zunehmend an ihren Vorgesetzten. Jeder Einzelne hat sich zu irgendeinem Zeitpunkt motiviert für das Unternehmen entschieden, hat Hoffnungen, Träume und Ziele mitgebracht, war bereit, sich voll und ganz einzubringen, sich zu engagieren und erfolgreich zu sein. Doch was genau passiert eigentlich zwischen dem Datum des Eintritts in das Unternehmen und jenem Zeitpunkt, an dem Mitarbeiter innerlich kündigen? Befragt man Mitarbeiter nach dem Grund ihrer Frustration und Resignation, so lautet die Antwort nicht selten, dass es mit mangelnder Anerkennung zusammenhängt.

Natürlich gibt es noch viele weitere Gründe, wie zum Beispiel, dass sie mit ihrer Aufgabe nicht zufrieden sind, sich nicht im Team zurechtfinden oder mit ihrem Vorgesetzten Schwierigkeiten haben. Sicher, die Rahmenbedingungen mögen sich in vielen Unternehmen verschlechtert haben, doch noch nie war die Mitarbeiterunzufriedenheit so groß. Wenn Führungskräfte als Hauptschuldige benannt werden, dann scheinen sie hoffnungslos überfordert mit ihren Führungsaufgaben, weshalb die Mitarbeiter zunehmend desillusioniert sind.

Was hat die geringe Mitarbeiterbindung zur Folge? Nicht nur, dass sich die Mitarbeiter weniger engagieren und nicht mehr so leistungsbereit sind, eine fatale volkswirtschaftliche Konsequenz besteht in höheren Fehlzeiten.

Hier kommt die *gesundheitsförderliche Wirkung* einer positiven Unternehmensführung ins Spiel: weniger Fehlzeiten. Unternehmen sollten dazu beitragen, dass ihre Mitarbeiter ein gutes Kohärenzgefühl haben. Das Konzept der Salutogenese von Antonovsky (1997) beinhaltet das Kohärenzgefühl mit seinen drei Grundpfeilern, die dazu führen, dass ein Mensch sich in seinem Leben zu Hause fühlt und dadurch gesund ist und bleibt:

- **Verstehbarkeit** umschreibt ein kognitives Verhaltensmuster, das uns ermöglicht, das Leben und seine Anforderungen zu verstehen und nachvollziehen zu können.
- **Handhabbarkeit** steht für die Überzeugung, das Leben handhaben und mit den Anforderungen zurechtkommen zu können.
- **Sinnhaftigkeit** bedeutet, sich und sein Leben als sinnvoll zu erfahren.

Aaron Antonovsky selbst beschreibt sein Konzept wie folgt: »... meine fundamentale philosophische Annahme ist, dass der Fluss der Strom des Lebens ist. Niemand geht sicher am Ufer entlang. Darüber hinaus ist für mich klar, dass ein Großteil des Flusses sowohl im wörtlichen als auch im übertragenen Sinn verschmutzt ist. Es gibt Gabelungen im Fluss, die zu leichten Strömungen oder in gefährliche Stromschnellen und Strudel führen. Meine Arbeit ist der Auseinandersetzung mit folgender Frage gewidmet: ›Wie wird man, wo immer man sich in dem Fluss befindet, dessen Natur von historischen, soziokulturellen und physikalischen Umweltbedingungen bestimmt wird, ein guter Schwimmer?‹« (Antonovsky 1997, S. 97).

Das Konzept der positiven Unternehmensführung beinhaltet die Intention, Mitarbeiter dazu zu befähigen, zu guten Schwimmern zu werden.

Der Managementberater Reinhard K. Sprenger vertritt die Auffassung, dass Unternehmen es sich aus wirtschaftlicher Hinsicht nicht leisten können, gute Mitarbeiter zu verlieren. Seiner Ansicht nach ist die Frage: »Wo bekommen wir nur gute Leute her?«, zwar drängend, aber sie müsste vielmehr lauten: »Die guten Leute? Wir hatten sie schon mal, aber wir haben sie verloren.« Diese Fluktuation hat fatale Konsequenzen für das Unternehmen: Die verloren gegangenen Mitarbeiter verursachen noch höhere Kosten als die Auswahl neuer Mitarbeiter. Als Gründe hierfür führt er den Aufwand für »Information, Beschaffung, Einarbeitung und Ausbildung von Mitarbeitern« an (http://www.manager-magazin.de/magazin/artikel/0,2828,567992,00.html, Abruf 06.06.2013).

Erfolgskompetenz: 3 × 7 Erfolgsfaktoren

Für das Coaching von Führungskräften habe ich das Erfolgskompetenz-Modell entwickelt, das auf dem herkömmlichen Modell der Handlungskompetenz mit seinen vier Kompetenzfeldern Sozial-, Sach-, Methoden- und persönliche Kompetenz beruht (Beschluss der KMK 1999). Im Gegensatz dazu fußt das Erfolgskompetenz-Modell mit seinen 3 × 7 Erfolgsfaktoren auf den drei Kompetenzfeldern: Selbstkompetenz, Sozialkompetenz und Zielkompetenz.

Das Erfolgskompetenz-Modell basiert auf der Annahme, dass bei Führungskräften kein Coachingbedarf in puncto Sachkompetenz besteht. Der Begriff der Methodenkompetenz wird dahingehend erweitert, dass nicht die Methode, sondern vielmehr das Ziel im Vordergrund steht! Denn »Führung ist zielorientierte Gestaltung« (Bea 2005).

Erfolgskompetenz

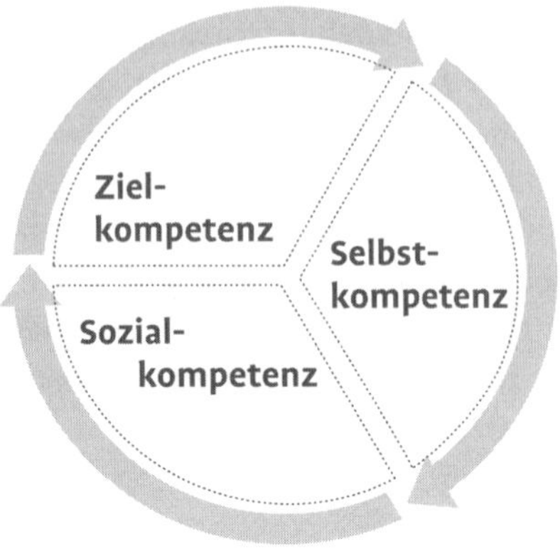

Selbstkompetenz

Das Fundament der Erfolgskompetenz bildet zweifelsohne die Selbstkompetenz, die als Bereitschaft und Fähigkeit verstanden werden kann, »selbstständig und verantwortlich zu handeln, eigenes und das Handeln anderer zu reflektieren und die eigene Handlungsfähigkeit weiterzuentwickeln« (Definition s. Deutscher Qualifikationsrahmen für lebenslanges Lernen 02/2009).

Zur Selbstkompetenz zählt auch die Frage nach den eigenen Werten. Welche Werte leiten das eigene Handeln? Was ist mir wichtig? Diese Arbeit an sich selbst trägt zur Identitätsbildung bei.

Für Führungskräfte bedeutet das, dass sie zunächst einmal sehr gut sich selbst kennen und reflektieren sollten, damit sie in der Lage sind, sich auf ihre Mitarbeiter, aber auch ihre Vorgesetzten und die Kollegen einzustellen, um mit ihnen gemeinsam die ausgegebenen Ziele erreichen zu können. Grundlegend für einen erfolgreichen Umgang mit anderen Menschen und das eigene Handeln sind ein gutes Selbstvertrauen sowie ein profundes Selbstbewusstsein. Neben Mut und Authentizität ist Proaktivität ein wesentlicher Erfolgsfaktor in diesem Kompetenzfeld. Die Fähigkeiten in sich selbst und die Stressoren im eigenen Leben kennenzulernen sind zwei weitere Faktoren, die die Selbstkompetenz abrunden.

- Selbstvertrauen
- Stärken
- Authentizität
- Mut
- Proaktivität
- Selbstmanagement
- Stressmanagement

Sozialkompetenz

Aufbauend auf dem Fundament der Erfolgskompetenz findet sich die Sozialkompetenz, bei der es darum geht, dass wir uns so verhalten, dass unser soziales Umfeld unser Verhalten akzeptiert. Mithilfe unserer Soft Skills kann uns der Spagat zwischen unserem individuellen Wunsch nach Selbstverwirklichung bei gleichzeitiger sozialer Anpassung gelingen. Was heißt das für Führungskräfte? Sie können ihre Sozialkompetenz dafür nutzen, ihre eigenen Ziele im Einklang mit den Unternehmenszielen und mit der Unterstützung ihres Teams zu erreichen. Sie benötigen dafür kommunikative Fähigkeiten, eine empathische, wertschätzende und klare Haltung, die ihre Verantwortungsbereitschaft sowie die ihrer Mitarbeiter stärkt. Ein ganz wesentlicher Erfolgsfaktor besteht in der Fähigkeit, die eigenen Mitarbeiter zu motivieren. Auch Durchsetzungsfähigkeit gegenüber den Mitarbeitern, Kollegen und dem Chef zählt dazu, wobei hier der Fokus auf der Sozialverträglichkeit liegt.

Das Kompetenzfeld Selbstkompetenz setzt sich aus den folgenden sieben Erfolgsfaktoren zusammen:

- Kommunikation
- Empathie
- Wertschätzung
- Klarheit
- Verantwortungsbereitschaft
- Motivation
- Durchsetzungsfähigkeit

Zielkompetenz

Sozusagen das Obergeschoss der Erfolgskompetenz stellt die Zielkompetenz dar. Wer erfolgreich sein will, benötigt die entsprechende Zielkompetenz, die ihm neben der Selbst- und Sozialkompetenz dazu verhilft, die Unternehmensziele zu erreichen. Der Gestaltpsychologe Wolfgang Metzger führt als Voraussetzung für Zielkompetenz an, dass dafür echtes Interesse an der Zielerreichung vorhanden sein muss, denn nur wer ein Ziel als sinnvoll empfindet, bringt bessere Leistungen. Wolfgang Metzger (1962) nennt das den »Zug des Ziels«.

»Wer keine Visionen hat, vermag weder große Hoffnungen zu erfüllen, noch große Vorhaben zu verwirklichen«, stellte Thomas Woodrow Wilson (28. Präsident der Vereinigten Staaten, 1856–1924) fest. Hier stehen im Mittelpunkt: Ziele erreichen zu können und zu wollen sowie zielorientiertes Handeln. Denn der Weg zum

Ziel ist mit der richtigen Strategie leicht gefunden, nur zeigt sich im Umgang mit Hindernissen, wie zielstrebig Führungskräfte sind. Voraussetzung: Es gelingt ihnen, die Unternehmensziele in Teilziele umzuwandeln, die ihre Mitarbeiter erreichen können.

Die Basis dafür bilden neben der Klärung der eigenen Rolle die entsprechende lösungs- und ergebnisorientierte Haltung sowie die Kreativität, Ziele visualisieren und benennen zu können. Auf dem Weg zur Zielerreichung darf ein stabiles Krisenmanagement natürlich nicht fehlen, das im Falle von Konflikten oder Krisen mit geeigneten Maßnahmen bereitsteht.

Wenn Führungskräfte diesen *Zug des Ziels* wahrnehmen und über die sieben Basisfähigkeiten zur Zielerreichung verfügen, werden sie erfolgreich ihre Arbeit verrichten. Sie brauchen neben der Zielstrebigkeit auf jeden Fall Erfolgs- und auch Veränderungsbereitschaft. Daneben spielt Entscheidungsstärke eine, wie könnte es anders sein, entscheidende Rolle. Mit der nötigen Entscheidungsstärke erfolgt das Delegieren der zum Ziel gehörigen Aufgaben in das Team hinein. Wenn möglich, zeichnen sich Führungskräfte durch eine lösungsorientierte Haltung aus, für die der Erfolgsfaktor Kreativität förderlich ist. Ob kleinere Konflikte oder von außen induzierte große Krisen, erfolgreiche Führungskräfte tun gut daran, sich darauf mit der entsprechende Fähigkeit zum Krisenmanagement vorzubereiten.

Diese sieben Erfolgsfaktoren bilden das Kompetenzfeld der Zielkompetenz:

- Zielstrebigkeit
- Erfolgsbereitschaft
- Veränderungsbereitschaft
- Entscheidungsstärke
- Lösungsorientierung
- Kreativität
- Krisenmanagement

Besonderheit beim Coaching von Führungskräften

»Führung muss man wollen.«

Alfred Herrhausen

Schon die Überschrift suggeriert, dass es Besonderheiten beim Coaching von Führungskräften gibt. Ja, das ist so. Das ergibt sich aus den besonderen Anforderungen, Bedürfnissen, Problemstellungen, Zielsetzungen und persönlichen Absichten, mit denen diese Klienten ins Business-Coaching kommen.

Da ich den Menschen generell ganzheitlich betrachte, ist aus meiner Sicht eine Unterteilung von Coachingangeboten in Personal-Coaching und Business-Coaching nicht zwingend erforderlich, geht es doch immer um den ganzen Menschen mit seiner ganzen Lebensgeschichte, die ihn zu dem gemacht hat, was er ist. Dennoch ist mir in meiner Praxis aufgefallen, dass man im Führungs-Coaching andere Schwerpunkte setzen muss, um effektiv zu sein und eine wirkliche Unterstützung zu bieten, da Führungskräfte besondere Bedürfnisse haben.

Aktivierendes Coaching

Wenn ich meine Art von Coaching beschreiben sollte, so würde ich das mit dem Begriff aktivierendes Coaching charakterisieren. Was bedeutet das? Der Kern meiner Arbeit richtet sich darauf, mein Gegenüber zu aktivieren. Ich finde es nämlich unerlässlich, dass Klienten mit sich selbst ins Gespräch kommen. Das bedeutet, dass sie über sich und die Welt, wie sie sich für sie darstellt, nachdenken. Dass sie ihr Denken, Fühlen und Handeln reflektieren und ihre Schlüsse daraus ziehen. Das ist ihr *Erkenntnisgewinn* im Coaching. Zudem mehren sich ihre Handlungsoptionen und zwar ganz konkret für ihr Erleben und Leben im Alltag. Das ermöglicht ihnen, ins Handeln zu kommen und aktiv zu werden, weil sie erkennen, was sie tun können und dies nun wirklich tun. Denn sie wissen nun, wie ...! Das ist ihr *Handlungsgewinn*. »Tun« kann in diesem Fall auch bedeuten, dass sie noch weiter darüber nachdenken.

Coaching von Führungskräften im Sinne der Positiven Psychologie

Überträgt man die Ziele der Positiven Psychologie auf den Coachingprozess von Führungskräften, so hat Coaching folgende Ziele:

Die Führungskraft in Bezug auf sich selbst

- empfindet verstärkt positive Gefühle im Zusammenhang mit der eigenen Arbeit
- engagiert sich und ist involviert ins Geschehen im Team
- erlebt ihre Arbeit als sinnstiftend und sinnvoll
- positive Beziehungen im Unternehmen aufbaut und pflegt
- möchte ungebremst Erfolg haben
- konzentriert sich auf ihre Stärken
- hat einen Zugang zu ihren Ressourcen
- kann ihr Talent für die Arbeit nutzen
- hat ihr Augenmerk auf das Gute im Arbeitsleben
- konzentriert sich auf das Positive
- investiert ihre Energie in Lösungen
- identifiziert sich mit ihrer Rolle
- füllt ihre Führungsaufgaben aus
- kann führen und führt gerne
- agiert proaktiv
- ist authentisch
- kennt die eigenen Werte
- entwickelt Visionen

Die Führungskraft in Bezug auf ihre Mitarbeiter

- weiß, dass sie ein Vorbild für ihre Mitarbeiter ist und diese sich an ihrem Verhalten orientieren
- stärkt die Mitarbeiter
- vertraut ihren Mitarbeitern
- erkennt die Stärken der Mitarbeiter und setzt sie entsprechend ein
- erweitert ihre Kommunikationsfähigkeiten
- richtet den Blick auf die Bedürfnisse der Mitarbeiter
- räumt ihren Mitarbeitern den nötigen Spielraum ein
- fördert die Beziehungen der Mitarbeiter untereinander
- etabliert ein Klima von Kooperation (und nicht unterschwelliger Konkurrenz)
- beteiligt ihre Mitarbeiter an Entscheidungsprozessen
- motiviert ihre Mitarbeiter
- bietet den Raum für Kreativität
- lebt Wertschätzung
- ist klar und berechenbar und bietet so Orientierung und Sicherheit
- begeistert ihre Mitarbeiter

Die Führungskraft in Bezug auf die Kollegen und das Topmanagement

- nimmt eine klare Position ein
- ist aufrichtig und offen (und spielt keine »Spielchen«)
- kommuniziert transparent
- spricht Themen direkt an
- fokussiert sich gemeinsam auf die Unternehmensziele
- bleibt bei sich und ist somit authentisch
- agiert wertegeleitet
- vertritt die Interessen ihrer Mitarbeiter
- steht ihnen gegenüber zu ihren Mitarbeitern
- kann sich ihnen gegenüber klar abgrenzen
- erkennt deren Erfolge an
- kann ihnen gegenüber eigene Interessen vertreten

Einen Anspruch auf Vollständigkeit erhebt diese Aufzählung nicht, denn die Anliegen der Klienten sind so individuell, so mannigfaltig und einzigartig, dass sie nicht alle genannt werden können. Gleichwohl sind diese Ziele – nicht jeder hat sie in vollem Umfang – grundlegend, da die Rolle der Führungskraft sie mit sich bringen.

Inwiefern ist Führungs-Coaching dazu geeignet?

Lassen Sie uns zunächst auf die allgemeinen Wirkfaktoren schauen, die beispielsweise Therapien erfolgreich machen und die als eine Verhaltensanregung sowohl für Therapeuten als auch Coaches verstanden werden können. Die Aufstellung hat Björn Migge auf den Grundlagen von Jerome Frank und Bruce Wampold modifiziert (Migge 2013, S. 40):

- Veränderungsbereitschaft und Wille des Klienten
- zugewandte, selbstreflektierte Therapeutin
- Vertrauen und Arbeitsübereinkunft
- Erwartung positiver Veränderung (Hoffnung)
- Aktivierung von Ressourcen
- moderate Exposition und emotionale korrigierende Erfahrung
- Klientenzentrierung
- neues Handeln (nicht nur neues Fühlen und Denken)
- neues rationales Konzept und Klärung

- Rituale und Prozeduren
- Bewährung und Relevanz im Leben

Mit Blick auf diese Wirkfaktoren, auf eine positive Unternehmensführung und die Erfolgskompetenz können Sie Ihrem Coachee hilfreich zur Seite stehen. Betrachten wir zunächst einmal die Gründe genauer, warum unsere Klienten zu uns kommen.

Gründe für ein Coaching

Führungskräfte lassen sich coachen, weil sie

- sich schnelle Hilfe erhoffen, denn Coaching ist ein schnelles und flexibles Hilfsangebot
- Lösungen benötigen und Coaching ist effizient. In Anlehnung an Steve de Shazer: Man muss nicht das ganze Problem kennen, um die Lösung zu finden ...
- einsam sind, denn sie haben keinen Gesprächspartner im Unternehmen: Ihrem Chef sind sie unterstellt, ihren Mitarbeiter überstellt und ihre Kollegen können Konkurrenten sein.
- unter Führungsdruck stehen
- Unterstützung hinsichtlich ihrer Work-Life-Balance benötigen
- sich steigenden Anforderungen und Ansprüchen im Unternehmenskontext gegenübersehen
- nicht ausreichend auf ihre Rollengestaltung geschult sind
- als Mensch und nicht als Unternehmensvertreter gesehen werden möchten
- glücklich sein wollen – beruflich und privat
- unter permanentem Optimierungs- und Leistungsdruck stehen
- selbst nicht die geeigneten Methoden zur Hand haben und deshalb Hilfe zur Selbsthilfe benötigen
- manchmal überfordert sind
- in ihrem Job nicht mehr glücklich sind
- unzufrieden mit der Situation im Unternehmen sind
- ...

Ermutigen Sie Ihre Klienten dazu, für einen Augenblick innezuhalten und aus dem Hamsterrad herauszuklettern, eine Standortbestimmung vorzunehmen, einen Zugang zu den eigenen Stärken und Ressourcen zu finden, indem sie sich mit sich selbst auseinandersetzen und sich an sich selbst, den eigenen Werten orientieren und eigene Visionen entwickeln können.

So schaffen Sie gemeinsam die Voraussetzung dafür, dass die Führungskräfte in der Lage sind, im Unternehmen für ihre Mitarbeiter da zu sein oder – um es mit

Stephen R. Covey zu sagen – mit Schwung auf den höchsten Baum im Dschungel zu klettern und zu wissen, welches der richtige Dschungel ist ...

Umsetzung in eine erfolgreiche Praxis

»Ein Grashalm wächst nicht schneller, wenn man daran zieht.«

Chinesisches Sprichwort

Vorab möchte ich Ihnen davon erzählen, wie ich coache. Ich arbeite im Coaching immer mit Moderationskarten unterschiedlichster Art in puncto Farbe, Form und Größe. Das Thema des Coachings notiere ich auf einer Karte, die der Klient sich ausgesucht hat und die ich auf den Tisch lege. Alle wichtigen Gedanken sammle ich dann auf Moderationskarten dieser Art, sodass am Ende die Karten auf dem Tisch liegen. Kennen Sie diesen Ausdruck: *die Karten auf den Tisch legen?* Das bedeutet so viel wie »sich offenbaren, etwas bekannt machen« oder – um im Bild zu bleiben – etwas offenzulegen.

Warum schreibe ich die Antworten auf? Das hat einen einfachen Grund: Der Klient hat ein sichtbares Ergebnis vor Augen. Seine wertvollen Gedanken und Ideen gehen nicht verloren und er hat am Ende der Coachingsequenz etwas in der Hand und kann sich im wahrsten Sinne des Wortes *selbst in die Karten schauen.* Die Rückmeldung für diese Vorgehensweise ist durchweg positiv, weil es den Klienten viel bedeutet, ihre Gedanken bei sich zu haben und nicht mit leeren Händen dazustehen. Wichtig zu erwähnen ist vielleicht, dass ich immer nur ein Wort oder einen Ausdruck oder maximal einen Satz pro Karte aufschreibe. Danach gebe ich dem Klienten die Karte in die Hand und er legt sie sich so auf den Tisch, wie er es möchte. Einige legen die Karten gedankenversunken so, dass sich dadurch Muster ergeben oder dass die Karten ganz akkurat liegen, anderen ist das nicht wichtig.

Angenommen, ich arbeite mit einem Klienten zum Thema persönliche Stärken und wir haben alle seine Stärken gesammelt und aufgeschrieben, dann bitte ich den Klienten um ein Feedback zu seinen Karten und frage ihn, wie es ihm damit geht. Danach bitte ich ihn aufzustehen, um sich einen Überblick zu schaffen. Ich frage ihn nun, wie es aus dieser Perspektive für ihn aussieht. Ein Effekt zeigt sich dabei immer: Der Klient ist positiv überrascht davon, wie viele Stärken sichtbar geworden sind. Das ist ein gutes Gefühl für ihn. Zum Abschluss rege ich dazu an, Klebepunkte aus dem Schreibwarengeschäft in der Farbe der Moderationskarten zu kaufen, die er dann an die unterschiedlichsten Punkte kleben kann – dabei sind seiner Fantasie keine Grenzen gesetzt: auf den Laptop, neben die Haustür, auf den

Büroschlüssel, ... Hintergrund ist die subliminale Wahrnehmung, denn selbst wenn der Klient die Klebepunkte nach einer gewissen Zeit nicht mehr bewusst wahrnimmt, so registriert sein Gehirn diese doch unterschwellig. Wenn es die Verknüpfung von Farbe zu Stärken gibt, wird der Klient durch die kleinen Punkte an seine Stärken erinnert. Das steigert ohne Zweifel sein Wohlbefinden.

Alternativ empfehle ich, sich von den Karten ein Foto zu machen und es mehrfach in einem kleinen Format auszudrucken, damit er sich diese Bilder ins Handschuhfach, in die Sporttasche, die Nachttischschublade ... hinlegen kann. Eine weitere Möglichkeit besteht darin, alle Karten auf ein großes Blatt Papier zu kleben und es sich in den Schrank, an eine Tür oder ins Arbeitszimmer zu Hause zu hängen. So führt Ihr Klient sich seine Stärken immer wieder vor Augen, was sehr selbstwertdienlich ist.

Die Karten auf den Tisch legen

Exkurs: Auch zur Vorbereitung schwieriger Gespräche nutze ich die Karten. All das, was dem Klienten für das Gespräch wichtig ist, wird in wenigen Stichworten auf Karten geschrieben. Ich ermutige die Klienten immer dazu, das Gespräch mit wertschätzenden Worten einzuleiten und offen zuzugeben, dass ihm dieses Gespräch schwerfällt, wenn es denn so ist. Denn durch diese Taktik verliert der Klient seine große Angst, dass sein Gegenüber merkt, dass er sich unsicher fühlt. Getreu dem Motto: Immer frei raus mit der Sprache ...
Wichtig für diese Art der Gesprächsführung ist, dass der Klient sein Gegenüber bittet, ihm in den folgenden zwei bis fünf Minuten in Ruhe zuzuhören und ihn nicht zu unterbrechen. Das heißt, er muss den Rahmen abstecken und sich das Einverständnis einholen. Dann fassen wir die Kernaussagen seines Anliegens auf Karten, die er während dieser für ihn schwierigen Situation nach und nach vor seinem Gesprächspartner offen auslegt und dazu das sagt, was ihm wichtig ist.
Warum mit den Karten? Der Klient kann die Karten offen auf den Tisch legen. Ihr Coachee kann mithilfe dieser Karten all das sagen, was ihm wichtig ist, ohne vor lauter Angst den Faden zu verlieren, und eröffnet so den Kommunikationspartnern ein offenes Gespräch, denn er lässt sie offen in seine Karten schauen, was eine sehr vertrauensfördernde Wirkung hat.
Die Erfahrungen, die sowohl meine Klienten als auch ich selbst damit gemacht haben, sind exzellent.

Arbeitsmaterialien für Ihren Coachee

Wie können Sie die Erkenntnisse der Positiven Psychologie, die Grundlagen der positiven Unternehmensführung sowie das Modell der Erfolgskompetenz mit seinen 3 × 7 Erfolgsfaktoren erfolgreich für Ihre Arbeit als Coach nutzen? Sie finden in diesem Buch 147 unterschiedliche Arbeitsblätter und 21 Arbeitsblätter zum Downloaden für Ihren Coachee, die Sie in Ihrer Arbeit mit ihm unterstützen. Sie haben drei Möglichkeiten für den Einsatz dieser Materialien:

- Geben Sie Ihrem Klienten ein oder mehrere Arbeitsblätter als Nachbereitung Ihres Coachings mit.
- Die Arbeitsblätter sind sinnvoll als Hausaufgabe, sprich als Vorbereitung für das nächste Coaching.
- Sie können einzelne Arbeitsblätter mit ihm gemeinsam bearbeiten.

Die Arbeitsblätter dienen dazu, dass Ihr Coachee über die einzelnen Erfolgsfaktoren nachdenkt und über sich selbst reflektiert. Sie sind immer so konzipiert, dass Sie nicht alle einsetzen müssen, sondern bei jedem einzelnen Erfolgsfaktor die maximale Wahlfreiheit haben. Setzen Sie die Materialien so ein, wie es Ihnen sinnvoll erscheint. Wenn Sie es für nützlich halten, dann fangen Sie mit den ersten beiden Arbeitsblättern an. Das erste Arbeitsblatt stellt immer die Frage danach, was Ihr Klient unter dem jeweiligen Erfolgsfaktor versteht und damit assoziiert. Das zweite Arbeitsblatt lädt Ihren Klienten dazu ein, sich selbst in die Karten zu schauen. So ist es möglich, eigenen Denkmustern auf die Spur zu kommen – eine notwendige Voraussetzung dafür, die eigenen Denkmuster kennenzulernen, sie zu hinterfragen und aus eigenen »Denkrinnen« auszubrechen, wie es die Kommunikationstrainerin Vera F. Birkenbihl nannte. Das ist die Voraussetzung für Querdenken und ermöglicht Verhaltensänderungen.

Die nächsten fünf Arbeitsblätter variieren in Inhalt, Form und Fragestellung, und ich empfehle Ihnen, die Materialien auszuwählen, von denen Sie denken, dass Ihr Klient durch sie ins Nachdenken gerät, sich gern damit beschäftigt und Erkenntnisse generiert.

Das jeweils letzte Arbeitsblatt der einzelnen Teilabschnitte – das sogenannte Erkenntnisblatt – können Sie aus dem Internet herunterladen. Es ist das sogenannte Erkenntnisblatt, mit dem der Klient für sich die Erkenntnisse und Ergebnisse des Coachingprozesses zu den einzelnen Faktoren für sich schriftlich festhalten kann. Es dient der Ergebnissicherung und wird sicherlich mit Abschluss des Coachingprozesses sehr wertvoll für Ihren Klienten sein. Auch kann er sich hier selbst konkrete Tipps oder Veränderungsimpulse mit auf den Weg geben.

Warum Arbeitsmaterialien für einen Coachingprozess?

Sie mögen vielleicht denken, Coaching sei gerade deshalb so wertvoll, weil der Klient ein Gegenüber auf Augenhöhe hat, das ihn spiegelt, ihm Fragen stellt, mit ihm laut denkt, ihn unterstützt und auf seinem Weg begleitet. Warum also Arbeitsblätter? Inwiefern ist der Einsatz von Arbeitsmaterialien dabei hilfreich und sinnvoll? Meine Erfahrung im Coaching ist, dass es Themen gibt, über die die Klienten zunächst in Ruhe nachdenken oder überhaupt erst einmal ins Nachdenken geraten möchten. Sie benötigen dafür manchmal schlicht und ergreifend Zeit (denken Sie an den Grashalm ...), Muße und vielleicht sogar den Umstand, allein zu sein. Darüber hinaus kann es sein, dass in den letzten Minuten, obwohl der Coachingprozess schon fast abgeschlossen ist, noch ein Thema hochkommt, dem Sie sich beim besten Willen nicht mehr widmen können, weil die Zeit um ist und einer von Ihnen einen dringenden Anschlusstermin hat. In einer solchen Situation ist es schön, dem Coachee noch etwas mit auf den Weg geben zu können. Meiner Erfahrung nach mögen Klienten diese Art von Hausaufgabe, weil sie ihnen die Gelegenheit eröffnet, sich gezielt mit ihrem Thema auseinanderzusetzen und beim nächsten Coaching davon zu berichten.

Wird der Coach dann überhaupt benötigt?

Der Einsatz der Arbeitsmaterialien macht Sie als Coach keinesfalls überflüssig! Im Gegenteil, sie stellen eine geeignete zusätzliche Möglichkeit für die Arbeit mit Ihrem Klienten dar. Dabei spielt es keine Rolle, ob es sich um ein Einzel- oder Gruppensetting handelt.

Machen Sie Ihrem Klienten bewusst, dass er für den Erfolg in seinem Beruf und für sich persönlich alle Trümpfe in der Hand hat. Ermutigen Sie ihn in Ihrer gemeinsamen Arbeit, freien Herzens und Stück für Stück die Karten offen auf den Tisch zu legen. Im metaphorischen und auch im wahrsten Wortsinn. In Ihrer Arbeit mit Ihnen als Coach lässt sich der Coachee ein gutes Stück weit von Ihnen in seine Karten schauen, geht es doch um seine Absichten, Wünsche, Hoffnungen, Ängste, Ziele, Stärken und vieles mehr, was er für sein Berufs- und oft auch für sein Privatleben benötigt. Entdecken Sie mit ihm gemeinsam die Karten, von denen er vielleicht noch gar nicht weiß, dass er sie auf der Hand hat!

Ich wünsche Ihnen und Ihren Klienten viel Freude mit diesem Buch!

Kompetenzfeld 1: Selbstkompetenz

01

»Der Mensch ist nichts anderes, als was er selbst aus sich macht.«

Jean-Paul Sartre

In diesem Teil des Buches erfahren Sie, welche sieben Erfolgsfaktoren unter dem Kompetenzfeld Selbstkompetenz subsumiert werden. Zu jedem einzelnen Erfolgsfaktor finden Sie sieben Arbeitsblätter, die Sie Ihrem Klienten als Vor- oder Nachbereitung Ihrer Coachingsitzungen mitgeben können. Die meisten Arbeitsblätter stellen darüber hinaus eine sinnvolle Ergänzung für die Arbeit im Coachingprozess selbst dar. Wenn Sie das betreffende Thema abschließend besprechen möchten, dann eignet sich dazu das sogenannte »Erkenntnisblatt«, das Sie aus dem Internet unter www.beltz.de direkt beim Buch herunterladen können. Es dient Ihrem Coachee als Zusammenfassung, da er darauf drei für ihn wesentliche Erkenntnisse festhält und zudem seine Conclusio aufschreibt, sodass er nachhaltig und effektiv seine Ergebnisse vor Augen hat.

Die sieben Erfolgsfaktoren für eine gute Selbstkompetenz im Überblick:

Selbstvertrauen

Selbstkompetenz-Erfolgsfaktor Nr. 1: Selbstvertrauen

In diesem Kapitel lernen Sie unterschiedliche Bedeutungen des Begriffs *Selbstvertrauen* kennen und erfahren, warum Selbstvertrauen etwas ganz Basales ist. Die Arbeitsblätter helfen Ihnen, bei Ihrer Arbeit mit Ihrem Klienten einen profunden Einblick darüber zu erhalten, was zum einen Vertrauen und zum anderen Selbstvertrauen für Ihren Klienten bedeuten.

Überblick über die Arbeitsblätter:

- Arbeitsblatt 1: Gute Karten für Vertrauen
- Arbeitsblatt 2: Sechs positive Effekte von Vertrauen
- Arbeitsblatt 3: Ein gutes Blatt für Selbstvertrauen
- Arbeitsblatt 4: Sechs gute Gründe, warum ich mir selbst vertraue
- Arbeitsblatt 5: Von anderen lernen
- Arbeitsblatt 6: Selbstvertrauen ist Trumpf!
- Arbeitsblatt 7: Entdecken Sie Ihre Möglichkeiten
- Erkenntnisblatt: Drei Erkenntnisse voller Selbstvertrauen …

Was ist Selbstvertrauen?

Selbstvertrauen ist ein Teil unseres Selbstkonzepts und beschreibt das Maß an Vertrauen, das wir in uns selbst und unsere Fähigkeiten haben. Selbstvertrauen wird häufig synonym mit dem Begriff Selbstwertgefühl verwendet. Das Selbstwertgefühl spiegelt den Wert wider, den wir uns selbst beimessen. Wer ein gutes Selbstvertrauen hat, wird sich als selbstwirksam erleben, was sehr selbstwertdienlich ist. Sich seiner selbst bewusst zu werden ist der erste Schritt in Richtung Selbstbewusstsein und Selbstvertrauen.

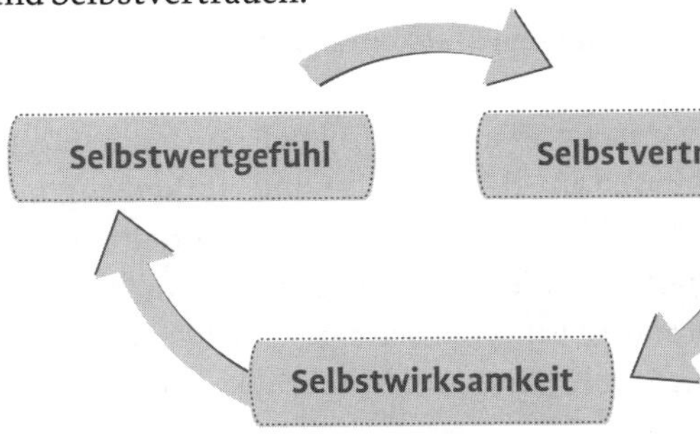

Warum ist Selbstvertrauen ein Erfolgsfaktor im Beruf?

Führungskräfte sollten in der Lage sein, flexibel und sicher im Unternehmen und auch für das Unternehmen zu handeln. Es ist wünschenswert, dass sie daran glauben, durch ihr Verhalten maßgeblich zum Erfolg des Unternehmens beitragen zu können. Sie benötigen Selbstvertrauen, um die an sie gestellten Herausforderungen und Aufgaben gut bewältigen zu können. Je höher ihr Selbstvertrauen ist, desto eher werden sie sich in der Lage sehen, sich auch an komplexe und sehr herausfordernde Aufgaben zu wagen, einfach aus dem Grund, weil sie davon überzeugt sind, diese meistern zu können. Führungskräfte mit wenig Selbstvertrauen tendieren dazu, diffizile Aufgaben nur mit halber Kraft anzugehen, da sie – vielleicht auch nur unterschwellig – der Ansicht sind: »Ich schaffe das ja doch nicht«, womit die Wahrscheinlichkeit, es nicht zu schaffen, allein schon durch die geringere Anstrengungsbereitschaft erhöht ist. Zudem versuchen sie sich in solchen Fällen nach allen Seiten hin abzusichern. Das kostet Zeit, verunsichert letztendlich zusätzlich, und die Klarheit in Richtung Aufgabenbewältigung geht verloren. Diese Haltung ist natürlich nicht zielführend.

Führungskräfte benötigen ein gutes Selbstwertgefühl und ein hohes Maß an Selbstvertrauen insbesondere in wirtschaftlich angespannten Zeiten, damit sie Vertrauen in sich und ihre Fähigkeiten, ihre Stärken und ihre Ressourcen haben, um die an sie gestellten Anforderungen erfüllen zu können. Es ist die Basis für ihr gesamtes Tun und hat Einfluss auf ihr Verhalten.

Es besteht ein starker Zusammenhang zwischen Selbstvertrauen und Selbstwirksamkeit, die der amerikanische Professor für Psychologie Philip Zimbardo als »Menge an Überzeugungen, dass man in einer bestimmten Situation sich angemessen verhalten und angemessene Leistungen erbringen kann« definiert (Zimbardo/Gerrig 2004, S. 629). Das ergibt sich vor allem aus der Tatsache, dass Menschen mit einem gesunden Selbstvertrauen über einen optimistischen Attributionsstil verfügen. Erfolge schreiben sie sich selbst und ihren Kompetenzen zu und sehen bei Misserfolgen einen großen Einfluss in Umweltvariablen, die sie nicht zu vertreten haben. Die dahinterliegende Überzeugung lautet, dass sie die Dinge unter Kontrolle haben, also selbst wirksam sein können. Ihre Kontrollüberzeugung sowie ihre Meinung über die eigenen Fähigkeiten haben einen unmittelbaren Einfluss auf ihr Verhalten.

1954 führte der amerikanische Psychologe Julian B. Rotter den Begriff der Kontrollorientierung *locus of control* ein, der auch als Kontrollüberzeugung verstanden wird. Dieser locus of control beantwortet die Frage nach der Ursache für ein bestimmtes Verhalten. Es stellt sich die Frage: Ist das erreichte Ereignis durch mein eigenes Zutun oder durch andere Faktoren bedingt (Auhagen 2008, S. 17)? Eine weitere Dimension besteht in Stabilität versus Instabilität, um die Fritz Heider 1958 und Bernard Weiner 1971 (Stroebe/Jonas/Hewstone 2003) das Modell erweiterten. Sie beantwortet die Frage, ob der kausale Faktor stabil oder variabel ist. Wie Kontrollorientierung und Stabilität miteinander interagieren, zeigt die folgende Abbildung:

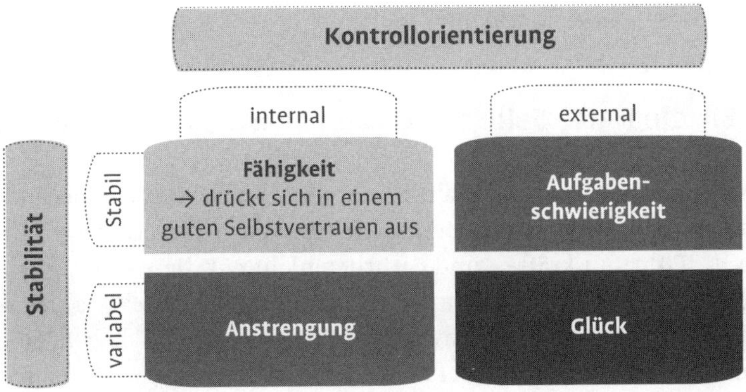

Ursachenattributionen für Konsequenzen von Verhaltensweisen (nach Zimbardo/Gerrig 2004, S. 534).

Selbstvertrauen bildet das Fundament erfolgreichen Handelns. Wenn wir an uns und unsere Fähigkeiten glauben, können und werden wir ganz anders handeln als jemand, dessen Selbstwertgefühl niedrig ist und der aufgrund von Selbstzweifeln im schlechtesten Fall gar nicht erst ins Handeln kommt. Ein optimistischer Attributionsstil hat ein gesundes Selbstvertrauen zur Folge. Generell gilt, dass eine leichte (!) Selbstwertüberschätzung motivierend und sehr selbstwertdienlich ist. Dabei geht es nicht darum, sich selbst für den Größten zu halten, sondern sich in einem etwas besseren Licht zu sehen, als man wirklich ist – also leicht geschönt …

Die Wirkung von Arbeitsblättern im Coaching

Sie können durch die Arbeit mit den Arbeitsblättern bei Ihrem Coachee das Bewusstsein für die Frage nach dem Selbstvertrauen stärken. Was ist Vertrauen? Was sind die Folgen von Vertrauen – auch von Vertrauen in sich selbst? Durch den Einsatz der Materialien rund um das Thema Selbstvertrauen ermutigen Sie ihn,

- über Vertrauen und die guten Effekte von Vertrauen nachzudenken
- sich hinsichtlich Selbstvertrauen einzuschätzen

- sich selbst zu vertrauen
- eine Idee davon zu bekommen, dass Selbstvertrauen nichts Starres, Unbeeinflussbares ist
- Vertrauen zu sich selbst zu entwickeln
- sich als einen Menschen mit einem gesunden Selbstvertrauen zu begreifen
- am Selbstvertrauen zu arbeiten

Wann Sie die Karte Selbstvertrauen ausspielen sollten

In meiner Arbeit als Coach stelle ich immer wieder fest, wie grundlegend das Thema Selbstvertrauen ist! Vertrauen und Selbstvertrauen bilden das Fundament, von dem aus die Führungskräfte – und natürlich nicht nur diese – mutig agieren und auch ihre Mitarbeiter führen können. Die Kraft, die Coachees aus sich selbst heraus entwickeln können, wenn sie ein gutes Selbstwertgefühl haben, beeindruckt mich immer wieder. Es ist die Quelle, aus der alles fließt, sodass sie nicht versiegen sollte. Selbstvertrauen ist keineswegs ein Zustand, sondern durchaus als Prozess zu begreifen. Meiner Ansicht nach ist es für die Arbeit mit fast jeder Führungskraft essenziell, mit diesem Erfolgsfaktor zu beginnen, um so eine gute Basis für das weitere Coaching zu schaffen. Denn: Selbstwertgefühl – ist eine Frage des Selbstvertrauens!

Mit erhobener Stimme

Vor einiger Zeit kam eine männliche Führungskraft, 42 Jahre, die sehr weich und leise sprach, ins Coaching, weil sie Probleme hatte, mit ihrem Vorgesetzten und auch mit ihren Mitarbeitern so zu kommunizieren, dass sie ihre Ziele erreichte. Sie fühlte sich im wahrsten Sinne des Wortes so überrannt von den anderen, dass sie sich nicht durchsetzen konnte. Das war Anlass und Ziel zugleich für den Coachingprozess. Ich schlug ihr vor, dass wir uns zunächst mit ihren Stärken auseinandersetzen, was sie anfangs ablehnte, da sie sich ja durchsetzen wollte. Dennoch vertraute sie mir und ließ sich schließlich darauf ein.
Am Anfang fiel es dieser Führungskraft ungemein schwer, doch mithilfe einiger Fragen gelang es ihr nach und nach, ihre Stärken zu benennen. Da ich pro Stärke eine Moderationskarte beschrieb, lagen am Ende des Prozesses eine Vielzahl von Karten vor ihr. Es war eine Freude, zu sehen, wie sich nach und nach die Körperhaltung, Gestik und Mimik des Klienten veränderten. Und nicht nur das: Er sprach zunehmend lauter. Noch nicht laut, aber lauter. Ein zusätzliches Stimmtraining unterstützte ihn darin, sein eigener Fürsprecher zu werden und sich durchzusetzen. Übrigens schrieb er mir neulich, dass er immer noch jeden Tag seine Stärken vor Augen hat, weil er meinen Tipp befolgt hatte und sich die Karten in die Innentür seines Kleiderschranks gehängt hatte …

Arbeitsblatt 1: Gute Karten für Vertrauen

»Selbstvertrauen ist das erste Geheimnis des Erfolgs«, sagte der Philosoph Ralph Waldo Emerson. Selbstvertrauen bedeutet, sich selbst zu vertrauen und Vertrauen in sich selbst haben. Mit anderen Worten: Wenn Sie voller Selbstvertrauen sind, so vertrauen Sie sich selbst voll und ganz und legen damit eine solide Basis für Ihren Erfolg! Doch was genau ist »Vertrauen« für Sie?

Tragen Sie in die folgenden Karten der Gedankenblume bitte spontan Ihre Gedanken ein, die Ihnen zu der folgenden Frage einfallen: Woran denken Sie, wenn Sie an Vertrauen als Erfolgsfaktor im Beruf denken?

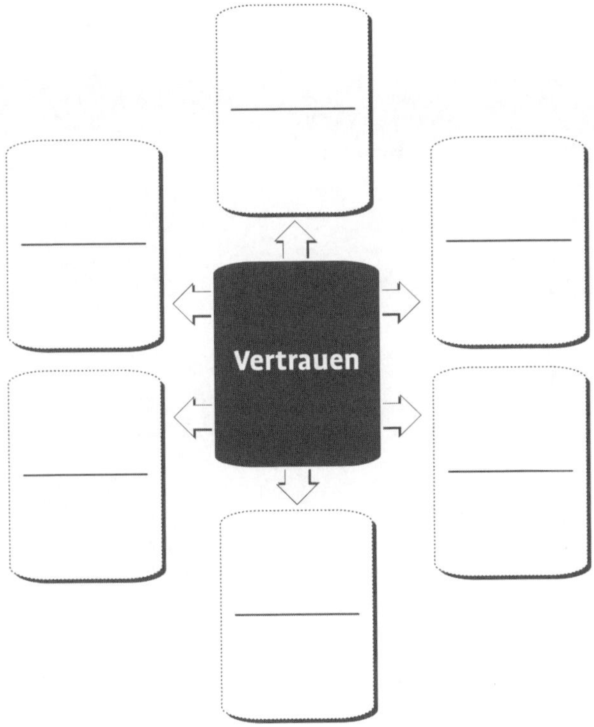

Anmerkung: Eine solche »Gedankenblume« – allerdings blanco – erhalten Sie auch in den Downloadmaterialien.

Arbeitsblatt 2: Sechs positive Effekte von Vertrauen

Wie heißt es doch so schön, wenn wir jemandem vertrauen? Wir »schenken« ihm unser Vertrauen. Vertrauen ist ein Geschenk, das wir verschenken, indem wir jemandem vertrauen können, oder das wir geschenkt bekommen, weil uns jemand vertraut. Der Dichter Matthias Claudius formuliert es so: »Die größte Ehre, die man einem Menschen antun kann, ist die, dass man zu ihm Vertrauen hat.« Vertrauen ist wirklich etwas sehr Besonderes, und zu wissen, dass uns jemand vertraut oder wir Vertrauen haben können, tut uns einfach gut.

Welche positiven Effekte ergeben sich Ihrer Meinung nach aus Vertrauen?

- Notieren Sie diese in der linken Spalte.
- Schreiben Sie dann Ihre Begründung dafür in die rechte Spalte.

Sechs positive Effekte ...	..., weil ...
1.	
2.	
3.	
4.	
5.	
6.	

Arbeitsblatt 3: Ein gutes Blatt für Selbstvertrauen

Der deutsch-amerikanische Psychoanalytiker Erikson bezeichnet »Vertrauen als Grundlage einer gesunden Persönlichkeit« (Erikson 1984) – für Selbstvertrauen gilt das erst recht! Was ist Selbstvertrauen für Sie?

Überlegen Sie bitte, was Sie mit dem Wort *Selbstvertrauen* in Verbindung bringen. Füllen Sie dann die Karten der Gedankenblume aus.

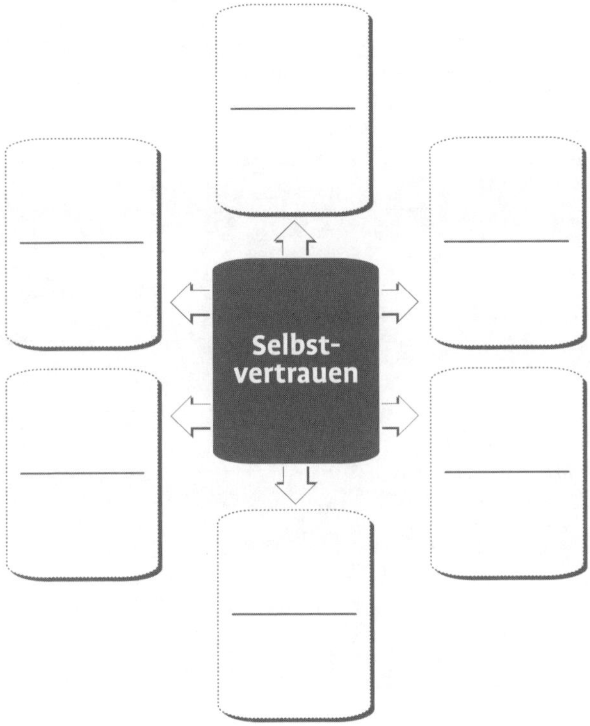

Arbeitsblatt 4: Sechs gute Gründe, warum ich mir selbst vertraue

Selbstvertrauen stärkt uns von innen, aus uns selbst heraus. Es gibt viele gute Gründe dafür, dass Sie Vertrauen in sich selbst haben können! Sie kennen sich nun schon Ihr Leben lang, sodass es Ihnen leicht fallen wird, sechs gute Gründe dafür genau zu benennen. Warum können Sie Selbstvertrauen haben?

- Schreiben Sie zunächst Ihre einzelnen guten Gründe in die linke Spalte.
- Damit Sie sich Ihrer selbst bewusst werden, betrachten Sie diese Gründe einmal näher. Notieren Sie die jeweilige Begründung in die rechte Spalte.

Sechs gute Gründe...	..., weil ...
1.	
2.	
3.	
4.	
5.	
6.	

Arbeitsblatt 5: Von anderen lernen

Überlegen Sie einmal, ob Sie jemanden kennen, von dem Sie denken, dass er oder sie voller Selbstvertrauen ist. Wer auch immer es ist, vielleicht jemand aus Ihrer Schulzeit, Ihrem Privatleben, aus Ihrem Berufsumfeld, aus der Literatur oder dem Fernsehen – alles ist erlaubt, wenn Sie nach einem Vorbild in puncto Selbstvertrauen Ausschau halten. Vielleicht ermutigt Sie das folgende Zitat von Erich Kästner: »Bei Vorbildern ist es unwichtig, ob es sich dabei um einen großen toten Dichter, um Mahatma Gandhi oder um Onkel Fritz aus Braunschweig handelt, wenn es nur ein Mensch ist, der im gegebenen Augenblick ohne Wimpernzucken gesagt oder getan hat, wovor wir zögern«, oder eben ... der im gegebenen Augenblick so viel Selbstvertrauen hat, wie er benötigt, um es auf den Erfolgsfaktor Selbstvertrauen zu beziehen.

Wer besitzt Ihrer Ansicht nach viel Selbstvertrauen?

Was führt dazu, dass Sie das denken?

Was führt Ihrer Meinung nach dazu, dass diese Person Selbstvertrauen ausstrahlt?

Was denken Sie: Woher hat diese Person das Selbstvertrauen?

Angenommen, Sie würden die Person um einen Tipp in puncto Selbstvertrauen bitten. Was, glauben Sie, würde diese Ihnen raten?

Ein vertrauensvoller Impuls

Wenn ich mir selbst drei Tipps geben würde, dann würden die wie folgt lauten:

1.

2.

3.

Arbeitsblatt 6: Selbstvertrauen ist Trumpf!

Selbstvertrauen ist im Hinblick auf Ihren Beruf ein unverzichtbarer Erfolgsfaktor. Wenn Sie an sich glauben und sich Erfolg zutrauen, dann werden Sie erfolgreich sein. Hier gilt der Umkehrschluss: Wenn Sie nicht an sich und Ihren Erfolg glauben, dann wird das a) auch kein anderer tun, und dann werden Sie b) auch nicht so erfolgreich sein, wie Sie es könnten. Denn dann fehlt Ihnen die Vorstellung davon, wie es wäre, wenn Sie Erfolg hätten. Sie würden dann nicht in Erfolg, sondern in Misserfolg denken. Das ist zweifelsohne nicht sehr zielführend. Darum ziehen Sie die Karte »Selbstvertrauen« aus dem Ärmel und spielen Sie sie aus! Es lohnt sich!

Wie wichtig ist Ihnen Selbstvertrauen? 1 ☐ 2 ☐ 3 ☐ 4 ☐ 5 ☐ 6 ☐ 7 ☐ 8 ☐ 9 ☐ 10 ☐

Diesen Wert habe ich angekreuzt, weil

____

Wie sehr vertrauen Sie sich selbst? 1 ☐ 2 ☐ 3 ☐ 4 ☐ 5 ☐ 6 ☐ 7 ☐ 8 ☐ 9 ☐ 10 ☐

Diesen Wert habe ich angekreuzt, weil

____

Angenommen, Sie würden in puncto Selbstvertrauen den Wert 9 oder gar 10 ankreuzen können, was wäre Ihnen dann im Beruf möglich?

____

Lassen Sie uns nun einen Blick auf Ihre bisherigen Erfolge werfen.

Bitte tragen Sie nun fünf Ihrer bisherigen Erfolge ein. Denken Sie daran: Es geht hierbei nicht darum, dass Sie wahre Meisterleistungen erbracht haben, sondern darum, was Sie für sich als Erfolg verbuchen – unabhängig davon, wie andere das sehen!

____

____

____

Freuen Sie sich an Ihren Erfolgen – Sie sind wertvolle persönliche Trümpfe in puncto Selbstvertrauen!

Wenn Sie den Wert 9 oder 10 ankreuzen könnten, welche Erfolge wären Ihnen dann noch möglich?

____

Arbeitsblatt 7: Entdecken Sie Ihre Möglichkeiten

Sie können sich dafür entscheiden, sich selbst zu vertrauen und somit Vertrauen in sich zu haben. Wenn Sie sich dafür entscheiden, dann tun Sie aktiv etwas für Ihr Selbstwertgefühl, denn das resultiert unter anderem aus einem stabilen Selbstvertrauen.

- Stellen Sie sich für ungefähr 10 bis 15 Minuten vor, Sie hätten bereits jetzt in diesem Moment genau die Menge an Selbstvertrauen, die Sie gern hätten. Ja, Sie haben richtig gelesen: Sie sind jetzt und hier voller Selbstvertrauen. Fast könnten wir sagen, dass Sie nur so vor Selbstbewusstsein strotzen!
- Stellen Sie sich das bitte jetzt fest vor und beantworten Sie nun die folgenden Fragen.

Wie fühlen Sie sich so voller Selbstvertrauen? Beschreiben Sie das ganz genau!

Was ist anders als sonst?

Was ist besser als sonst?

Was würden Sie jetzt am liebsten machen?

Was würden Sie anders als sonst machen?

Was würden Sie nicht tun oder vielleicht auch: nicht mehr tun?

Erkenntnisblatt: Drei Erkenntnisse voller Selbstvertrauen, die Sie für sich mitnehmen

Lassen Sie Ihre Beschäftigung mit den Arbeitsblättern zum Thema »Selbstvertrauen« sowie die Gespräche, die Sie mit Ihrem Coach dazu geführt haben, nun noch einmal in Ruhe Revue passieren. Sie haben sich sehr intensiv mit Ihren Stärken auseinandergesetzt und es ist wünschenswert, wenn Sie für sich ein – im wahrsten Sinne des Wortes – greifbares Ergebnis erzielen.

- Beantworten Sie dafür die folgenden Fragen:

Warum war es gut für Sie, sich mit Ihrem Selbstvertrauen zu beschäftigen?

Was hat Ihnen daran besonders gut gefallen und gutgetan?

Was würden Sie sich noch wünschen?

- Damit Sie nachhaltig für sich und somit auch für Ihre weitere Karriere davon profitieren, schreiben Sie nun bitte drei Erkenntnisse auf, die Sie von der Arbeit im Hinblick auf Ihr Selbstvertrauen für sich mitnehmen.

Erkenntnis Nr. 1	Erkenntnis Nr. 2	Erkenntnis Nr. 3

- Geben Sie sich abschließend einen Tipp, damit Sie Ihre Erkenntnisse nicht aus den Augen verlieren:

Ich werde daran denken, dass,

weil

Anmerkung: Dieses Erkenntnisblatt gibt es als letzte Aufgabe in allen Bereichen. Alle Erkenntnisblätter erhalten Sie als Download unter www.beltz.de direkt beim Buch. In den folgenden Kapiteln wird dieses Erkenntnisblatt nicht mehr eigens abgedruckt.

Stärken

Selbstkompetenz-Erfolgsfaktor Nr. 2: Stärken

In diesem Kapitel geht es darum, wie elementar und unglaublich aufbauend es für Ihre Klienten ist, sich intensiv mit den eigenen Stärken auseinanderzusetzen, damit sie in der Lage sind, die eigenen Stärken zu kennen, zu ihnen zu stehen und sie effektiv zu nutzen. Und weil Stärke nicht gleich Stärke ist, ist es sinnvoll, sich zu fragen, wie sehr bestimmte Stärken bereits genutzt werden. Auch dafür finden Sie ein Arbeitsblatt.

Überblick über die Arbeitsblätter:
- Arbeitsblatt 8: Gute Karten für Stärken
- Arbeitsblatt 9: Schauen Sie sich selbst in die Karten!
- Arbeitsblatt 10: Starke Fragen
- Arbeitsblatt 11: Stärkensammlung
- Arbeitsblatt 12: Die Stärkenskala
- Arbeitsblatt 13: Wie stark sind Ihre Stärken?
- Arbeitsblatt 14: Was machen Sie mit Ihren Stärken?
- Erkenntnisblatt als Download: Drei starke Erkenntnisse, die Sie für sich mitnehmen

Was versteht man unter Stärken?

Stärken sind eine Frage der Willenskraft, so Martin Seligman (2005), der Pionier der Positiven Psychologie. Mit etwas Übung ist es möglich, unsere Stärken zu trainieren. Das bedeutet: Sie sind uns nicht in die Wiege gelegt worden, sondern wir haben sie im Laufe unseres Lebens erworben, ausgebildet und angewendet. Stärken werden auch als die Summe von Talent, Wissen und Erfahrung definiert (Groth 2010, S. 30). Das widerspricht allerdings der Auffassung Seligmans.

Wahrscheinlich lässt sich sagen, dass Talent eine gute Voraussetzung für die Ausbildung einer Stärke ist, eine Notwendigkeit ist es meines Erachtens keineswegs. Stärken können auch am Ende einer Entwicklung stehen, die zunächst als schwierig oder negativ bewertet wurde. Wenn es uns nämlich gelingt, mit diesen schwierigen und negativen Umständen zurechtzukommen und diese erfolgreich zu bewältigen, dann hat sich dadurch eine Stärke herauskristallisiert. Sicherlich lässt sich sagen, dass »Stärken« ein weit gefasster Begriff für besondere Fähigkeiten ist, die jemand hat und die wir als positiv bewerten.

Definition von Stärke

Im Duden finden sich unterschiedliche Bedeutungen zum Begriff Stärke. Unter anderem:

- Leistungs- und Funktionsfähigkeit
- Vorhandensein besonderer Fähigkeiten [...], durch die jemand eine außergewöhnliche Leistung erbringt
- etwas, was bei jemandem [...] als besonders vorteilhaft empfunden wird
- vorteilhafte Eigenschaft.

(http://www.duden.de/rechtschreibung/Staerke)

Insgesamt möchte ich Stärke wie in der nachstehenden Abbildung definieren:

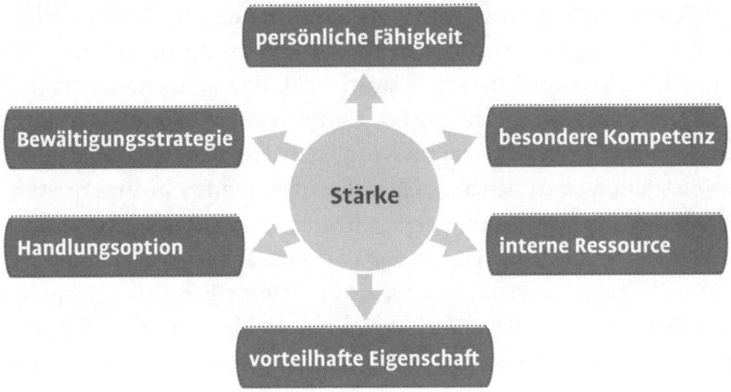

Warum Führungskräfte sich ihrer persönlichen Stärken bewusst sein sollten

»Wir denken selten an das, was wir haben, aber immer an das, was uns fehlt.«

Arthur Schopenhauer

Zu einem guten Selbstbewusstsein – im Sinne von sich seiner selbst bewusst sein – ist eine profunde Kenntnis der eigenen Stärken wichtig. Gerade hier sind Führungskräfte gefordert, innezuhalten und sich selbst zu reflektieren, damit sie sich stark genug fühlen, Verantwortung zu tragen, mutige Entscheidungen für das Unternehmen zu treffen und neue Wege zu gehen. Dabei hilft die Fokussierung auf die eigenen Stärken! Um es gleich vorwegzunehmen: Es ist im Rahmen einer ganzheitlichen Betrachtung gut und wichtig, neben den Stärken über die eigenen Schwächen und Macken Bescheid zu wissen, damit der eigene blinde Fleck – wie im Johari-Fenster definiert – möglichst klein ausfällt. Dennoch – und auch das ist eine Erkenntnis aus der Positiven Psychologie – ist es weitaus sinnvoller und der psychischen Gesundheit zuträglicher, sich mit den persönlichen Stärken auseinanderzusetzen und stärkenorientiert zu denken, als eine defizitorientierte Sichtweise auf sich selbst zu entwickeln. Denken Sie an den Gedanken Schopenhauers – es ist nicht sehr selbstwertdienlich, so zu denken. Das Gegenteil ist im Hinblick auf die eigenen Stärken wichtig: Es muss darum gehen, sich voll und ganz seiner Stärken bewusst zu sein und dadurch eine Kraft aus sich selbst heraus zu entwickeln.

Meiner Ansicht nach erhält dieser Aspekt in der Praxis zu wenig Bedeutung. Mir begegnen selten Menschen, die wirklich stärkenorientiert ausgerichtet sind, *ohne* sich im nahezu gleichen Moment für diese Haltung zu rechtfertigen. Natürlich meine ich nicht jene Haltung, die ausdrückt, dass manche dermaßen von sich überzeugt sind, dass sie unfähig sind, sich mit ihren Schwächen auseinanderzusetzen. Eine stärkenorientierte und zugleich selbstbewusste Haltung soll hier nicht als (fast schon übertriebene) selbstüberschätzende Haltung verstanden werden, sondern als wertegeleitete, wertschätzende und auf den eigenen Stärken basierende Selbsteinschätzung. Nun mögen Sie entgegnen, dass Manager und Führungskräfte ohnehin stärkenorientiert sind. – Meine Erfahrung zeigt, dass auch gestandene Menschen im Beruf sich durchaus nicht ihrer Stärken bewusst sind. Und Sie, wie ist es mit Ihnen? Prüfen Sie sich doch, wenn Sie mögen, daraufhin, wie vertraut Sie mit Ihren Stärken sind. Als Coach ist dies aus meiner Sicht eine notwendige Voraussetzung!

Ergänzend sei noch gesagt, dass es notwendig ist, dass sich Führungskräfte ihre Stärken immer wieder bewusst machen, denn dabei handelt es sich nicht um einen einmal zu erreichenden Zustand. Wir entwickeln und verändern uns im Laufe der Jahre stetig. Abhängig von den Anforderungen, denen wir uns gegenübersehen, leben wir die eine oder andere Stärke mehr oder weniger aus. Einige können wir gar nicht zeigen oder anwenden, was aber nicht bedeutet, dass sie perdu ist – andere, neue Stärken können dazukommen. Führungskräfte sollten da im Dialog mit sich selbst stehen und von Zeit zu Zeit eine Bestandsaufnahme durchführen.

Stärken sind Merkmalsausprägungen von Eigenschaften, die wir als vorteilhaft bezeichnen

Folgendes sei noch erwähnt: Jede Schwäche ist die Übertreibung einer Stärke – und hier gilt durchaus der Umkehrschluss: Jede Stärke ist demnach die Übertreibung einer Schwäche. Denn Eigenschaften sind nichts Dichotomes, sie liegen vielmehr auf einem Kontinuum. Ich möchte Ihnen das am Beispiel Mut erläutern, den wir zweifelsohne als Stärke bezeichnen können.

Depression und Mut

Mein Medizinprofessor Peter Kruckenberg erläuterte sehr eindrücklich: Wenn wir nun das Kontinuum, auf dem Mut liegt, betrachten, so wird deutlich, dass die einzelnen Ausprägungen von Panik und Angst über Ängstlichkeit zu Mut und Übermut und Leichtsinn reichen.

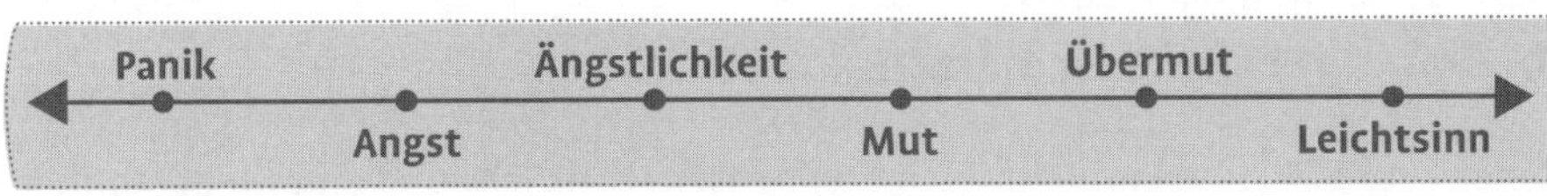

Wenn Ihre Klienten mit dem Wunsch auf Sie zukommen, über eine ihrer Schwächen zu sprechen, so verdeutlichen Sie ihnen, dass es sich um eine Merkmalsausprägung auf einem Kontinuum handelt – und dass sie sich entscheiden können, ob und wie sie damit umgehen möchten. Ich würde sogar so weit gehen, zu sagen, dass Stärken sich nicht nur auf einem Kontinuum befinden, sondern mehrdimensional zu betrachten sind.

Übung: Merkmalsausprägung Struktur

Betrachten wir zunächst ein mögliches Kontinuum, auf dem Struktur zu finden ist.

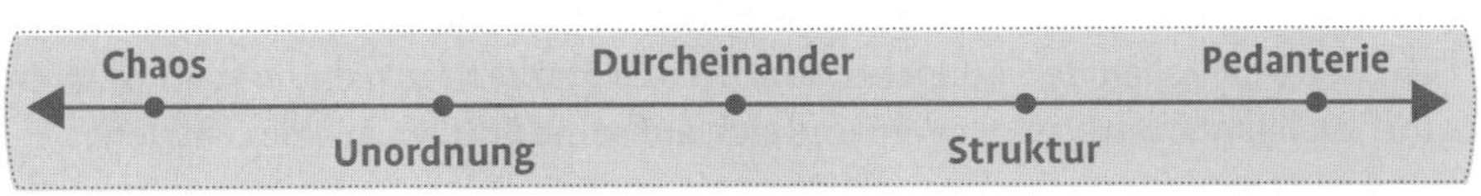

Welche Merkmalsausprägungen befinden sich Ihrer Ansicht nach auf einem Kontinuum mit Offenheit? Tragen Sie diese in die nachfolgende Abbildung ein.

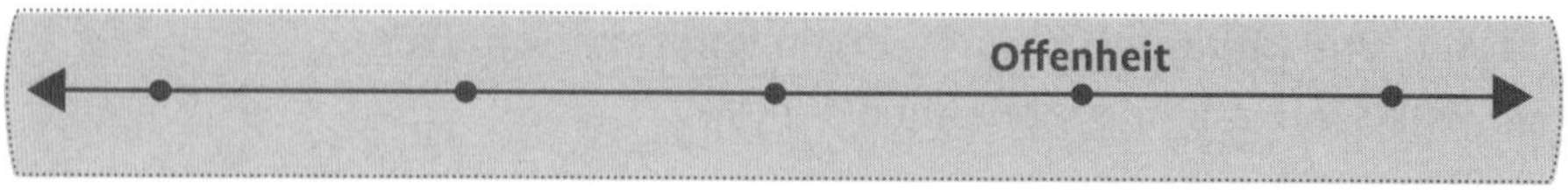

Und wie verhält es sich mit der Stärke Authentizität? Tragen Sie denkbare Merkmalsausprägungen hier ein:

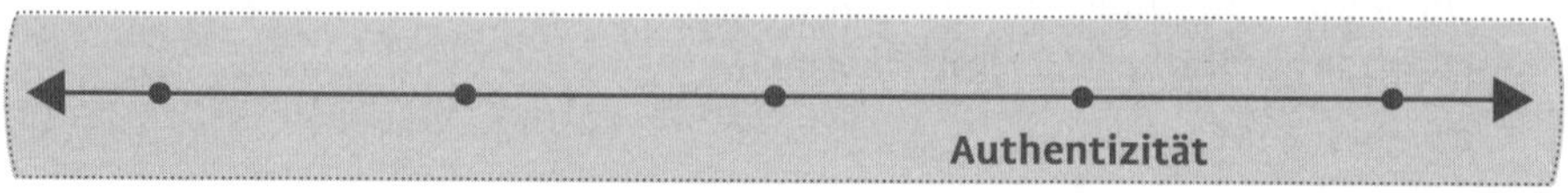

Sie werden sicher selbst merken, dass es die *eine richtige* Lösung nicht gibt. Es gibt vielmehr mehrere Varianten.

Wann Sie Stärken zum Thema im Coaching machen sollten

Ganz ehrlich? Meine Empfehlung lautet pauschal schlicht und ergreifend: Immer! Ich frage meine Klienten nicht ungefragt nach ihren Schwächen, aber immer nach ihren Stärken. Ein erfolgreicher, erfahrener und auch alter Geschäftsmann hat mir einmal erklärt, was aus seiner Sicht zu seinem Erfolg beigetragen hat: »Ich habe 22 Macken und 22 Stärken, und ich habe mich nicht – wenn es nicht erforderlich war – mit meinen Schwächen aufgehalten, sondern ich habe sie akzeptiert als einen Teil von mir. Mein Interesse war es, meine Stärken weiter auszubilden. Das hat mir erstens mehr Spaß gemacht und zweitens dazu geführt, dass ich auf einigen Gebieten exzellent geworden bin.« Das ist der Grund dafür, warum es im Coaching immer auch um die Stärken Ihres Klienten gehen sollte!

Wenn wir ehrlich sind, dann stellen wir fest: Wir alle haben unsere »Macken« – und wenn wir lange daran arbeiten, dann können wir vielleicht sogar ganz gut darin werden, aber wir können selbst mit viel Mühe nur »Mittelmaß« schaffen – weil uns schlicht das Talent dafür fehlt. Nur fehlt uns die Zeit, in der wir an unseren Schwächen herumfeilen, dann beim Verfeinern unser Stärken.

Ich mag die folgende Geschichte zum Thema Stärken sehr, da sie zeigt, warum es hilfreich ist, an sich zu glauben und sich auf seine Stärken zu konzentrieren.

Ein stiller Kletterer

Viele Legenden ranken sich um den Nebelberg, dessen Spitze nur alle 40 Jahre für einen einzigen Tag sichtbar wird. Und obwohl es Generationen versucht hatten, war es niemandem je gelungen, die Spitze dieses Berges zu erklimmen. »Es ist unmöglich«, sagten die Alten, aber die Jungen mussten ihre eigenen Erfahrungen machen. Das war früher so und es ist heute so. Es war wieder so weit: »Die werden sich die Zähne ausbeißen«, »Das schafft niemand«. Keiner der zahlreichen Zuschauer glaubte, dass irgendjemand es schaffen könnte. Und so kam es, dass die Ersten bereits vor dem Start aufgaben und sich beim Volksfest vergnügten (das auch nur alle 40 Jahre stattfindet).
Start! Eine Tausendschaft zog dem Fuß des Berges entgegen. Es kam wie vorausgesehen: Viele Stunden später, aber nach kaum einem Drittel des Anstiegs, waren die meisten schon wieder umgekehrt. Bei der Hälfte waren sie zu einem kleinen Häufchen zusammengeschrumpft und schließlich waren es nur noch ganz wenige fest Entschlossene, aber auch die resignierten nach und nach: »Die Alten haben recht. Was soll's ...« Nur ein stiller Kletterer stieg unverdrossen weiter.
Er wollte es den Alten offenbar beweisen. Er kletterte immer höher, stieg unbeirrbar dem Gipfel entgegen und schaffte es! Mit letzter Kraft und überglücklich stand er auf dem Gipfel! Sie können sich die Aufregung vorstellen! Da hat einer das Unmögliche geschafft! Wieder zurück, umringten die Zuschauer ihn. Jeder wollte natürlich wissen, wie es ihm gelungen sei, den Gipfel zu besteigen. Das hörte der stille Gipfelstürmer aber nicht. Er war taub.
(Tschepp/Schinagl 2007, Karte 15, rot)

Ein persönlicher Tipp zum Abschluss

Ich sammle im Coaching die Stärken zusammen mit dem jeweiligen Klienten, indem ich jede einzelne Stärke auf eine Moderationskarte in der Wunschfarbe des Klienten schreibe. Anfangs habe ich die Klienten selbst schreiben lassen, doch dann habe ich gemerkt, dass sich der Klient mehr auf das Schreiben, die Rechtschreibung und die B-Note konzentriert als auf den Inhalt. Da echtes Nachdenken jedoch unerlässlich ist, bin ich dazu übergegangen, die Karten für die Klienten zu schreiben.

Eine wohltuende Wirkung erfahren die Klienten, wenn sie sich zum Abschluss des Stärken-Coachings hinstellen, um sich aufzubauen, im wahrsten Sinne des Wortes zu Ihren Stärken zu stehen und sich dabei selbst auf die Schulter zu klopfen. Ich halte es da mit dem Motto von Gunther Schmidt, der auf einem Kongress alle Zuhörer zu systemischer Körperarbeit einlud, mit der Begründung: »Wenn wir unseren Körper schon einmal dabei haben, dann können wir ihn auch einsetzen.« Probieren Sie es aus!

Selbstverständlich nimmt der Klient die Karten nach der Sitzung mit, und ich empfehle immer, sich die Karten ins Arbeitszimmer, in den Kleiderschrank oder an einen Ort zu kleben, der es dem Klienten ermöglicht, sich seine Stärken jeden Tag vor Augen zu halten.

Stärken stärken

Eine Führungskraft erzählte mir, dass er sich eine Karte mit allen seinen Stärken geschrieben habe, die auf seinem Schreibtisch stehe, wobei die einzelnen Stärken nicht explizit zu lesen seien, weil ein Buch so davorsteht, dass nur die Wörter »Meine Stärken« lesbar seien. Er erzählte mir, dass es ihm sehr guttue, seine Stärken präsent zu wissen und sie jeden Tag im Auge zu behalten. Wenn Mitarbeiter in sein Büro kämen und darauf schauten, nutze er die Gelegenheit, mit ihnen über deren Stärken zu sprechen, was wiederum diesen guttue.

Sie sehen: Stärken entfalten in jeder Hinsicht eine äußerst positive Wirkung, wenn wir uns ihrer bewusst sind. Mein Extratipp: Empfehlen Sie Ihren Klienten, sich aus einem Schreibwarengeschäft Klebepunkte in der Farbe ihrer Stärkenkarten zu kaufen und diese ins Portemonnaie, in die Aktenmappe, auf den Autoschlüssel, das Handy, an den Badezimmerspiegel und weitere Stellen zu kleben, damit sie sich an ihre Stärken erinnern – und sei es, dass ihr Gehirn die kleinen Punkte nur subliminal wahrnimmt.

Die nachfolgenden Arbeitsblätter sind bewusst so in der Reihenfolge gewählt, damit die Klienten zunächst selbst über die eigenen Stärken nachdenken können und erst dann die Stärkensammlung sehen.

Arbeitsblatt 8: Gute Karten für Stärken

Damit Sie sich Ihrer selbst bewusst werden und ein gutes Selbstbewusstsein entwickeln, benötigen Sie die Kenntnis Ihrer Stärken und Schwächen. Sicherlich kennen auch Sie – wie die meisten von uns – Ihre persönlichen Schwächen nur zu gut, sodass es nun an der Zeit ist, dass Sie sich einfach einmal »nur« mit Ihren Stärken beschäftigen dürfen, denn diese sind es, die einen starken Einfluss auf Ihr Selbstwertgefühl und die Stabilität Ihres Selbstvertrauens haben.

Was sind Stärken für Sie? Was verstehen Sie unter Stärken im Hinblick darauf, dass sie ein Erfolgsfaktor im Beruf sind? Tragen Sie spontan Ihre Gedanken dazu ein.

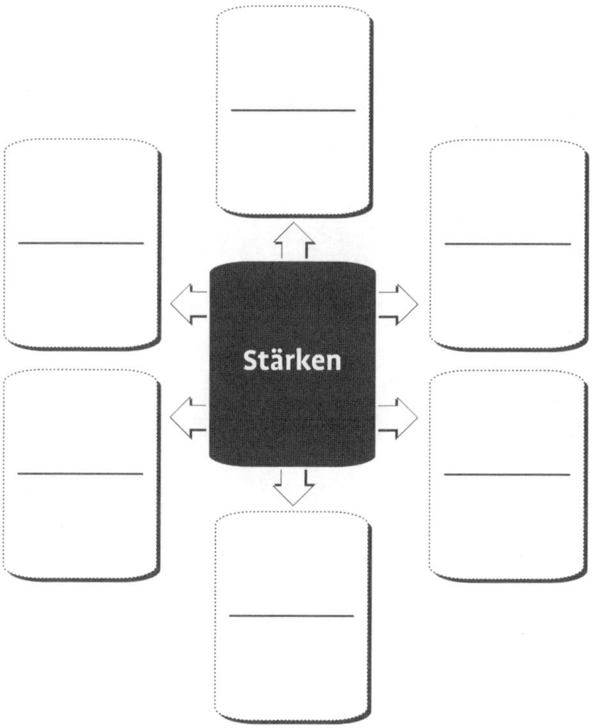

Arbeitsblatt 9: Schauen Sie sich selbst in die Karten!

Damit Sie sich Ihrer selbst bewusst werden, betrachten Sie die Gründe, warum das Ihre Karten in puncto *Stärken* als *Erfolgsfaktor im Beruf* sind, einmal näher.

- Übertragen Sie zunächst die Antworten Ihrer Karten aus der Gedankenblume von Arbeitsblatt 1 in die linke Spalte.
- Schreiben Sie dann die unterschiedlichen Gründe in die rechte Spalte.

Stärken ...	..., weil ...
1.	
2.	
3.	
4.	
5.	
6.	

Arbeitsblatt 10: Starke Fragen

»Im Grunde ist ein Diamant auch nur ein Stück Kohle, das die nötige Ausdauer hatte.«

Anonymus

Sie haben sich nun selbst in die Karten geschaut und wissen, was Sie zum Thema Stärken ganz allgemein denken. Und wie sieht es mit **Ihren** Stärken aus?

Woran merken Sie, dass Sie Stärken haben?

In welchen Situationen werden Ihnen Ihre Stärken bewusst?

Was, denken Sie, würde Ihre Familie antworten, wenn diese nach Ihren Stärken gefragt würde?

Was würden Ihre Freunde und Kollegen antworten, wenn diese die Stärken aufzählen sollten, die sie Ihnen zuschreiben?

Arbeitsblatt 11: Stärkensammlung

Lassen Sie sich – wenn Sie möchten – von der folgenden Stärkensammlung inspirieren. Sie erhebt keinen Anspruch auf Vollständigkeit; sollten Ihnen noch Stärken einfallen, dann notieren Sie diese bitte in die leeren Kästchen.

- Fragen Sie sich zunächst, welche Stärken Sie haben – und sei es auch nur im Ansatz! Markieren Sie diese durch ein kleines Kreuz.
- Nun fragen Sie sich bitte, welche Stärke Sie gern noch hätten – sei es, weil Sie sie im Beruf benötigen oder weil Sie sie gern weiter ausbilden möchten.

Achtsamkeit	Ausdauer	Authentizität	Begeisterung
Besonnenheit	Dankbarkeit	Disziplin	Durchhalte-vermögen
Echtheit	Empathie	Engagement	Entschlossenheit
Ehrlichkeit	Ermutigung	Fantasie	Fleiß
Flexibilität	Geduld	Gelassenheit	Hilfsbereitschaft
Humor	Klarheit	Kommunikation	Konsequenz
Kreativität	Lebensfreude	Leichtigkeit	Leistungs-bereitschaft
Loyalität	Motivation	Mut	Neugier
Offenheit	Optimismus	Ordnungsliebe	Selbst-wirksamkeit
Struktur	Tatkraft	Toleranz	Treue
Verantwortung	Vergebung	Verständnis	Vertrauen
Vielfalt	Wertschätzung	Wissen	Zielstrebigkeit
Zuverlässigkeit	Zuversicht		

Was hat dazu geführt, dass Sie diese Stärken ausbilden konnten?

In welchen Situationen sind Sie sich Ihrer Stärken bewusst?

Wo sehen Sie Ihre persönlichen Führungsstärken?

Was denken Sie, empfinden Ihre Mitarbeiter als Ihre Führungsstärken?

»Wir denken selten an das, was wir haben,
aber immer an das, was uns fehlt.«

Arthur Schopenhauer

Meine Stärken

Was, denken Sie, sind Ihre Stärken? Was gelingt Ihnen nahezu mühelos? Was geht Ihnen leicht von der Hand? Was fällt Ihnen leicht? Welche Fähigkeiten haben Sie? Worin würden Sie sich als kompetent bezeichnen? Manchmal hilft bei der Suche nach den eigenen Stärken auch die folgende Frage, durch die Sie sich in die Metaperspektive begeben: Was würden andere Menschen als Ihre Stärken bezeichnen? Lassen Sie sich bei Ihren Überlegungen dazu gern von dem Gedanken Schopenhauers inspirieren.

- Nehmen Sie sich Zeit und denken Sie in Ruhe über Ihre Stärken nach. Was immer Ihnen nun in den Sinn kommt, schreiben Sie es auf! Haben Sie Vertrauen in Ihre Fähigkeiten und bewerten Sie Ihre Gedanken nicht nach dem Motto: »Nein, so gut kann ich das nun auch wieder nicht …«, oder: »So besonders ist das eigentlich nicht«, sondern tragen Sie Stärke für Stärke in die nachstehenden Karten ein.

Welche Führungsstärken lassen sich daraus ableiten? Welche werden sichtbar?

Arbeitsblatt 12: Die Stärkenskala

Um einen profunden Überblick über Ihre persönlichen Stärken zu bekommen, ist es nützlich, wenn Sie Ihre starken Karten nicht nur offenlegen, sondern auch einmal skalieren – wie Trümpfe beim Kartenspiel: Sie sind Trümpfe und können dennoch eine andere Wertigkeit haben. Was denken Sie: Welche Stärke ist Ihr höchster Trumpf? Wie schätzen Sie sich selbst ein?

- Schauen Sie Ihre Stärken vom Arbeitsblatt 11 an und skalieren Sie diese in Ihrer persönlichen Stärkenskala. Das ist vielleicht nicht ganz leicht, doch denken Sie daran: Es handelt sich hierbei um eine Momentaufnahme, um Ihren subjektiven Eindruck – jetzt. Und wenn Sie mögen, dann können Sie jederzeit wieder eine Stärkenskala erstellen. Der Effekt ist jedoch immer derselbe: Sie werden sich Ihrer Stärken völlig bewusst sein, Sie können Sie benennen und lernen, sich selbst sicher einzuschätzen!

1: ____________________

2: ____________________

3: ____________________

4: ____________________

5: ____________________

6: ____________________

7: ____________________

8: ____________________

9: ____________________

10: ____________________

11: ____________________

12: ____________________

Denken Sie daran – es ist eine Momentaufnahme, die Ihrer heutigen Einschätzung entspricht. Sie sind ja nicht statisch, sondern eine sich verändernde, spannende Persönlichkeit!

Arbeitsblatt 13: Wie stark sind Ihre Stärken?

Nachdem Sie nun Ihre Stärken benannt haben, könnten Sie sich fragen, wie viel Prozent Ihrer jeweiligen Stärke Sie bereits nutzen. Was glauben Sie: Wie viel steckt davon noch in Ihnen? Oder haben Sie Ihr Potenzial bereits ausgeschöpft? Sie sehen unten eine sogenannte Stärkentorte, die Sie zu Ihrer Stärkentorte machen können, indem Sie

- zunächst jedem Tortenstück einer Stärke zuordnen und
- dann jede Stärke auf einer Skala von 1 bis 10 einordnen. Dabei gilt:
  - 1 = Ich nutze bereits einen sehr kleinen Teil davon.
  - 10 = Ich habe mein Potenzial voll ausgeschöpft.

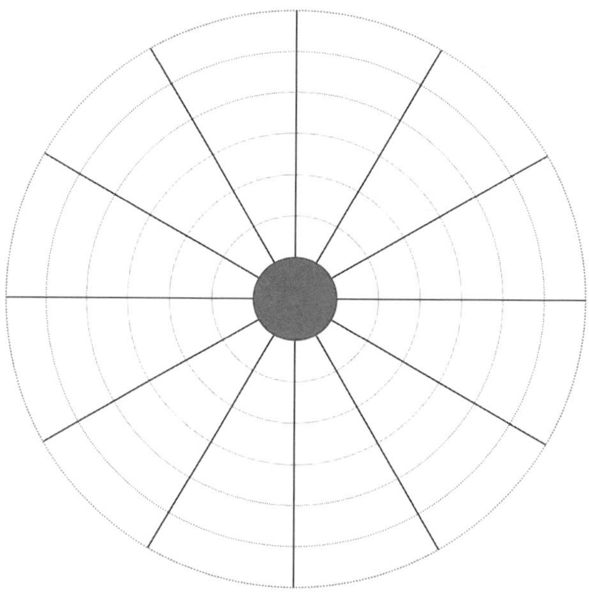

Ein starker Impuls

Wenn ich meine Stärken voll entfalte, dann könnte ich

1. ____________________

2. ____________________

3. ____________________

Arbeitsblatt 14: Was machen Sie mit Ihren Stärken?

Nachdem Sie sich nun intensiv mit dem Thema Stärken und insbesondere Ihren eigenen Stärken beschäftigt haben, steht die Frage im Raum: Was machen Sie mit Ihren Stärken? Was fangen Sie tagtäglich damit an? Wie können Sie sie gut nutzen?

- Beantworten Sie nun die folgenden Fragen:

Welche Stärken setzen Sie bereits in Ihrem beruflichen Alltag ein?

Mit welchen Stärken können Sie oft glänzen?

Wie bewerten Sie deren Anteil an Ihrem Erfolg? Welche Stärken sind für Sie in Ihrer jetzigen Position besonders hilfreich?

Welche Ihrer Stärken setzen Sie bisher noch nicht ein? Was könnten Sie dadurch zusätzlich erreichen?

Welche drei Stärken mögen Sie besonders gern an sich?

Angenommen, Sie würden Ihren Beruf wechseln wollen, welche Ihrer Stärken würde dann den Ausschlag geben?

Der besondere Service für Sie: Das Arbeitsblatt »Drei starke Erkenntnisse, die Sie für sich mitnehmen« finden Sie direkt beim Buch in den Downloadmaterialien.

Authentizität

Selbstkompetenz-Erfolgsfaktor Nr. 3: Authentizität

Dieses Kapitel enthält eine Reihe von Arbeitsblättern, die Sie in Ihrer Arbeit mit Klienten dabei unterstützen, dem Erfolgsfaktor Authentizität auf den Grund zu gehen. Zudem erfahren Sie, was das mit der von Erich Fromm (2009) beschriebenen Fassadenexistenz sowie den Werten zu tun hat, die das eigene Handeln leiten.

Folgende Arbeitsblätter stehen Ihnen zur Verfügung:

- Arbeitsblatt 15: Gute Karten für Authentizität
- Arbeitsblatt 16: Schauen Sie sich selbst in die Karten!
- Arbeitsblatt 17: Selektiv authentisch
- Arbeitsblatt 18: Sind Sie im Beruf ein »Eisberg«?
- Arbeitsblatt 19: Eine »wert-volle« Sammlung
- Arbeitsblatt 20: Wertvolle Gedanken: Leben Sie Ihre Werte?
- Arbeitsblatt 21: Spielen Sie mit offenen Karten
- Erkenntnisblatt als Download: Drei authentische Erkenntnisse, die Sie für sich mitnehmen

Was heißt Authentizität?

Authentizität steht für Echtheit und Echtsein. Authentische Menschen verstellen sich nicht, sie führen keine »Fassadenexistenz«, wie Erich Fromm (2009) das nannte. »What you see, is what you get« ist das Motto authentischer Menschen. Sie machen weder sich noch anderen etwas vor, was zudem gut für die psychische Gesundheit ist, denn sich zu verstellen kostet Kraft. Die Duse, wie die berühmte Schauspielerin Eleonora Duse genannt wurde, wird mit den Worten zitiert: »Es ist gefährlich, anderen etwas vorzumachen, denn es endet damit, dass man sich selbst etwas vormacht.« Wenn unser Denken, Fühlen und Handeln im Einklang sind, dann sind wir authentisch und damit in unserer Kraft.

Der erste Schritt zu mehr Authentizität besteht darin, sich selbst der eigenen Werte, Stärken und Schwächen, Motive, Ziele, Gefühle, Ängste, Hoffnungen und auch Träume bewusst zu werden. Erst in einem zweiten Schritt wird es dann möglich, auch anderen nichts mehr vorzumachen. Allerdings braucht Authentizität Vertrauen und Selbstvertrauen als Basis, denn eine Fassadenexistenz legen wir uns ja nur zu, weil wir uns nicht trauen, »echt« zu sein.

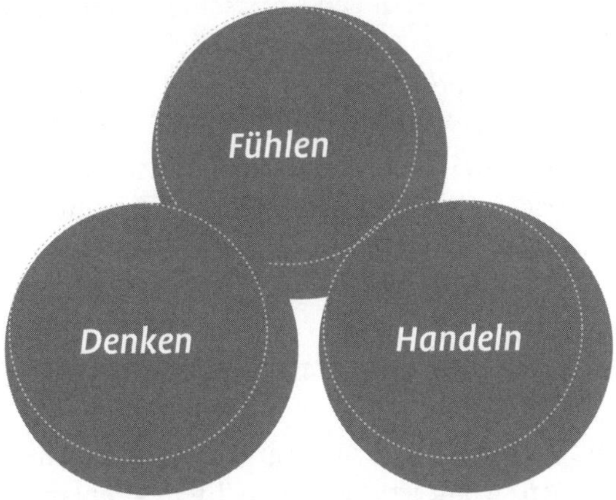

Authentizität als Erfolgsfaktor

Authentizität ist eine wesentliche Prämisse für erfolgreiches Handeln. Eines der Attribute, das immer wieder auftaucht, wenn von Barack Obama die Rede ist, lautet: authentisch. Authentische Menschen besitzen eine kaum greifbare Attraktivität, die vermutlich darauf beruht, dass wir zumeist unbewusst spüren und wahrnehmen, dass unser Gegenüber wahrhaftig und kongruent ist, was vertrauenerweckend wirkt. Echte, unverstellte Menschen sind von sich aus überzeugend – sie müssen keine großen Anstrengungen unternehmen, um überzeugend zu wirken, weil sie es einfach sind. Durch ihr Verhalten laden sie ihr Gegenüber ein, auch aufrichtig zu sein. Das Gute ist: Wenn wir es mit authentischen Menschen zu tun haben, müssen wir uns nicht fürchten, denn wir können darauf vertrauen, dass es keinen doppelten Boden und keine falsche Absicht gibt, die uns gefährlich werden könnten. Authentizität befindet sich in einer anderen Kategorie als Konkurrenzdenken und Wettkampf.

Doch gerade in beruflichen Situationen, in denen wir uns nicht wirklich rundum sicher fühlen, neigen wir bisweilen dazu, nicht authentisch zu sein, weil wir unangenehme Reaktionen und Konsequenzen befürchten. Das bedeutet gleichzeitig, dass wir nicht hundertprozentig unsere Ziele verfolgen und uns nicht hundertprozentig engagieren, sondern in solchen Fällen eher Kompromisse eingehen – selbst wenn es faule Kompromisse sind. Das entzieht unserer Zielstrebigkeit und erfolgreichem Handeln den Boden – Erfolg versprechend ist ein solches Verhalten nicht. Doch insbesondere Führungskräfte werden an ihren Erfolgen gemessen, was zu der Conclusio führt, dass nachhaltiger Erfolg nur durch authentisches Handeln möglich wird.

Was macht in puncto Authentizität den Unterschied? Warum ist es einigen Menschen möglich, sich und anderen nichts vorzumachen, wohingegen andere mühsam – sei es bewusst oder unbewusst – ihre Fassadenexistenz aufrechterhalten? Manche Menschen haben das Glück, in einem Umfeld von Vertrauen aufgewachsen zu sein, sodass sie ein stabiles Selbstvertrauen ausbilden können und aus sich selbst heraus authentisch agieren können, weil sie sich nicht vor der negativen Bewertung anderer fürchten.

Warum Authentizität im Coaching ein Thema ist

Im Coaching besteht für Ihren Klienten die großartige Möglichkeit, sich selbst und Ihnen nichts vormachen zu müssen. Sie wollen Ihrem Klienten ja nichts Böses, und die Grundlage für Ihre Zusammenarbeit ist ja gerade Vertrauen. In dieser Situation erfährt Ihr Klient keine Bedrohung, sondern einzig und allein Unterstützung. Das heißt, er kann sich so zeigen, wie er ist – ohne Angst vor Bewertung. Das ist eine wichtige Erfahrung, die ihn dazu ermutigen kann, selektiv authentisch zu sein. Ihr Klient kann somit lernen, authentisch zu sein. Die humanistische Psychologin Ruth Cohn (1991) erläuterte einmal: »Für mich ist Offenheit nicht etwas, das von Anfang an zwischen Menschen möglich ist, sondern etwas, das vorsichtig erworben und gelernt werden muss. Das kann man nicht sofort und mit Gewalt.« In meinen Augen gilt das gleichermaßen für Authentizität. Im Coaching besteht genau für diese Lernerfahrung eine gute Möglichkeit.

Wenn Sie möchten, können Sie jetzt für sich eine kleine Übung einschieben:

Als Coach authentisch sein

Fragen Sie sich, wie authentisch Sie in Ihrer Rolle als Coach sind. Gibt es Unterschiede, je nachdem, wen Sie coachen und zu welchem Thema? Was sind Ihrer Ansicht nach Einflussfaktoren im Hinblick auf Authentizität? Ihre Gedanken diesbezüglich können Sie hier aufschreiben.

Daran schließt sich gleich die Frage an: Wie wertefest sind Sie? Was sind Ihre Werte? Welche Werte sind für Sie in Ihrem Leben und Berufsleben elementar? Welche bilden das Fundament Ihrer Persönlichkeit? Nutzen Sie dazu gern auch das Arbeitsblatt 19 in diesem Kapitel: »Eine »wert-volle« Sammlung«. Tragen Sie Ihre Gedanken dazu hier ein.

Warum Werte so wichtig sind

Werte sind elementare Bestandteile unserer Moral, die wir abstrakt formulieren, wie zum Beispiel Vertrauen, Erfolg, Glück. Sie zeigen auf, was wir in unserem Leben als wertvoll erachten. Werte sind Lebensinhalte und Handlungsziele zugleich, denn durch sie bestimmen wir, was uns wünschens- und erstrebenswert erscheint. Wesentlich ist dabei, dass – wenngleich es bestimmte gesellschaftliche Werte und Normen gibt – jeder von uns sein individuelles Wertesystem errichtet, das unter anderem auf individuellen Erlebnissen und Erfahrungen beruht.

Wie Sie die Arbeitsblätter im Coaching einsetzen können

Wie alle anderen Materialien auch eignen sich die nachfolgenden Arbeitsblätter sehr gut als »Hausaufgabe«, die Sie Ihrem Klienten zur Inspiration mitgeben können. Für das Eisbergmodell lautet meine Empfehlung, dass Sie im Voraus ausführlich mit Ihrem Klienten darüber sprechen und ihm – falls gewünscht – Erklärungen mit an die Hand geben.

Auch Gespräche zum Thema Werte und darüber, was Werte überhaupt sind und warum sie von großer Bedeutung für jeden von uns sind, eignen sich als Vorbereitung. Sie können dazu die Wertesammlung aus dem Arbeitsblatt 19 (s. S. 84) nutzen, um den Einstieg zu finden. Ich habe die Erfahrung gemacht, dass meine Klienten, aber auch meine Seminarteilnehmer und Studenten, noch nie so viele unterschiedliche Werte auf einmal gesehen haben. Das bedeutet, dass es gut ist, wenn sie diese in Ruhe durchlesen und in ebensolcher Ruhe darüber nachdenken können. Ich habe es bisher noch nicht erlebt, dass ein geringer Bedarf besteht, sich grundlegend über die eigenen Werte Gedanken zu machen – im Gegenteil: Das Thema Werte stößt immer auf großes Interesse.

Angenommen, ich sollte Ihnen etwas empfehlen, so würde ich Ihnen ans Herz legen, Authentizität und damit verbunden auch Werte innerhalb eines Coachings zu thematisieren, stellen diese beiden Thema doch essenzielle Grundpfeiler unserer Persönlichkeit dar.

Anmerkung: Das Erkenntnisblatt »Drei authentische Erkenntnisse, die Sie für sich mitnehmen« erhalten Sie als Download.

Arbeitsblatt 15: Gute Karten für Authentizität

»Die Duse«, wie die berühmte Schauspielerin Eleonora Duse früher nur genannt wurde, sagte: »Es ist gefährlich, anderen etwas vorzumachen; denn es endet damit, dass man sich selbst etwas vormacht.«

- Was ist Authentizität für Sie? Was verstehen Sie unter authentisch sein? Woran denken Sie, wenn Sie das Wort Authentizität als Erfolgsfaktor im Beruf hören? Tragen Sie spontan Ihre Gedanken dazu ein.

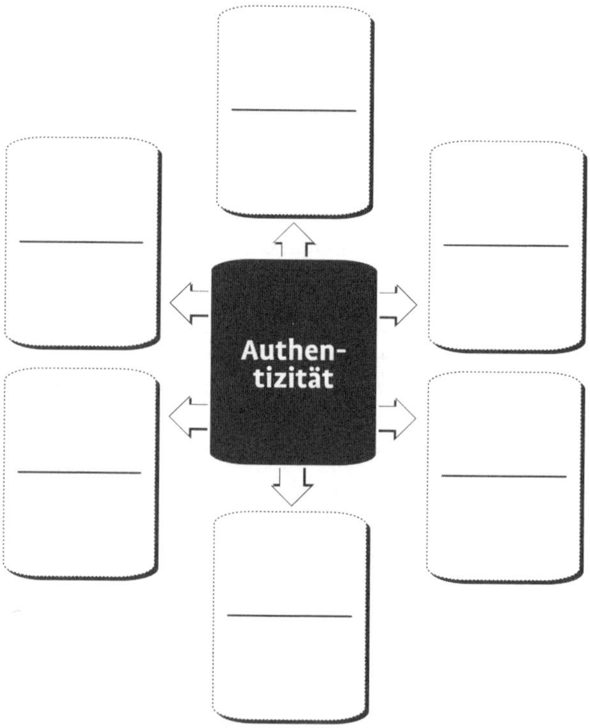

Arbeitsblatt 16: Schauen Sie sich selbst in die Karten!

Damit Sie sich Ihrer selbst bewusst werden, betrachten Sie die Gründe, warum das Ihre Karten in puncto »Authentizität als Erfolgsfaktor im Beruf« sind, einmal näher.

- Übertragen Sie zunächst die Antworten Ihres Kartensets von Arbeitsblatt 15 in die linke Spalte.
- Schreiben Sie dann die unterschiedlichen Gründe in die rechte Spalte.

Authentizität ist für mich ...	..., weil ...
1.	
2.	
3.	
4.	
5.	
6.	

Arbeitsblatt 17: Selektiv authentisch

Authentische Menschen sind »echt«, sie verstellen sich nicht, sondern zeigen sich so, wie Sie sind. Frei nach dem Motto: »What you see, is what you get« – ob zu Hause oder im Büro, ob mit Freunden oder Kollegen. Sie müssen sich weder anderen noch sich selbst etwas vormachen und keine »Fassadenexistenz« führen, wie Erich Fromm es nennt. Authentische Menschen wirken ungemein attraktiv. Wir fühlen uns zu ihnen hingezogen, weil wir spüren, dass sie wahrhaftig sind und sie dadurch Vertrauen in uns auslösen.

Ob wir authentisch sind oder nicht, hängt oftmals mit der Situation zusammen, in der wir uns befinden, und von den Menschen, mit denen wir zu tun haben. Man kann in dem Fall von »selektiver Authentizität« sprechen. Ruth Cohn sagte einmal dazu: »Nicht alles, was echt ist, will ich sagen, doch was ich sage, soll echt sein.« Überlegen Sie, wovon es abhängt, ob Sie in bestimmten Kontexten authentisch sein können. Welche Einflussfaktoren spielen Ihrer Meinung nach eine Rolle? Oder anders gefragt: Was muss gegeben sein, damit Sie authentisch sein können?

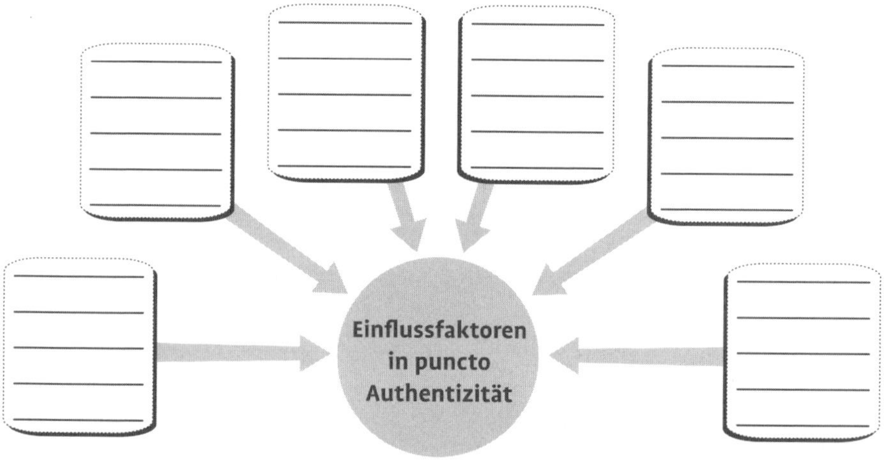

Ein authentischer Impuls

Wenn ich mir selbst drei Tipps geben würde, dann würden diese wie folgt lauten:

1.

2.

3.

Arbeitsblatt 18: Sind Sie im Beruf ein »Eisberg«?

Charakteristisch für einen Eisberg ist, dass nur ein kleiner Teil nach außen sichtbar ist – der weitaus größere Teil ist unter der Wasseroberfläche verborgen. So verhält es sich auch mit vielen Menschen, die im beruflichen Kontext den größten Teil ihrer Persönlichkeit und somit ihre Fähigkeiten, Ziele und Ideen im Verborgenen lassen. Warum auch immer sie dies tun – die Gründe sind sicherlich mannigfaltig und nachvollziehbar. Authentizität ist ganz sicher auch eine Frage von Offenheit! Wenn Sie authentisch sein wollen, so ist der erste Schritt in diese Richtung, dass Sie sich darüber im Klaren sind, was Sie von sich nach außen präsentieren und was eben nicht. Sie können dann immer noch entscheiden, wie authentisch Sie sich zeigen möchten. Sie haben die Wahl!

- Füllen Sie zunächst die Linien aus, die über der Oberfläche liegen. Nun überlegen Sie bitte, was Sie noch bei sich selbst deckeln ... Wo sind Sie nicht ganz »echt«? Tragen Sie all das auf die Linien unterhalb der Oberfläche ein. Dabei können Sie an Situationen oder Fähigkeiten, Ideen, Persönlichkeitsmerkmale und Ziele denken.

Wie viel von Ihrem »Eisberg« ist Ihrer Meinung nach für andere sichtbar? Wie viel zeigen Sie meistens von sich? Warum ist Ihnen das möglich?

Tauchen Sie auf! Was würden Sie gern öfter von sich preisgeben? Wie viel von sich würden Sie am liebsten zeigen?

Arbeitsblatt 19: Eine »wert-volle« Sammlung

Eng verknüpft mit der Frage nach der Authentizität ist das Thema Werte. Unsere Werte leiten unser Handeln, denn sie sagen etwas darüber aus, was uns im Leben wertvoll und wichtig erscheint. Jeder Einzelne hat sein eigenes Wertesystem, geprägt unter anderem von Erziehung, Kultur, Erfahrung und Erlebnissen.

- Lesen Sie sich die »wert-volle« Sammlung durch und kreuzen Sie zehn Werte an, die Sie für sinnvoll und unverzichtbar halten. Welche Werte sind Ihnen wichtig?

Glück	Dankbarkeit	Achtsamkeit	Stärke	Kreativität
Vielfalt	Neugier	Freundschaft	Leichtigkeit	Freiheit
Freude	Erfolg	Begeisterung	Motivation	Wertschätzung
Wahrheit	Vertrauen	Lernen	Gemeinschaft	Lebensfreude
Offenheit	Mut	Authentizität	Harmonie	Disziplin
Zuverlässigkeit	Lebensfreude	Aktivität	Gerechtigkeit	Optimismus
Verantwortung	Hilfbereitschaft	Wissen	Klarheit	Ordnung
Zuversicht	Ehrgeiz	Zielstrebigkeit	Loyalität	Intelligenz
Individualität	Geld	Zugehörigkeit	Toleranz	Fürsorge
Interesse	Plichterfüllung	Engagement	Geduld	Initiative
Belastbarkeit	Kooperation	Risikofreude	Zielorientierung	Gelassenheit
Selbstwirk-samkeit	Respekt	Flow	Empathie	Professionalität
Sinnhaftigkeit	Sicherheit	Verständnis	Gesundheit	Ruhe
Familie	Ausdauer	Selbstver-wirklichung	Tradition	Geborgenheit
Entdeckerlust	Autonomie	Bildung	Reisen	Fantasie
Kraft				

Arbeitsblatt 20: Wertvolle Gedanken: Leben Sie Ihre Werte?

- Wenn Sie sich die Wertesammlung anschauen, so kreuzen Sie nun mit einer anderen Farbe die zehn Werte an, die Sie wirklich leben – und zwar tagtäglich in Ihrem Alltag!
- Eventuell sehen Sie nun, dass eine Differenz zwischen dem ersten und dem zweiten Durchgang entstanden ist. Wenn Sie mögen, dann befassen Sie sich mit dieser Differenz und notieren sich Ihre Gedanken dazu. Bewerten Sie die Differenz nicht, konstatieren sie lediglich.

Wie kommt es Ihrer Ansicht nach dazu?

Was schließen Sie für sich daraus? Welchen Wert möchten Sie verstärkt in Ihren beruflichen Alltag integrieren? Mit welcher Intention?

Wenn Sie Ihre eigene Wertehierarchie erstellen sollten, welches wären Ihre Top-3-Werte? Warum ist das so?

Besteht Ihrer Meinung nach ein Unterschied zwischen Ihren Werten in Ihrem Berufsleben und Ihrem Privatleben? Wenn ja, warum?

Welche Werte werden Ihrer Erfahrung nach in Ihrem beruflichen Kontext manchmal verletzt? Was tun Sie dann?

Welche Haltung hat sich für Sie in Ihrem Berufsalltag in puncto Werte bewährt?

Arbeitsblatt 21: Spielen Sie mit offenen Karten

Warum tun Sie das, was Sie tun? Was ist Ihnen besonders wichtig?

im Beruf

im Privatleben

Welche Werte sind für Sie besonders wichtig?

im Beruf

im Privatleben

Stellen Sie einmal eine Vermutung an: Was würden andere aus Ihrem direkten Umfeld sagen, wenn sie nach Ihren Werten befragt würden? Wie schätzen andere Sie ein?

im Beruf

im Privatleben

Mut

Selbstkompetenz-Erfolgsfaktor Nr. 4: Mut

In diesem Kapitel stehen Mut und Ermutigung im Mittelpunkt. Sie erfahren nicht nur, wie Ihre Klienten Stufe um Stufe zu mehr Mut gelangen können und welche Rolle Ermutigung von innen und von außen spielt, Sie finden zudem einen Fragebogen zum Thema.

Dazu stehen Ihnen die folgenden Arbeitsblätter zur Verfügung:

- Arbeitsblatt 22: Gute Karten für Mut
- Arbeitsblatt 23: Schauen Sie sich selbst in die Karten!
- Arbeitsblatt 24: Fragebogen: Wenn ich so mutig wäre, wie ich gern wäre, dann ...
- Arbeitsblatt 25: Stufe um Stufe für mehr Mut im Beruf
- Arbeitsblatt 26: Das Mut-Wunsch-Quadrat
- Arbeitsblatt 27: Wachsen Sie über sich hinaus!
- Arbeitsblatt 28: Chapeau!
- Erkenntnisblatt als Download: Drei mutige Erkenntnisse, die Sie für sich mitnehmen

Was ist Mut?

Mut ist ohne Zweifel mehrdimensional. Das Konstrukt Mut kann verstanden werden als

- Risikobereitschaft
- Fähigkeit, seine Angst überwinden zu können
- »überlegte Begegnung mit Gefahren und ein Ertragen von Anstrengungen«, wie Cicero es formulierte
- Verhalten, das auf den eigenen Wertvorstellungen fußt, wenngleich dieses Verhalten von der sozialen Gruppe vielleicht als unangemessen be- oder verurteilt wird
- Bereitschaft zu persönlichem Wachstum
- Fähigkeit, eigene und neue Wege zu gehen sowie zu den eigenen Zielen zu stehen
- Ergebnis eines inneren Konflikts (Engelmann 2011 b)

Meiner Studie über Mut zufolge hat Mut die folgenden Bedeutungen für die Befragten (ebenda):

Interessant auch die Unterscheidung in drei unterschiedliche Arten von Mut, wie Andreas Dick (2010) sie formuliert:

- **physischer Mut**, den wir für das Eingehen eines körperlichen Risikos benötigen
- **sozialer beziehungsweise moralischer Mut**, der im möglichen Verlust des Ansehens und in sozialer Ausgrenzung liegt
- **psychologischer oder existenzieller Mut**, bei dem es um den Glauben an das Gute und die eigenen Träume sowie auch um die Stabilität des eigenen Selbst geht

Inwiefern ist Mut ein Erfolgsfaktor für Führungskräfte?

»Am Mute hängt der Erfolg.«

Theodor Fontane

Mut ist eine Führungskompetenz, bei der es darum geht, voller Selbstvertrauen eigene Entscheidungen treffen und innovativ vorgehen zu können, obwohl das

Ergebnis dieser Entscheidung und Innovation nicht sicher vorhersehbar, also mit einem Risiko behaftet ist. Neben dem wirtschaftlichen Risiko muss die Führungskraft auch in Kauf nehmen (können), dass die Mitarbeiter das Vorgehen der Führungskraft nicht als mutig, sondern vielmehr als unpopulär bewerten. Die Führungskraft benötigt somit eine gehörige Portion an sozialem Mut, denn sie riskiert den Verlust des eigenen Ansehens und darüber hinaus möglicherweise, dass die Mitarbeiter sich nicht mehr in einem Boot mit der Führungskraft sehen, sondern (fast) schon gegen die Führungskraft eingestellt sind, was einer Bedrohung des Miteinanders gleichkommt. Führungskräfte benötigen Mut, um gegen Widerstände zu handeln. Dabei sollen sie natürlich nicht rücksichtslos vorgehen. Aber als Führende ist es ihre Aufgabe, andere anzuleiten und die Verantwortung zu übernehmen.

Führung erfordert Kraft, denn die Herausforderung der Führungskraft liegt bei Weitem nicht nur in der Erzielung eines wirtschaftlich akzeptablen oder gar sehr guten Ergebnisses – nein, Führungskräfte tragen überdies die Verantwortung für ihre Mitarbeiter sowie deren Familien. Das erfordert Mut!

Und es kommt noch ein weiterer, ebenso relevanter Aspekt hinzu: Führungskräfte benötigen den Mut, sich nicht nur ihres Verstandes zu bedienen, sondern auch ihrer Intuition zu vertrauen – und damit sich selbst. Es ist nicht die Frage, ob Verstand *oder* Bauch, sondern eine Forderung nach Verstand *und* Bauch. Wie sagte Steve Jobs in einer seiner bedeutendsten Reden: »Vergeuden Sie nicht Ihre Zeit damit, dass Sie das Leben eines anderen leben. Lassen Sie sich nicht von Dogmen einengen. Dogmen sind das Ergebnis des Denkens anderer Menschen. Lassen Sie nicht zu, dass der Lärm fremder Meinungen Ihre eigene innere Stimme übertönt. Und vor allem haben Sie Mut, Ihrem Herzen und Ihrer Intuition zu folgen« (12.06.2005 Abschlussfeier der Stanford University).

»Es gibt mehr Menschen, die kapitulieren, als solche, die scheitern.«

Henry Ford

Mut tut gut, und Führungskräfte tun gut daran, mutig zu sein. Für sie ist es wichtig, nach einem Fehler nicht am Boden liegen zu bleiben, sondern wieder aufzustehen. Und überhaupt sollten sie Fehler nicht per se als Scheitern begreifen, weil Scheitern nicht gleich Scheitern ist. Denn was bedeutet es, einen Fehler gemacht zu haben? Im Sinne von trial and error handelt es sich dabei lediglich um einen nicht geglückten Versuch – das ist schon alles. Nicht mehr und nicht weniger.

Wenn Führungskräfte immer Angst haben müssen, einen Fehler zu machen, so sind sie handlungsunfähig. Doch zurück zu »trial and error«: Ein Fehler ist ein Versuch, der das gewünschte Ergebnis verfehlt, aus dem sich dennoch Erfahrungen ziehen lassen, die zu Entwicklungen führen, und aus dem man im besten Fall lernt. Fehler erfordern und ermöglichen eine Kurskorrektur, die dadurch zum Gelingen des eingeschlagenen Weges führt – und das ist etwas, was einem Fehler durchaus etwas Sinnvolles verleiht.

Wie können Führungskräfte mutig sein?

Mut im Arbeitsleben ist ein Erfolgsfaktor, der idealerweise im Zusammenspiel mit Weitsicht und Wissen zum Tragen kommt. Dieser Dreiklang kann erreicht werden, indem die Führungskräfte sich a) ihrer Ängste bewusst werden, b) sich selbst ermutigen lernen und c) begreifen, dass es nichts zu verlieren, sondern nur etwas zu gewinnen gibt. Mut ist lernbar – Stufe für Stufe. Dafür sind Geduld, Selbstvertrauen und Zuversicht erforderlich.

Wie die Arbeitsblätter zur Ermutigung Ihrer Klienten beitragen

Wie immer steht hierbei die Auseinandersetzung mit dem Erfolgsfaktor und sich selbst im Vordergrund. Der Fragebogen (Arbeitsblatt 24) öffnet die Tür zu unterschiedlichen Aspekten, die im Arbeitsleben für Ihren Klienten von Bedeutung sein können. Auch die Vorstellung, bereits so mutig zu sein, wie Ihr Klient es gern wäre, eröffnet den Weg zur Orientierung über die eigenen Ressourcen und Möglichkeiten. Wenn Sie den Eindruck haben, dass Ihr Klient Angst vor etwas hat und Mut zur Bewältigung beruflicher – und auch privater – Anforderungen benötigt, dann sind die folgenden Materialien sicher eine gute Unterstützung im Coaching.

Warum mir Mut so wichtig ist

Ich habe während meines Studiums über Glück geforscht und dann in meiner Arbeit mit den Menschen in Seminaren, Coachings, Unternehmen sowie Veranstaltungen an Universität und Hochschule festgestellt, dass vielen auf dem Weg zum Glück noch Mut fehlt. So beschloss ich, auch dazu zu forschen, und entwickelte ein siebenstufiges Mutmodell. Ich weiß aus eigener Erfahrung, dass es möglich ist, das Mutigsein zu lernen.

Arbeitsblatt 22: Gute Karten für Mut

Mut ist ein wesentlicher Erfolgsfaktor im Beruf.

- Was ist Mut? Was verstehen Sie unter Mut? Was assoziieren Sie mit dem Begriff Mut im Zusammenhang mit Erfolgsfaktor im Beruf? Tragen Sie spontan Ihre Gedanken dazu ein.

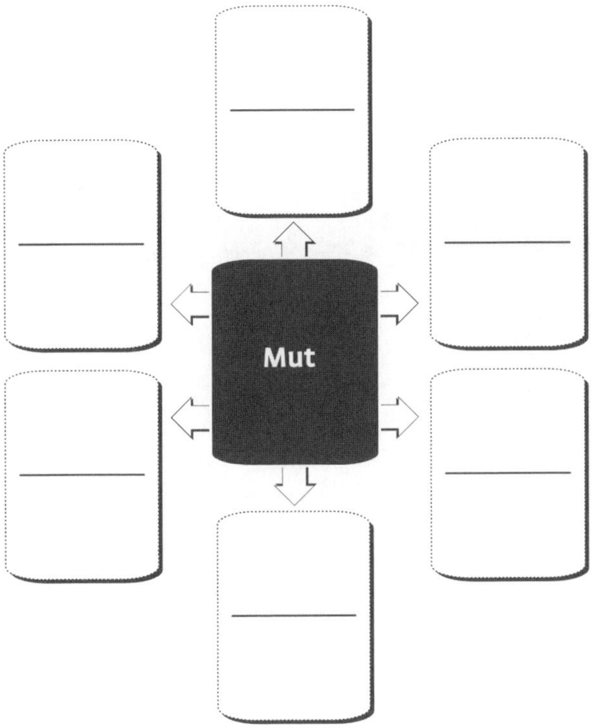

Arbeitsblatt 23: Schauen Sie sich selbst in die Karten!

Damit Sie sich Ihrer selbst bewusst werden, betrachten Sie die Gründe, warum das Ihre Karten in puncto »Mut als Erfolgsfaktor im Beruf« sind, einmal näher.

- Übertragen Sie zunächst die Antworten Ihres Kartensets von Arbeitsblatt 22 in die linke Spalte.
- Schreiben Sie dann die unterschiedlichen Gründe in die rechte Spalte.

Unter Mut verstehe ich ...	..., weil ...
1.	
2.	
3.	
4.	
5.	
6.	

Arbeitsblatt 24: Fragebogen: Wenn ich so mutig wäre, wie ich gern wäre, dann …

Ein wesentlicher Erfolgsfaktor für Unternehmen ist Veränderungsbereitschaft und damit die Fähigkeit, auf äußere Gegebenheiten zu reagieren und neue Wege einzuschlagen. Dafür benötigen Sie als Führungskraft Mut – denn Sie sind zum einen gefordert, selbst mit der Veränderung umzugehen, und zum Zweiten, Ihre Mannschaft darauf vorzubereiten und diese auch hinter sich zu bringen. Die folgenden Aussagen beziehen sich auf Ihre Einschätzungen darüber, was Ihnen möglich wäre, wenn Sie bereits jetzt so mutig wären, wie Sie gern wären. Wie würde sich das auf Ihren Job auswirken? Kreuzen Sie die zutreffende Antwortmöglichkeit an (1 = trifft gar nicht zu, 2 = trifft etwas zu, 3 = trifft überwiegend zu, 4 = trifft völlig zu).

Wenn ich so mutig wäre, wie ich gern wäre, dann könnte ich …	1	2	3	4
Veränderungen gegenüber offener sein oder sie sogar initiieren	☐	☐	☐	☐
aufrichtiger meinem Chef gegenüber sein	☐	☐	☐	☐
meine Mitarbeiter effektiver führen	☐	☐	☐	☐
besser mit meinen Kollegen zusammenarbeiten	☐	☐	☐	☐
anderen leichter meine Meinung sagen und authentischer sein	☐	☐	☐	☐
weniger Angst vor Fehlern haben	☐	☐	☐	☐
eigene Ziele definieren	☐	☐	☐	☐
mich entscheiden, ohne zu zögern	☐	☐	☐	☐
alles	☐	☐	☐	☐

Ein mutiger Impuls

Wenn ich meinem Herzen folge, dann …

1. ______

2. ______

3. ______

Arbeitsblatt 25: Stufe um Stufe für mehr Mut im Beruf

Im Coaching mit Führungskräften zeigt sich Mut immer wieder als zentrales Thema. Wie viele andere Führungskräfte auch kennen Sie das Unternehmen, in dem Sie tätig sind, schon gut. Sie haben einen Blick hinter die Kulissen werfen können, und wie viele andere Führungskräfte haben sicherlich auch Sie sehr gute Ideen, von denen die meisten jedoch aller Wahrscheinlichkeit nie das Tageslicht sehen werden, weil Sie dazu unter Umständen noch etwas Mut benötigen, um sich zu trauen, Änderungsvorschläge, Kritik, Visionen oder Ähnliches vorzutragen und vorzuschlagen. Mithilfe des siebenstufigen Mutmodells (Engelmann 2011 a) und der CD »Nur Mut!« (Engelmann 2013) können Sie Stufe um Stufe zu mehr Mut gelangen – diese Übung dient als Vorbereitung für das nächste Coaching.

Standortbestimmung: Das müsste sich idealerweise im Unternehmen ändern ...

____

____

Meine Ängste, wenn ich das vorschlage ...

____

____

Glaubenssätze, die ich habe ...

____

____

Meine Vision, mein Traum, meine Idee, wenn ich auf mein Herz höre: ...

____

____

Meine bisherigen Erfolge, auf die ich zurückblicken kann ...

____

____

Was ich noch beachten müsste, im meine Vision realisieren zu können ...

____

____

Was mir Mut machen würde ...

____

____

Positive Effekte meines mutigen Handels – warum ich das unbedingt machen sollte ...

____

____

Arbeitsblatt 26: Das Mut-Wunsch-Quadrat

Mut ist zweifelsohne ein Erfolgsfaktor im Beruf! In Zeiten von Krise und Wandel müssen Sie häufig mutige Entscheidungen treffen, ohne genau zu wissen, wie sich Ihre Entscheidung auswirken wird. Wenn Sie das schon wüssten, bräuchten Sie ja keinen Mut ... Machen Sie ein Gedankenexperiment! Angenommen, Sie erhielten eine kräftige Portion Mut und Sie wären dadurch einen Tag lang so mutig im Job, wie Sie es sich wünschen, wie wäre das?

In welcher Situation würde sich dieser Mut zeigen?	Was wäre das Gute daran, wenn Sie so mutig agieren?
Was würde sich durch Ihr mutiges Verhalten ändern?	Welche positiven Effekte hätte das?

Wie hoch wäre der Preis für Sie, wenn Sie noch mutiger agieren würden?

Wie hoch wäre der Lohn für Sie, wenn Sie noch mutiger agieren würden?

Was bräuchten Sie, damit Sie so mutig agieren könnten und die positiven Effekte spüren würden?

Arbeitsblatt 27: Wachsen Sie über sich hinaus!

Persönliches Wachstum hat etwas mit Mut zu tun. Sie werden sich auf Ihrem Lebensweg immer weiterentwickeln zu einer starken Persönlichkeit, wenn Sie ab und an das erforderliche Quäntchen Mut dafür aufbringen. Oftmals halten uns falsche Vorstellungen, falsche Rücksichtnahme auf andere, die Angst vor Fehlern und auch wir selbst durch Eigenkritik davon ab. Viele Führungskräfte sagen – nicht ohne Stolz – über sich: »Ich bin da ganz streng mit mir« oder auch »Ich bin eben sehr perfektionistisch«. Und das, was so stark und stolz klingt, ist im Grunde genommen nichts anderes als getarnte Angst, die uns in unserem Mutigsein blockiert.

- Gehen Sie in Gedanken Ihre berufliche Karriere durch und sammeln Sie Ihre mutigen Momente, die zu einer Weichenstellung und zu Ihrem persönlichen Wachstum beigetragen haben – obwohl Sie damals nicht wussten, wie sich die Dinge für Sie entwickeln würden! Tragen Sie mutige Situationen in die Karten ein und schenken Sie sich dafür nachträglich Anerkennung, denn so ermutigen Sie sich selbst dazu, weiterzuwachsen!

Falls Sie Gefallen an dieser Übung finden und Ihnen noch weitere »mutige« Momente einfallen, können Sie gern Ihre Sammlung ergänzen!

Was benötigen Sie, damit Sie weiter über sich hinauswachsen können?

Arbeitsblatt 28: Chapeau!

Mut und Ermutigung gehören unmittelbar zusammen. Ermutigung ist eine wichtige Voraussetzung dafür, dass wir an einem bestimmten Zeitpunkt einfach Mut fassen und »springen«, auch wenn wir nicht wissen, wohin die Reise geht! Anerkennung und Wertschätzung tun so gut, wie jeder von uns aus Erfahrung weiß! In einer Studie zum Thema Mut (Engelmann 2011 a) zeigte sich, dass es zwei Quellen von Ermutigung gibt: endogene und exogene Einflussfaktoren.

- **Endogene Einflussfaktoren:** Schenken Sie sich selbst Anerkennung für das, was Sie bisher auf Ihrem beruflichen Weg schon geschafft und erreicht haben – und auch für das, was Sie ansonsten an sich schätzen, wenn Sie einmal ganz ehrlich zu sich sind. Machen Sie sich selbst Mut, indem Sie den Hut vor sich ziehen. Chapeau!

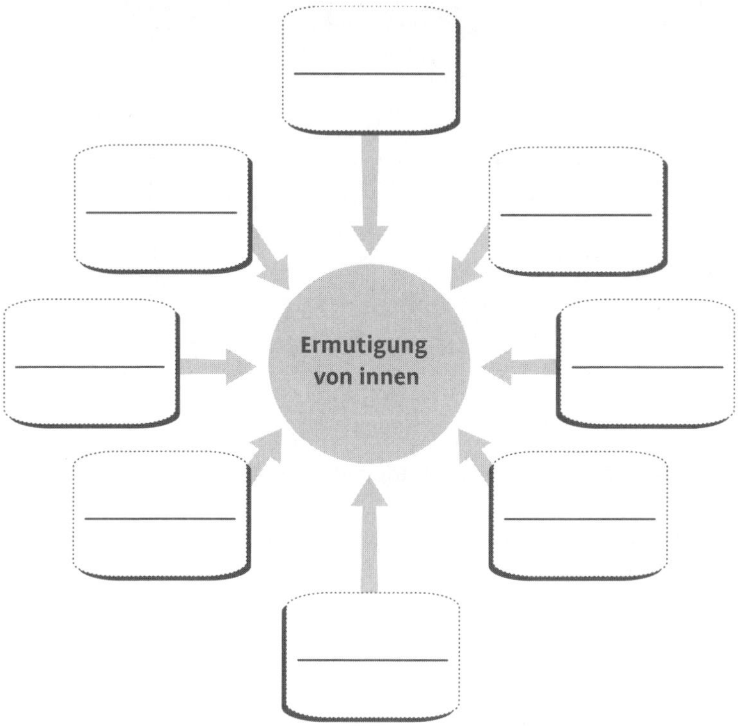

- **Endogene Einflussfaktoren:** Doch auch Ermutigung von außen macht uns stark. Wofür haben Sie von Kollegen, Vorgesetzten, Mitarbeitern, Freunden und Ihrer Familie schon einmal Anerkennung erhalten, die Ihnen nun als Ermutigung dienen kann? Freuen Sie sich daran und behalten Sie das fest im Blick!

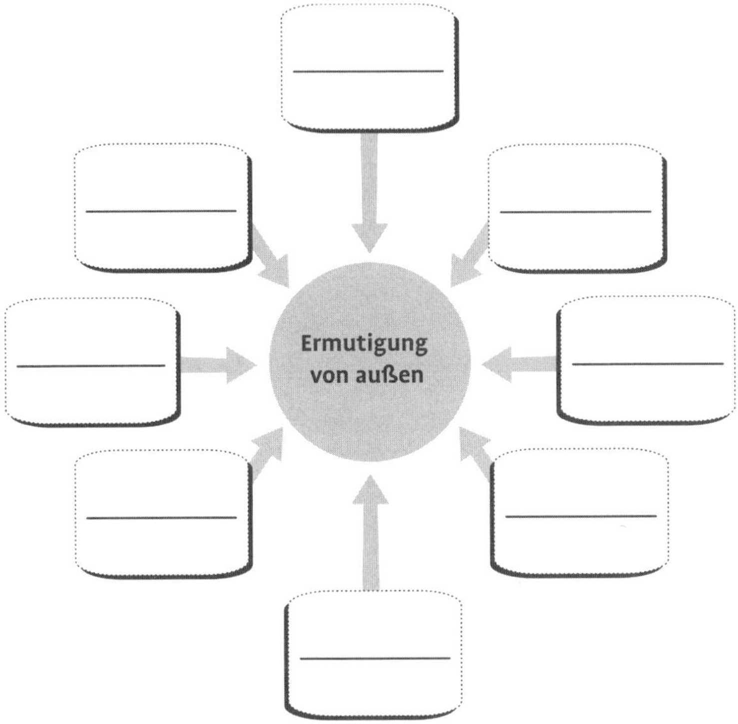

Denken Sie daran: Mut tut gut – und Ermutigung auch!

Anmerkung: Das Erkenntnisblatt »Drei authentische Erkenntnisse, die Sie für sich mitnehmen« erhalten Sie als Download.

Proaktivität

Selbstkompetenz-Erfolgsfaktor Nr. 5: Proaktivität

In diesem Kapitel lernen Ihre Klienten das Konstrukt der Proaktivität kennen. Sie lernen, dass sie immer die Wahl haben und dass ihr Leben das Ergebnis ihrer Entscheidungen ist und nichts Schicksalhaftes, was ihnen geschieht. Warum wir uns Freiheit nehmen sollten und sie nicht von anderen bekommen – auch dafür gibt es ein Arbeitsblatt.

Diese Arbeitsblätter gibt es:

- Arbeitsblatt 29: Gute Karten für Proaktivität
- Arbeitsblatt 30: Schauen Sie sich selbst in die Karten!
- Arbeitsblatt 31: Sie haben die Wahl! Immer!
- Arbeitsblatt 32: Proaktiv sprechen: Die zwei Seiten einer Medaille
- Arbeitsblatt 33: Proaktivität im Quadrat
- Arbeitsblatt 34: Die Freiheit nehme ich mir
- Arbeitsblatt 35: Wenn ich proaktiv wäre, dann …
- Erkenntnisblatt als Download: Drei proaktive Erkenntnisse, die Sie für sich mitnehmen

Was ist Proaktivität?

Definition Proaktivität

Laut Bedeutungsbeschreibung des Dudens (http://www.duden.de/rechtschreibung/proaktiv) bedeutet proaktiv »durch differenzierte Vorausplanung und zielgerichtetes Handeln die Entwicklung eines Geschehens selbst bestimmend und eine Situation herbeiführend«. Als Beispiele werden proaktiv handeln und proaktiv agieren angefügt. Das Prinzip der Proaktivität scheint in Mode gekommen zu sein, doch seine Wurzeln liegen weit zurück.

Der österreichische Psychiater Viktor Frankl, Überlebender mehrerer Konzentrationslager, hat – geprägt durch seine Erfahrungen – das bahnbrechende Konstrukt der Proaktivität entwickelt, da er für sich erkannt hatte, dass wir Menschen, unabhängig davon, was mit uns geschieht, zwischen einem Reiz von außen und unserer Reaktion immer die Freiheit haben, zu wählen, und dass das Leben selbst dann noch Sinn macht, wenn es bedroht ist! Wir können uns also proaktiv verhalten und müssen nicht nur reagieren. Mit seiner Haltung inspirierte er in hohem Maße seine Umwelt, selbst die Aufseher in den Konzentrationslagern. Frankl schreibt, dass er selbst jene *Freiheit* hatte, die er »die letzte menschliche Freiheit « nennt (Frankl, 2009, S. 102)

Literaturtipps

Ein Buch, das mich sehr geprägt hat, ist »*Die sieben Wege zur Effektivität. Prinzipien für persönlichen und beruflichen Erfolg*« (2013) von Stephen R. Covey. Es ist eines meiner Lieblingsbücher, da mir die durch und durch wertschätzende und proaktive Haltung des Autors sehr gefällt. Außerdem finde ich es großartig, wie er manchmal anhand seines Familienalltags wertvolle Erkenntnisse für Führungskräfte und Unternehmen ableitet.
Mehr über Viktor Frankl und sein Leben erfahren Sie in seinem Buch »... trotzdem Ja zum Leben sagen. Ein Psychologe erlebt das Konzentrationslager« (2009), das sehr beeindruckend ist.

Proaktives Muster

Wenn wir die Definition auf der vorhergehenden Seite einmal genau analysieren, so besteht proaktives Verhalten demnach aus:

- differenzierter Vorausplanung
- zielgerichtetem Handeln
- Selbstbestimmtheit
- der Entwicklung eines Geschehens sowie
- dem Herbeiführen einer gewünschten Situation

Ich möchte diese Definition noch durch folgende Punkte erweitern:

- selbstverantwortlich sein
- Entscheidungsmöglichkeit bezüglich der Reaktion auf einen Reiz
- initiativ vorgehen
- Wahlfreiheit
- Gestalter der eigenen Existenz sein

Proaktiv zu handeln heißt, zu wissen, dass jeder von uns selbstverantwortlich entscheidet und handelt und genau aus diesem Grund auch die Verantwortung für sein eigenes Handeln trägt. Proaktiv ist das Gegenteil von reaktiv.

Reaktives Handlungsmuster Im reaktiven Handlungsschema erfolgt auf einen Reiz oder einen Stimulus von außen die sich daraus ergebende Reaktion. Reaktive Menschen sind in hohem Maße den Einflüssen von außen ausgesetzt – sie sind quasi ein Spielball des Geschehens. Das impliziert, dass sie sich ausgeliefert fühlen, weil sie das Gefühl haben, sie »müssten« ja so reagieren. Als eigenständig Handelnde können sie sich nicht erleben, weil sie sich am Ende einer Kette von Ereignissen begreifen. Das reaktive Denkmuster manifestiert sich nicht nur im Handeln, sondern darüber hinaus in der Sprache.

Proaktives Handlungsmuster Dem gegenüber steht das proaktive Denkmuster, dessen zentrales Element die Wahlfreiheit ist: Auf einen Stimulus von außen erfolgt zunächst einmal die freie Entscheidung, aus der dann die Antwort bzw. Reaktion resultiert, basierend auf den eigenen Werten, vor dem Hintergrund eigener Erfahrung und persönlicher Zielsetzung (Abbildung modifiziert nach Covey 2013).

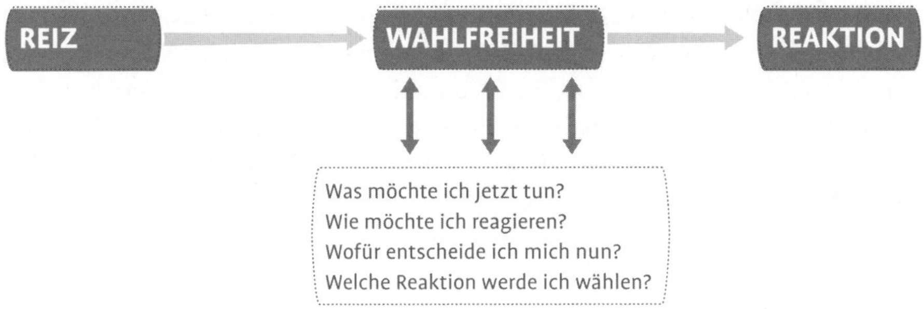

Proaktives Verhalten als Erfolgsfaktor für Führungskräfte

Was können Führungskräfte konkret aus diesen Erkenntnissen lernen? Wie kann es ihnen gelingen, proaktiv im Unternehmen zu agieren? Proaktiv handelnde Führungskräfte sind daran erkennbar, dass sie

- sich als Gestalter im Berufsleben sehen – und nicht als Opfer, das gezwungen ist, auf eine bestimmte Art zu handeln
- ihren Einflussbereich ausschöpfen
- praxisorientiert ihre Ziele festlegen

- ihr Ziel nicht aus den Augen verlieren
- auch in Krisenzeiten vorausschauend und zielgerichtet vorgehen
- das Heft des Handelns in die Hand nehmen
- sich die erforderliche Freiheit nehmen
- nicht an den Umständen verzweifeln, sondern in der Lage sind, Lösungen zu suchen
- darüber entscheiden, wie sie mit äußeren Einflüssen umgehen
- initiativ eigene Visionen entwickeln
- sich der Realität stellen
- sich selbst gut steuern können
- proaktiv sprechen (s. Arbeitsblatt 32)

Die Arbeitsblätter: Bitte wählen Sie!

Entscheiden Sie, welche Arbeitsblätter Sie für Ihre Arbeit mit Ihren Klienten einsetzen wollen. Sie haben jede Freiheit, die Sie sich dafür wünschen ... Sie gestalten! Für meine Arbeit hat es sich als sehr sinnvoll herausgestellt, den Klienten das Konstrukt Proaktivität ausführlich zu erläutern. Ich entwickle dabei nacheinander die beiden Handlungsmuster und spreche mit ihnen über das Konstrukt »Freiheit«. Denn proaktiv heißt weit mehr als nur, die Initiative zu ergreifen. Verdeutlichen Sie Ihren Klienten, wie wichtig innere Freiheit ist und dass sie nichts machen *müssen*, sondern dass hinter jedem Verhalten eine eigene Entscheidung steht. Alles kann, nichts muss!

Arbeitsblatt 29: Gute Karten für Proaktivität

Proaktivität ist ein wichtiger Erfolgsfaktor im Beruf. Kennen Sie das Konstrukt der Proaktivität? – Proaktivität bedeutet, die Wahl zu haben, was wir tun möchten: Wir müssen unser Leben nicht fremdbestimmt leben, sondern haben die Freiheit, selbst zu entscheiden, was wir tun wollen. Wir können unser Leben frei gestalten. Auch unser Berufsleben! Proaktiv zu sein heißt darüber hinaus, die Verantwortung für sich selbst zu übernehmen und zu tragen, sie also keinem anderen zu geben, auch nicht klammheimlich. Selbst wenn das für viele eine Vorstellung ist, die in der Ferne zu liegen scheint, so ist es doch so! Mit anderen Worten: Wer nicht reaktiv ist und lediglich auf Reize und Impulse von außen reagiert, sondern selbst die Initiative ergreift und Impulse setzt, der erlebt sich als proaktiv, was sich natürlich viel besser anfühlt.

Wenn Sie proaktiv Ihr Berufsleben gestalten, so ist Ihr Verhalten das Resultat Ihrer Entscheidungen und nicht äußerer Bedingungen. Die Folgen dieser proaktiven Ausrichtung liegen auf der Hand: Sie werden sich vermutlich als zufrieden wahrnehmen und nicht frustriert sein, resignieren oder gar in Burnout-Nähe geraten.

- Was verstehen Sie unter »Proaktivität als Erfolgsfaktor im Beruf«? Tragen Sie Ihre Gedanken dazu ein.

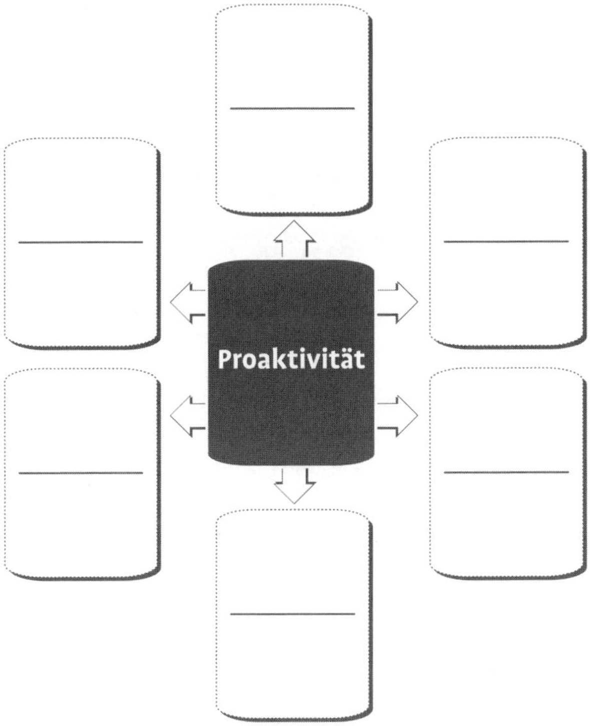

Arbeitsblatt 30: Schauen Sie sich selbst in die Karten!

Damit Sie sich Ihrer selbst bewusst werden, betrachten Sie die Gründe, warum das Ihre Karten in puncto Proaktivität als Erfolgsfaktor im Beruf sind, einmal näher.

- Übertragen Sie zunächst die Antworten Ihres Kartensets von Arbeitsblatt 29 in die linke Spalte.
- Schreiben Sie dann die unterschiedlichen Gründe in die rechte Spalte.

Proaktivität ist für mich …	…, weil …
1.	
2.	
3.	
4.	
5.	
6.	

Arbeitsblatt 31: Sie haben die Wahl! Immer!

Auch wenn es aus lösungsorientierter Sicht auf den ersten Blick nicht sehr zielführend scheint, so bitte ich Sie nun, einen kurzen »Umweg« zu gehen – frei nach dem Motto: Umwege erhöhen die Ortskenntnis. Erinnern Sie sich für einen Augenblick an eine Situation in Ihrem Berufsalltag, von der Sie denken, dass Sie aus den unterschiedlichsten Gründen »gezwungen« waren, so zu handeln, wie Sie eben gehandelt haben, weil Sie es verschiedenen Menschen in Ihrem Umfeld recht machen wollten, obwohl Sie ursprünglich anderer Meinung waren und lieber anders entschieden hätten – was im Nachhinein vielleicht sogar besser gewesen wäre.

Welche Situation fällt Ihnen dazu ein?

Wie haben Sie sich in dieser Situation verhalten? Beschreiben Sie, was genau Sie getan haben.

Manchmal neigen wir dazu, andere für unser Verhalten teilweise verantwortlich zu machen, womit wir im Nachhinein dann jedoch sehr unzufrieden sind. Um das zukünftig anders lösen zu können, ist es hilfreich, diese beispielhafte Situation noch einmal ex post zu betrachten.

- Überlegen Sie nun, welchen Einflüssen Sie sich ausgesetzt fühlten, die dann schließlich in Ihr Verhalten mündeten. Tragen Sie diese ein. Wer hat Ihrer Meinung nach Einfluss auf Ihr Verhalten gehabt und – überspitzt formuliert – somit zum Teil die Verantwortung dafür?

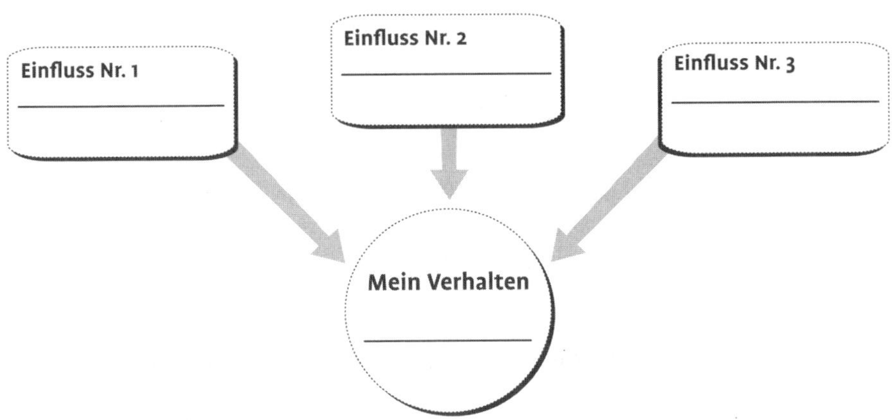

Was hätten Sie am liebsten getan? Was war Ihr erster Impuls?

Warum gab es diese Einflüsse von außen auf Sie? Was hat Sie diesen Einfluss so deutlich spüren lassen?

Die Verantwortung für das eigene Handeln zu tragen wird dann leicht(er), wenn Sie sich darüber im Klaren sind, dass Sie frei entscheiden können, selbst wenn Sie vermeintliche Zwänge von außen spüren. Damit ist keine Mit-dem-Kopf-durch-die-Wand-Mentalität gemeint, sondern die Möglichkeit, sich für proaktives Handeln zu entscheiden. Schauen Sie sich die folgenden Abbildungen an:

Reaktives Muster: Aufgrund der Einflüsse von außen meinen wir, auf eine bestimmte Art und Weise handeln zu müssen.

Dem gegenüber steht das proaktive Denkmuster, dessen zentrales Element die Wahlfreiheit ist: Auf einen Stimulus von außen erfolgt zunächst einmal die freie Entscheidung, aus der dann die Antwort beziehungsweise Reaktion resultiert.

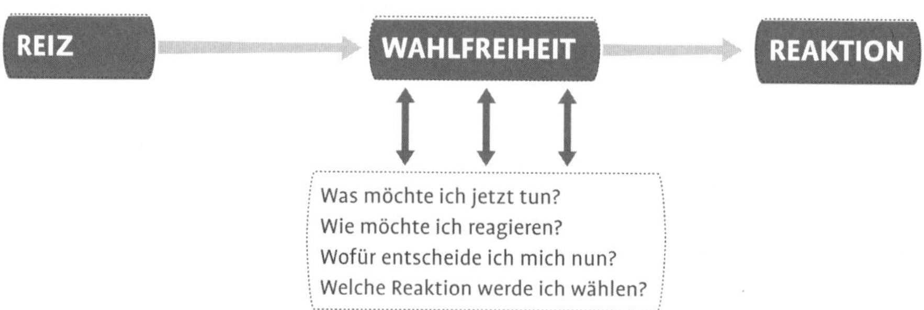

Proaktives Muster: Wir haben Handlungsfreiheit!

Gehen Sie die Ausgangssituation ein zweites Mal in Gedanken durch und beantworten Sie die vier proaktiven Fragen:

1. Was wollte ich tun?
2. Wie hätte ich am liebsten reagiert?
3. Wofür hätte ich mich am liebsten entschieden?
4. Welche Reaktion hätte ich dann gewählt?

Wenn Sie nicht das Gefühl von »Ich muss«, sondern »Ich kann, wenn ich mich dafür entscheide« gehabt hätten, wie hätten Sie sich dann gefühlt?

Als Führungskraft bilden Sie eine Schnittstelle zwischen Ihren Mitarbeitern und Ihrem Vorgesetzten. Wenn Sie reaktiv sind, wird Sie das aller Wahrscheinlichkeit nach sehr viel Kraft kosten. Doch das können Sie mit einer proaktiven Haltung vermeiden: Sie haben die Wahl! Auch auf die Gefahr hin, dass das für Sie im ersten Moment etwas abenteuerlich klingen mag. Es ist so! Damit ist nicht gemeint, dass Sie kompromisslos werden – nein, es ist gut, verschiedene Aspekte und Meinungen zu hören – das bereichert Ihre Sichtweise. Doch: Sie müssen gar nichts, Sie können, wenn Sie wollen! Wenn Sie das beherzigen, werden Sie sich selbstbestimmt und sicher erleben. Nur Sie haben einen Einfluss auf Ihr Handeln – denken Sie daran, dass nur Sie die Verantwortung dafür tragen.

Ein proaktiver Impuls

Es ist gut, dass ich immer eine Wahl habe, weil ...

1.

2.

3.

Und noch ein proaktiver Impuls

Wenn ich meine Wahlfreiheit nutze, dann kann ich ...

1.

2.

3.

Arbeitsblatt 32: Proaktiv sprechen oder: Die zwei Seiten einer Medaille

»Auf die Dauer der Zeit nimmt die Seele die Farbe der Gedanken an.«

Marcus Aurelius

Der Sprachphilosoph Ludwig Wittgenstein ist der Ansicht, dass Sprache Wirklichkeit schafft. Das bedeutet: Mit Ihren Gedanken erschaffen Sie die Wirklichkeit. Was Sie denken, wird letzten Endes auch Wirklichkeit. Deshalb ist es von großer Bedeutung, dass Sie proaktiv denken, damit Sie sich proaktiv verhalten und sich langfristig psychisch gesund und stark fühlen können. Reaktive Menschen sind anhand ihrer Sprache zu identifizieren. Typischerweise sagen diese »Ich muss« und »Ich habe keine Zeit«, wohingegen ein proaktives Sprachmuster durch ein »Ich entscheide mich für …« gekennzeichnet ist. Achten Sie einmal darauf, wie Sie denken und wie Sie sprechen! Spannend ist es auch, genau hinzuhören, wie andere sprechen: reaktiv oder proaktiv? Achten Sie künftig zudem verstärkt darauf.

reaktiv	proaktiv
Das muss gemacht werden!	Ich entscheide mich für …
Das geht so nicht!	Ich finde eine Lösung!
Ich konnte einfach nicht anders, als …	Ich habe immer eine Wahl!
Ich kann das nicht …	Noch kann ich das nicht, doch weil das wichtig für mich ist, hole ich mir Unterstützung.
Das ärgert mich total!	Ich lasse mich nicht ärgern. Ich habe die Kontrolle über meine Gefühle.
Das ist nun mal so – da kann ich auch nichts machen.	Ich überlege, welche Möglichkeiten es nun gibt.
Ich habe keine Zeit dafür!	Ich nehme mir die Zeit, wenn ich es für mich als wichtig erachte.
… macht mich mal wieder total sauer!	Ich entscheide, wie ich mich fühle.
Eigentlich müsste ich längst …	Ich werde das tun! Heute!

In welchen Situationen möchten Sie proaktiv sprechen?

Warum ist eine proaktive Sprache für Sie in Ihrem Alltag von Vorteil?

Was gefällt Ihnen daran am meisten?

Arbeitsblatt 33: Proaktivität im Quadrat

Proaktivität ist deshalb ein Erfolgsfaktor im Beruf, weil proaktive Führungskräfte nicht nur auf das Geschehen um sie herum reagieren und die Zeichen der Zeit lesen, sondern weil sie initiativ eigene Visionen entwickeln, ohne sich von äußeren Faktoren entmutigen zu lassen, diese jedoch sehr wohl in ihre Visionen mit einfließen lassen. Sie stellen sich der Realität, ziehen daraus ihre Schlüsse und bleiben dennoch Gestalter, indem sie ganz praxisorientiert ihre Ziele festlegen und das dafür Notwendige in die Wege leiten. Diese Haltung ermöglicht es ihnen, wertegeleitet zu handeln und sich selbst zu steuern.

- Überlegen Sie, was Ihnen mit einer proaktiven Haltung in Ihrem beruflichen Umfeld möglich wäre. Was könnten Sie dann tun? Ergänzen Sie dazu die vier Satzanfänge.

Weil ich proaktiv bin und die Initiative ergreife, werde ich …	Weil ich proaktiv bin und immer die Freiheit habe zu wählen,…
Weil ich proaktiv bin und die Verantwortung für mein Handeln übernehme,…	Weil ich proaktiv bin und mein Leben gestalte, kann ich …

Literaturtipp

»Die 7 Wege zur Effektivität. Prinzipien für persönlichen und beruflichen Erfolg« von Stephen R. Covey (2013).

Arbeitsblatt 34: Die Freiheit nehme ich mir

Der Kommunikationswissenschaftler und Philosoph Paul Watzlawick (2011) sagt:

»Wer einsieht, dass er seine Wirklichkeit selbst konstruiert, der ist wirklich frei. Er weiß, dass er seine Wirklichkeit jederzeit ändern kann.«

Wie verstehen Sie dieses Zitat?

Inwiefern stimmen Sie ihm darin zu, dass wir jederzeit unsere Wirklichkeit ändern können?

Wie groß ist Ihrer Meinung nach Ihr Einfluss auf Ihre eigene Sicht der Dinge?

Inwiefern ist die Intention dieses Zitats hilfreich für Ihr Berufsleben?

Wie können Sie die Erkenntnis daraus konkret für sich nutzen?

Arbeitsblatt 35: Wenn ich proaktiv wäre, dann ...

Die folgenden Aussagen beziehen sich auf Ihre Einschätzungen darüber, was Ihnen möglich wäre, wenn Sie bereits jetzt so proaktiv wären, wie Sie gern wären. Wie würde sich das auf Ihre Arbeit auswirken? Kreuzen Sie die zutreffende Antwortmöglichkeit an (1 = trifft gar nicht zu, 2 = trifft etwas zu, 3 = trifft über-wiegend zu, 4 = trifft völlig zu).

Wenn ich so proaktiv wäre, wie ich gern wäre, dann könnte ich ...				
	1	2	3	4
Ziele dynamischer angehen	☐	☐	☐	☐
meine Stärken zeigen	☐	☐	☐	☐
authentisch sein	☐	☐	☐	☐
effektiver arbeiten	☐	☐	☐	☐
effiziente Meetings abhalten	☐	☐	☐	☐
mich selbst-bestimmt wahr-nehmen	☐	☐	☐	☐
mich leichter entscheiden	☐	☐	☐	☐
meine Ideen leichter durch-setzen	☐	☐	☐	☐
alles	☐	☐	☐	☐

Wie wichtig ist Proaktivität für Sie? 1 ☐ 2 ☐ 3 ☐ 4 ☐ 5 ☐ 6 ☐ 7 ☐ 8 ☐ 9 ☐ 10 ☐

Diesen Wert habe ich angekreuzt, weil

____

Schätzen Sie sich nun ein: Für wie proaktiv halten Sie sich bereits? 1 ☐ 2 ☐ 3 ☐ 4 ☐ 5 ☐ 6 ☐ 7 ☐ 8 ☐ 9 ☐ 10 ☐

Diesen Wert habe ich angekreuzt, weil

____

Anmerkung: Das Erkenntnisblatt »Drei authentische Erkenntnisse, die Sie für sich mitnehmen« erhalten Sie als Download.

Selbstmanagement

Selbstkompetenz-Erfolgsfaktor Nr. 6: Selbstmanagement

In diesem Kapitel lernen Sie die unterschiedlichen Bedeutungen des Begriffs Selbstmanagement kennen und erfahren, welche Fähigkeiten – beruhend auf dem Modell von Frederick Kanfer – darunter subsumiert werden können. Die Arbeitsblätter verhelfen Ihnen in Ihrer Arbeit mit Klienten dazu, dass diese sich selbst gut steuern lernen.

Folgende Arbeitsblätter stehen Ihnen für diesen Erfolgsfaktor zur Verfügung:

- Arbeitsblatt 36: Der Schlüssel zu einem guten Verhältnis zu sich selbst sind Sie!
- Arbeitsblatt 37: Think behavior: Verhaltensorientiert denken
- Arbeitsblatt 38: Think solution: Denken Sie in Lösungen!
- Arbeitsblatt 39: Think positive: Denken Sie gut von sich!
- Arbeitsblatt 40: Think small steps: Schritt für Schritt zum Ziel gelangen
- Arbeitsblatt 41: Think flexible: Viele Wege führen nach Rom.
- Arbeitsblatt 42: Think future: Heute schon an morgen denken – verlockende Zukunft
- Erkenntnisblatt als Download: Drei Erkenntnisse aus dem Thema Selbstmanagement, die Sie für sich mitnehmen

Was ist Selbstmanagement?

Der Begriff Selbstmanagement kann unterschiedliche Bedeutungen haben – abhängig davon, von welchem Fachgebiet, welchem Arbeitsbereich oder welcher Wissenschaftsrichtung aus der Begriff verstanden wird. Ursprünglich stammt er aus einem Bereich der Verhaltenstherapie und findet sich dort unter der Bezeichnung Selbstmanagement-Therapie von Frederick Kanfer, Hans Reinecker und Dieter Schmelzer (2005) wieder.

»Selbstmanagement ist mittlerweile vor allem im englisch-amerikanischen Sprachraum zu einem Sammelbegriff für solche Therapieansätze geworden, die alle gemeinsam haben, dass Klienten zu besserer Selbststeuerung angeleitet und möglichst aktiv zu einer eigenständigen Problembewältigung fähig werden« (Kanfer u. a. 2005, S. 5).

Kanfer und seine Kollegen sehen diesen von ihnen geschaffenen Therapieansatz streng abgegrenzt von Anwendungsbereichen jenseits der Klinischen Psychologie und der Psychotherapie. Aber sie betonen auch, dass Selbstmanagement kein geschützter Begriff sei. So findet der Begriff Selbstmanagement sowohl im Bereich der Arbeits- und Organisationspsychologie als auch im Coaching breite Verwendung.

Lutz von Rosenstiel, emeritierter Professor für Organisations- und Wirtschaftspsychologie (mittlerweile leider verstorben), gründete 1994 zusammen mit Professor Hugo M. Kehr die Projektgruppe Selbstmanagement. Nach ihrem Verständnis steht Selbstmanagement für die Fähigkeit, im Rahmen der eigenen Möglichkeiten mit der notwendigen Motivation selbstgesteckte Ziele zu erreichen. Wesentlich hierfür ist ihrer Ansicht nach der eigene Wille, der dann besonders groß ist, wenn Kopf und Bauch das gleiche Ziel haben, sprich da, wo sich intrinsische Motivation und explizite Ziele treffen. So findet sich auf dem Umschlag von Kehrs Buch »Souveränes Selbstmanagement« (2002) folgende Beschreibung:

Definition von Selbstmanagement

»Selbstmanagement ist die Fähigkeit, die eigene Motivation systematisch zu steigern und Handlungsbarrieren zu überwinden. Wirkungsvolles Selbstmanagement setzt voraus, dass man seine Stärken und Schwächen kennt und mit ihnen umzugehen weiß.«

Auch aus dem Coaching ist die Idee des Selbstmanagements nicht mehr wegzudenken – und das ist meiner Ansicht nach auch gut so, denn Coaches sind Wegbegleiter und manchmal sogar Wegbereiter von Menschen mit den unterschiedlichsten Anliegen. Was immer es auch ist, wobei Ihre Klienten Unterstützung benötigen, eines ist überaus wichtig in jedem einzelnen Coachingprozess: Der Klient wird durch das Coaching dazu befähigt, eigene Lösungen, Ideen, Strategien, Handlungsschritte zu finden, mit denen er sich letzten Endes selbst helfen kann.

Welche Fähigkeiten beinhaltet Selbstmanagement?

Lassen Sie uns einmal auf die beiden Wörter, die in dem Begriff enthalten sind, genau schauen: Selbst und Management. »Selbst« ist selbsterklärend ... Etymologisch leitet sich der Begriff »Management« vom englischen Wort »manage« und von dem italienischen Wort »maneggiare« ab, was bedeutet: »handhaben, leiten« und auch »an der Hand führen«. Daraus lässt sich ableiten, dass *Selbstmanagement* für die Fähigkeit steht, sich selbst an die Hand nehmen und auch führen zu können oder sich selbst handhaben zu können.

Das scheint mir eine durchaus relevante Kompetenz für jede Führungskraft zu sein, denn wie sollte es möglich sein, andere gut und überzeugend zu führen, wenn es einem nicht bei sich selbst gelingt?

Was haben die unterschiedlichen Ansätze gemeinsam in ihrer Auffassung und Interpretation von Selbstmanagement? Sicherlich lässt sich sagen, dass unter dem Begriff Selbstmanagement verschiedene Kompetenzen subsumiert werden, denn er geht weit über »sich selbst organisieren und strukturieren« hinaus. Selbstmanagement umfasst unter anderen die folgenden Fähigkeiten:

Selbstmanagement ist ein unverzichtbarer Erfolgsfaktor für Führungskräfte!

Eine Führungskraft benötigt Kraft zur Führung. Wer die Aufgabe hat, andere zu führen, zu steuern und anzuleiten, für den ist es unerlässlich, sich selbst führen, steuern und handhaben zu können. Selbstmanagement ist weitaus mehr als eine Technik, es ist eine Frage der Haltung. Diese Haltung ist erlernbar – dafür bedarf es zum einen der Erkenntnis, dass es an jedem von uns selbst liegt, was für ein Bild wir von uns haben und in welchem Verhältnis wir zu uns selbst stehen, sowie der Verinnerlichung der sechs Elemente aus der Selbstmanagementlehre, die – zugegebenermaßen vollkommen frei maßgeschneidert auf diesen Erfolgsfaktor – helfen, die eigene Motivation zu steigern und Blockaden zu überwinden:

- think behaviour
- think solution

- think positive
- think small steps
- think flexible
- think future

Der Einsatz der Arbeitsblätter im Coaching

Meiner Ansicht nach eignen sich diese Materialien ideal für ein Intensivcoaching, das innerhalb weniger Stunden und Termine stattfindet. Mit den nachfolgenden sieben Arbeitsblättern und dem Download des dazugehörigen Erkenntnisblattes haben Sie eine Art Crashkurs vorliegen und somit die Möglichkeit, Ihren Klienten sehr konzentriert zu begleiten. Dabei liegt es an Ihnen, ob Sie ihm die Materialien als Hausaufgabe mitgeben oder zusammen mit ihm daran arbeiten möchten. In jedem Fall beinhalten die Arbeitsblätter gebündelte Anregungen zur Selbstreflexion und laden ein, sich intensiv und lösungsorientiert mit sich selbst zu beschäftigen. Nicht jeder Punkt mag von offensichtlicher Relevanz sein, stößt aber ganz sicher auf großes Interesse bei Ihren Klienten.

Darüber hinaus können Sie die Arbeitsmaterialien aber auch als Ergänzung für ein Coaching zu anderen Themen nutzen, da sie etwas sehr Grundlegendes ansprechen. Entscheiden Sie intuitiv, in welcher Coachingsituation Sie sie für anwendbar halten.

Ein Wort zum Abschluss

Die Arbeitsblätter zum Selbstmanagement haben es in sich. Jedes Einzelne stellt einen wesentlichen Aspekt zur Steuerung der eigenen Persönlichkeit dar und entfaltet eine basale Wirkung. Wenn Sie mögen, dann probieren Sie es vor dem ersten Einsetzen in Ihrer Coachingpraxis selbst aus. Ich wünsche Ihnen viel Freude damit!

Arbeitsblatt 36: Der Schlüssel zu einem guten Verhältnis zu sich selbst sind Sie!

Selbstmanagement besteht aus den beiden Wörtern »Selbst« und »Management« und beinhaltet schlicht das Management der eigenen Person. Selbstmanagement steht für die Fähigkeit, sich selbst an der Hand zu nehmen, sich konstruktiv beeinflussen, regulieren und steuern zu können. Wenn Sie sich selbst gut managen können, sind Sie in der Lage, dahin zu kommen, wohin Sie möchten.

- Überlegen Sie, was Ihrer Ansicht nach dazu führen würde, dass Sie sich selbst gut managen. Was genau können Sie tun?

Ich kann ...	..., damit ...
1.	
2.	
3.	
4.	
5.	
6.	

- Vielleicht gibt es etwas, was Sie für die Umsetzung noch benötigen.

Was wäre hilfreich für Sie? Was würden Sie noch für die Realisierung benötigen?

Arbeitsblatt 37: Think behavior: Verhaltensorientiert denken

Wir denken in Eigenschaften und Problemzuständen und nicht in Verhalten – dadurch entsteht in uns selbst der Eindruck, dass die Dinge statisch, starr und unabänderlich sind. Doch das ist nicht so, denn Leben heißt Entwicklung, Veränderung und Prozess. Das Gute an Problemzuständen ist, dass auch sie nur vorübergehend sind, da alles im Grunde genommen im Fluss, in Bewegung ist. Doch das wird durch unseren Sprachgebrauch oft nicht ausgedrückt. »Ich bin nicht erfolgreich«, oder: »Das Ergebnis ist katastrophal«, so lauten typische Aussagen, die in vielen Unternehmen getroffen werden. »Ich bin einfach ein Pechvogel«, oder: »Ich möchte doch einfach nur erfolgreich sein« – wenn es um uns persönlich geht.

Was wäre wünschenswert? Immer ist es doch unser Verhalten, was zu den jeweiligen Ergebnissen, Eigenschaften oder Problemzuständen führt. Die Lösung liegt darin, zu beschreiben, was nun zu tun ist! Was liegt nun an? Welches Verhalten wird zu den gewünschten Ergebnissen führen? Eine verhaltensorientierte Sprache zeichnet sich durch den Gebrauch von Verben aus – genau darin liegt die Chance, etwas zu verändern, zu unternehmen und zu erreichen (Kanfer u. a. 2005). Allein diese Überlegungen implizieren, dass eine Veränderung denkbar ist.

Nennen Sie eine Eigenschaft von sich, die Sie für Ihren Job als problematisch empfinden.	Was können Sie nun tun? Wie könnten Sie das verändern?
Was gefällt Ihnen an sich noch nicht so gut? Wo haben Sie noch Potenzial?	**Was können Sie konkret tun? Wie könnten Sie das verändern?**
Was kritisieren Sie manchmal an sich?	**Was möchten Sie tun? Wie könnten Sie das verändern?**

Was würden Sie als eine Ihrer Schwächen bezeichnen?	Was können Sie tun? Wie könnten Sie das verändern?

Im neurolinguistischen Programmieren (NLP) lautet eine Grundannahme: Jedem Verhalten liegt eine gute Absicht zugrunde. Wenn wir das so betrachten, stehen unsere vermeintlichen Schwächen plötzlich in einem anderen Licht da. Überlegen Sie nun bitte, welches Verhalten Sie als eine Schwäche ansehen und deswegen als unerwünscht bezeichnen würden.

Angenommen, Sie würden ein Verhalten von sich gern ändern – welches wäre das? Warum?

Wie würden Sie das von Ihnen unerwünschte Verhalten genau beschreiben?

In welchen Situationen zeigt es sich besonders häufig?

Angenommen, Ihr Verhalten hätte eine gute Absicht, welche wäre das?

Was gewinnen Sie dadurch?

Worauf genau möchte Ihr Verhalten Sie hinweisen?

Was möchte Ihr Verhalten Gutes für Sie erreichen?

Womit bringen Sie das in Verbindung?

In welchem Kontext ist dieses Verhalten durchaus sinnvoll? In welchem nicht?

Welchen Sinn erfüllt das unerwünschte Verhalten für Sie?

Welches Bedürfnis steckt dahinter?

Wie könnten Sie das noch erreichen? Welche Alternativen haben Sie?

Was könnte Sie dazu beflügeln, Ihr Verhalten in die von Ihnen gewünschte Richtung zu lenken?

Was genau würden Sie dann tun?

Wie ist das von Ihnen erwünschte Verhalten für einen anderen Menschen erkennbar? Wie würde er es beschreiben?

Welche Vorteile würde das veränderte Verhalten für Sie dabei haben?

Wie könnten Sie sich darin unterstützen?

unerwünschtes Verhaltensmuster mit guter Absicht

Arbeitsblatt 38: Think solution: Denken Sie in Lösungen!

Häufig ist es doch so: Wir denken in Problemen – manchmal sogar so lange, bis wir schon selbst ein Problem für uns geworden sind. Jeder von uns kennt das: Wir haben ein Bild von uns, das uns in jeder Hinsicht schadet, weil wir schlicht und ergreifend zu selbstkritisch sind. Die Fähigkeit zur Selbstkritik scheint uns in die Wiege gelegt, sodass es an der Zeit ist, eine neue, bessere Version dieses Bildes von uns zu entwerfen. Aber: Wir haben uns so daran gewöhnt, bestimmte Persönlichkeitsmerkmale oder Gewohnheiten an uns selbst zu kritisieren, dass sie uns weiterhin lähmen und ausbremsen dürfen. Wir bestätigen uns durch unser Verhalten immer wieder, was wir ohnehin schon »wussten« – es ist eine etwas andere Art der Selbstbestätigung und manifestiert unsere Idee über uns selbst. Das können wir ändern. Wir können den Ausweg aus dieser eingefahrenen Spur suchen: den Weg zur Lösung. Es ist, als würden wir den Wald vor lauter Bäumen nicht sehen, wenn uns der Weg zur Lösung versperrt scheint. Eines sei jedoch an dieser Stelle erwähnt: Probleme sollen nicht bagatellisiert, sondern ernst genommen werden. Nehmen Sie sich selbst ernst – und schauen Sie, wie Sie Lösungen für sich finden können.

Welches Problem ist Ihnen im Laufe Ihres (Berufs-)Lebens immer und immer wieder begegnet? Wie lange kennen Sie »es« schon?

In welchen Situationen begegnet »es« Ihnen?

Woran genau merken Sie das?

Was haben Sie schon versucht, um »es« loszuwerden?

Was denken Sie, warum »es« immer noch bei Ihnen ist?

Angenommen, »es« wäre nicht nur hinderlich, sondern nützlich – was wäre Ihr Nutzen?

Wenn Sie »es« verändern oder sich davon sogar verabschieden wollten, wie hoch wäre der Preis für Sie?

Woraus würden Sie Ihre Motivation dafür schöpfen? Wo ist schon eine Lösung dafür in Sicht?

Was spricht dafür, »es« zu verabschieden?

Wenn Sie Ihrem »es« noch etwas Gutes mit auf den Weg geben dürften, was würden Sie ihm sagen?

Arbeitsblatt 39: Think positive: Denken Sie gut von sich!

»Think positive« war ein Trend, der vor Jahrzehnten aus Amerika zu uns herübergeschwappt ist. Es war en vogue, positiv zu denken. Zu Recht! Manchmal führte das jedoch fälschlicherweise dazu, stets und ständig happy sein zu müssen. Das ist nicht Sinn der Sache, denn positives Denken bedeutet viel mehr als eine oberflächliche, alles bejahende Sichtweise. Es umschreibt die Fähigkeit, etwas Gutes in der jeweiligen Lebenssituation erwarten und sehen zu können – auch bei sich selbst. Positives Denken umschreibt die mentale Haltung, mit der Sie auf die Dinge des Lebens schauen. Das ist eine Kompetenz, die Sie trainieren können .

- Lesen Sie sich aufmerksam die folgenden Aussagen durch und kreuzen Sie die zutreffende Antwortmöglichkeit an (1 = trifft gar nicht zu, 2 = trifft etwas zu, 3 = trifft überwiegend zu, 4 = trifft völlig zu).

Weil ich gut von mir denke, glaube ich daran, dass …	1	2	3	4
ich in der Lage bin, mich gut zu organisieren				
dass ich mich gut regulieren kann				
ich meine Stärken zeigen darf				
ich Gutes erwarten darf				
ich es wert bin, erfolgreich zu sein				

- Entwickeln Sie ein **positives Leitbild** für sich persönlich, durch das Sie sich selbst positiv bestärken!

Welche drei Begriffe sollen in Ihrem Leitbild enthalten sein?

Was ist Ihnen an Ihrem Leitbild besonders wichtig?

Welchen positiven Effekt wird es auf Sie haben?

Mein positives Leitbild für mich lautet

Und Sie wissen ja: Wenn Sie das Gefühl haben, dass es an der Zeit für ein neues positives Leitbild ist, dann können Sie das jederzeit ändern!

Arbeitsblatt 40: Think small steps: Schritt für Schritt zum Ziel gelangen

Wenn Sie etwas an sich selbst verändern möchten, so ist es sinnvoll, nicht mit einem einzigen Schritt ans Ziel kommen zu wollen. Veränderungen brauchen ihre Zeit – Hirnforscher haben herausgefunden, dass es mindestens acht Wochen dauert, bis neue neuronale Strukturen geschaffen sind. Deshalb ist es sehr hilfreich, den langen Weg bis zum Ziel in kleinere, überschaubare Etappen aufzuteilen.

Welches persönliche Ziel möchten Sie gern für sich erreichen?

____

Teilen Sie den Weg ins Ziel nun in acht einzelne Etappen auf, die Sie gut schaffen können.

Etappe 1:	**Etappe 2:**	**Etappe 3:**
Etappe 4:	**Etappe 5:**	**Etappe 6:**
Etappe 7:	**Etappe 8:**	**Mein Ziel:**

Wie können Sie erreichte Etappenziele würdigen?

____

____

Was erfüllt sich für Sie, wenn Sie Ihr persönliches Ziel erreichen?

____

____

Arbeitsblatt 41: Think flexible: Viele Wege führen nach Rom.

Als Führungskraft müssen Sie in der Lage sein, vorausschauend zu agieren, Pläne zu erstellen und Ziele zu erreichen. Das gilt nicht nur im beruflichen Kontext, sondern im Rahmen des Selbstmanagements auch für Sie persönlich – für Ihr eigenes Leben. Die Kunst besteht darin, Pläne schmieden und umsetzen zu können bei gleichzeitiger Bereitschaft, auf notwendige Änderungen flexibel zu reagieren, um gegebenenfalls den Kurs korrigieren zu können. Diese Flexibilität, die im Kopf beginnt, wirkt sich äußerst beflügelnd und erfolgsfördernd aus.

Welchen Plan haben Sie?

Was soll sich dadurch für Sie erfüllen?

Was wird sich dadurch für Sie verändern?

Wie viel Spielraum sehen Sie für sich innerhalb Ihres eigenen Plans?

Wovon hängen Ihre Fähigkeit und Bereitschaft zur Flexibilität in diesem Zusammenhang ab?

Welche Änderungen könnten sich auf dem Weg ergeben?

Angenommen, Sie müssten sehr flexibel reagieren, damit Sie Ihren Plan umsetzen können, auf welche Ihrer Stärken könnten Sie dafür zurückgreifen?

Wann hat sich Ihre Flexibilität früher schon einmal ausgezahlt?

Nennen Sie ein Symbol, das Sie mit Ihrer Fähigkeit zur Flexibilität verknüpfen. Tragen Sie es hier ein.

Machen Sie sich Mut für den Fall, dass Sie Planänderungen für sinnvoll erachten.

Was raten Sie sich selbst in puncto Flexibilität?

Arbeitsblatt 42: Think future: Heute schon an morgen denken – verlockende Zukunft

Aus der Vergangenheit zu lernen, ganz im Hier und Jetzt zu sein und dabei heute schon Pläne für die Zukunft zu machen – das sind Anforderungen an jeden von uns. Welche Bilder haben Sie vor Augen, wenn Sie an Ihre Zukunft denken? Wo möchten Sie hin? Die folgende Übung basiert auf den sogenannten logischen Ebenen von Robert Dilts (2010).

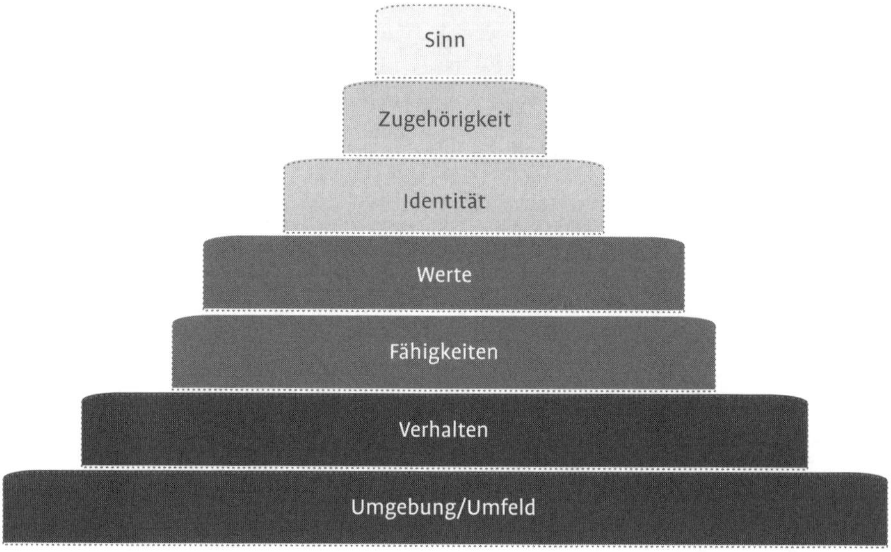

- Beantworten Sie die nachstehenden Fragen:

Angenommen, Sie machen in diesem Moment einen Zeitsprung von einem Jahr: Wo sehen Sie sich? In welcher Umgebung sind Sie dann?

Was werden Sie dann tun? Welche Tätigkeiten führen Sie durch? Womit beschäftigen Sie sich hauptsächlich?

Über welche Fähigkeiten verfügen Sie dann? Was können Sie gut?

Welche Werte leiten Ihr Handeln? Was ist Ihnen wichtig?

Wer sind Sie dann? Was denken Sie über sich?

Wer ist da noch bei Ihnen? Wem fühlen Sie sich zugehörig?

Was erfüllt sich dadurch für Sie? Warum machen Sie das? Was ist für Sie sinnvoll?

Angenommen, Sie würden dann – in einem Jahr – auf dieses Jahr zurückschauen, wofür war das gut, dass Sie Ihren Plan in die Tat umgesetzt haben?

Anmerkung: Das Erkenntnisblatt »Drei ausbalancierte Erkenntnisse, die Sie für sich mitnehmen« erhalten Sie als Download.

In Balance sein: Stressmanagement

Selbstkompetenz-Erfolgsfaktor Nr. 7: Stressmanagement

Dieses Kapitel verdeutlicht nicht nur, dass es zwei unterschiedliche Arten von Stress und Stressverarbeitung gibt, sondern auch die immense Bedeutung von Entspannung, ohne die Anspannung auf die Dauer gesundheitsgefährdend ist. Sie erfahren, warum ein gutes Stressmanagement gesundheitsförderlich ist.

Sie erhalten folgende Arbeitsblätter:

- Arbeitsblatt 43: Gute Karten für Stressmanagement
- Arbeitsblatt 44: Schauen Sie sich selbst in die Karten!
- Arbeitsblatt 45: Wie gehen Sie mit Stress um?
- Arbeitsblatt 46: Die beiden Waagschalen
- Arbeitsblatt 47: Entspannen Sie sich!
- Arbeitsblatt 48: Positive Stressverarbeitung
- Arbeitsblatt 49: Ihre persönliche Entspannungsinsel
- Erkenntnisblatt als Download: Drei ausbalancierte Erkenntnisse, die Sie für sich mitnehmen

Was ist Stress?

Stressreaktionen treten genau dann auf, wenn unsere Bewältigungsmöglichkeiten überschritten werden (Birbaumer/Schmidt 2003). Wenn wir von Stresssituationen sprechen, so meinen wir damit komplexe Wechselwirkungsprozesse (Lazarus/Launier 1981, S. 226 ff.). Stress ist ein vielschichtiges, vollkommen natürliches Geschehen, ausgelöst durch Reize von außen, den Stressoren, die sofort von unserem Gehirn bewertet werden: Kann ich damit umgehen? Ist es bedrohlich? Was muss ich tun, um mich in Sicherheit zu bringen? – Wenn wir den Eindruck haben, dem jeweiligen Reiz nicht gewachsen zu sein, empfinden wir Stress. Dabei werden wesentliche Körperfunktionen aktiviert, damit wir die von uns als bedrohlich eingeschätzte Situation bewältigen können. Daraus ergibt sich: Wenn uns nicht ausreichend geeignete Bewältigungsstrategien zur Verfügung stehen, leiden wir unter Stress.

Warum ist ein gutes Stressmanagement gesundheitsförderlich?

Es gilt, zwei unterschiedliche Arten von Stress zu unterscheiden:

- **Eustress = positiver Stress**, der mobilisierend auf unsere Kräfte und Kreativität wirkt, weil wir uns dem Ereignis gewachsen fühlen, da wir die Stress auslösende Situation als Herausforderung betrachten.
- **Disstress = negativer Stress**, der sich negativ auf unsere Gesundheit auswirkt, wenn wir ihm dauerhaft ausgesetzt sind. Stress auslösende Situationen bewirken ein Gefühl von Bedrohung und Überforderung, dem wir uns auf Dauer nicht gewachsen fühlen. Unsere subjektive Bewertung lautet dann: »Das schaffe ich nicht!«

So erklärt sich, warum der sogenannte Eustress eigentlich kein Stress ist, denn er beflügelt uns, wohingegen wir negativen Stress erleben, wenn das Gefühl von Bedrohung in uns aufkommt und wir uns dem hilflos ausgesetzt fühlen. Auf die Dauer der Zeit bedroht Stress unsere Gesundheit, sodass sich ein effizientes Stressmanagement unmittelbar positiv auf unsere Vitalität und Lebensqualität auswirkt, was in Zeiten steigender Burnout-Raten dringend geboten ist.

Das Ergebnis eines erfolgreichen Stressmanagements manifestiert sich in einem Leben in Balance. Wenn sich Anspannung und Entspannung die Waage halten, fühlen wir uns glücklich. Nur Anspannung macht krank, nur Entspannung stellt auf lange Sicht eine Unterforderung dar, die sich psychisch negativ auf unsere Gesundheit auswirkt. Entspannung und Anspannung sind also zwei Seiten einer Medaille, auf die wir unsere Aufmerksamkeit richten sollten, um ausbalanciert leben zu können.

Literaturtipps

Zum Thema Stress und Leben in Balance finden Sie weitere wissenswerte Informationen in den folgenden Büchern:

Für Trainer und Coaches

- »Leben und Arbeit in Balance. Strategien und Übungen für Trainer, Coaches und Berater« von Thomas Späth und Sylvana Grabitzki (2012)

Für die Klienten

- »Fels in der Brandung statt Hamster im Rad« von Sylvia Kéré Wellensiek (2012)
- »Mit Achtsamkeit zum inneren Glück« von Gabriele Rossbach (2013)
- »Achtsamkeit. Entscheidung für einen neuen Weg« von Alois Burkhard (2011)

Wie können wir mit Stress umgehen?

Zuallererst müssen Führungskräfte lernen, dass es grundsätzlich zwei unterschiedliche Arten gibt, Stress zu verarbeiten: Petra Hampel und Franz Petermann (2003, S. 41) unterscheiden positive und negative Stressverarbeitung, wobei positiv hierbei Stress vermindernd bedeutet, wohingegen negativ für Stress vermehrend steht. Die positive Stressverarbeitung lässt sich in zwei unterschiedliche Aspekte unterteilen: emotionsregulierend und problemlösend. Bagatellisierung und Ablenkung respektive Erholung sind emotionsregulierende Strategien und Situationskontrolle, positive Selbstinstruktion sowie soziales Unterstützungsbedürfnis lassen sich als problemlösende Strategien zusammenfassen.

Stress vermindernd: positive Stressverarbeitung

- Bagatellisierung
- Ablenkung/Erholung
- Situationskontrolle
- positive Selbstinstruktionen
- soziales Unterstützungsbedürfnis

Stress vermehrend: negative Stressverarbeitung

- passive Vermeidung
- gedankliche Weiterbeschäftigung
- Resignation
- Aggression

Wozu benötigen Führungskräfte ein gutes Stressmanagement?

Führungskräfte sehen sich täglich hohen Anforderungen ausgesetzt, denen sie im wahrsten Sinne des Wortes standhalten müssen. Sie hetzen von Termin zu Termin, verbringen Stunden über Stunden in Meetings, in denen nicht immer effektiv kommuniziert wird, sehen sich einer Kommunikationsflut ausgesetzt, die immer drastischere Ausmaße annimmt. Auch ausufernde Arbeitszeiten sind für viele Manager an der Tagesordnung.

Ein weiterer Aspekt: Ich weiß von vielen Führungskräften, dass die Fehlertoleranz in den letzten Jahren in den Unternehmen drastisch gesunken ist, während gleichzeitig die Angst vor dem Verlust des Arbeitsplatzes zunimmt. Kurzum: Sie stehen zunehmend unter Stress – Schlafprobleme, Bluthochdruck, Reizbarkeit,

Tinnitus, Burnout und andere Krankheiten können die Folge sein. Stress ist ein ernst zu nehmendes Problem, mit dem jede Führungskraft sich gedanklich auseinandersetzen muss. Dem erlebten Stress stehen die persönlichen Kapazitäten der Führungskraft gegenüber. Sicher kann man für einige Zeit mit negativem Stress leben, aber dauerhaft gefährdet das die Gesundheit.

Wer dauerhaft Glück in seinem Tun erfahren und dabei sein Potenzial wirksam entfalten möchte, muss wissen, wie er »seinen« Stress bewältigen kann. Nur so ist langfristig die volle Leistungskraft gegeben, die in der heutigen Wirtschaft zwingend vonnöten ist. Mithilfe eines guten Stressmanagements ist eine gesundheitsförderliche Wirkung zu erzielen – zeitnah und effektiv.

Die »Führungskräfte-Studie 2009« (http://www.haufe-akademie.de/downloadserver/Presse/Studie%20WLB.pdf) zeigte, dass Führungskräfte, die sich in der sogenannten Sandwichposition befinden, die Hauptlast tragen – in Zeiten von Krise und Wandel sehen sie sich einem hohen Umsetzungsdruck ausgesetzt und sollen gleichermaßen verantwortungsvoll für ihre Mitarbeiter da sein und sie fördern und fordern. Diese Aufgabe kann einer Zerreißprobe gleichkommen, weshalb insbesondere diese Führungskräfte ein funktionierendes Stressmanagement benötigen.

Wenn Führungskräfte präventiv gut darauf achten, dass sie sich nicht in einem Hamsterrad gefangen fühlen, und achtsam in ihrem Beruf agieren, dann werden sie im Einklang mit ihrem persönlichen Leistungsvermögen stehen.

Welchen positiven Effekt haben die Materialien zum Thema Stressmanagement?

Wenn Sie die Arbeitsblätter in Ihrer Arbeit mit Klienten einsetzen, dann lernen diese ganz konkret:

- sich mit Stressmanagement auseinanderzusetzen
- dass Stress positiv bewältigt werden kann
- wie wichtig Entspannung ist
- ihre Stressoren und Bewältigungsstrategien kennen
- was sie entspannen lässt
- ihre persönliche Entspannungsinsel kennen, auf die sie sich jederzeit begeben können

Wann Sie die Karte Stressmanagement ausspielen sollten

Wenn Sie den Eindruck haben, dass Ihr Klient sich schwer damit tut, sich auf seine Aufgaben zu konzentrieren, weil seine Belastungsgrenze in Sichtweite kommt, ist es hilfreich, wenn Sie mit ihm über Stress sprechen. Oftmals reicht es schon, wenn Ihr Klient darüber reflektiert. Manchmal kann es sinnvoll sein, wenn Sie ihm Wissen zur Stressbewältigung vermitteln, damit er ganz konkret und aktiv daran arbeiten kann. Verdeutlichen Sie ihm, wie wichtig es ist, dass er auf seinen Körper hört und Warnsignale rechtzeitig wahrnimmt. Denn nur wenn Ihr Klient in der Lage ist, Stress und steigende Anforderungen und somit steigende Anspannung frühzeitig zu erkennen, wird er in angemessener Weise für Entspannung sorgen, weil ihm die Notwendigkeit bewusst wird. Es ist letzten Endes wie mit einem Telefon, bei dem wir darauf achten, dass der Akku immer voll ist, weil wir sonst nicht telefonieren können. Genauso verhält es sich mit unserem eigenen Akku: Wenn wir ihn nicht regelmäßig aufladen, leeren wir dadurch unsere Kraftdepots, die dann umso mehr Zeit zum Auffüllen benötigen.

Ein erster Indikator dafür, ob Ihr Klient genügend Selbstfürsorge betreibt, ist in der Frage zu finden, wie gut er die eigenen Bedürfnisse wahr- und ernst nimmt. Zeigen Sie ihm, wie viele unterschiedliche Wege es gibt, gut für sich zu sorgen und sich zu entspannen: Sport, Musik, Angeln, Entspannungstechniken, Kinoabende, ein schönes Buch lesen, nichts tun, …

Was bei Stress immer hilft, …

… ist Achtsamkeit. Das bedeutet, ganz im Hier und Jetzt zu sein! Für einen Augenblick innehalten, die Augen schließen, sich auf den Atem fokussieren und einzig und allein über den Atem und das, was jetzt ist, nachdenken. Das bringt einen von einem Stresslevel von 100 auf null! Probieren Sie es aus – für sich und mit Ihren Klienten. Dabei ist es sehr wirksam, wenn man einfach nur denkt: »Ich atme ein, und ich atme wieder aus. Und wieder ein und langsam aus.« Das geht umso besser, je ausführlicher man sich vorher mit Achtsamkeitsmeditationen beschäftigt hat.

Literaturtipp

Ich möchte Ihnen eines meiner Lieblingsbücher ans Herz legen, das Ihnen hilfreich sein könnte: »Buddha und die Wissenschaft vom Glück« von Yongey Mingyur Rinpoche (2007).

Arbeitsblatt 43: Gute Karten für Stressmanagement

Stressmanagement als ein Erfolgsfaktor im Beruf.

- Was ist Stressmanagement für Sie? Woran denken Sie bei dem Begriff Stressmanagement? Warum ist Stressmanagement Ihrer Ansicht nach ein Erfolgsfaktor im Beruf? Füllen Sie bitte die Karten aus.

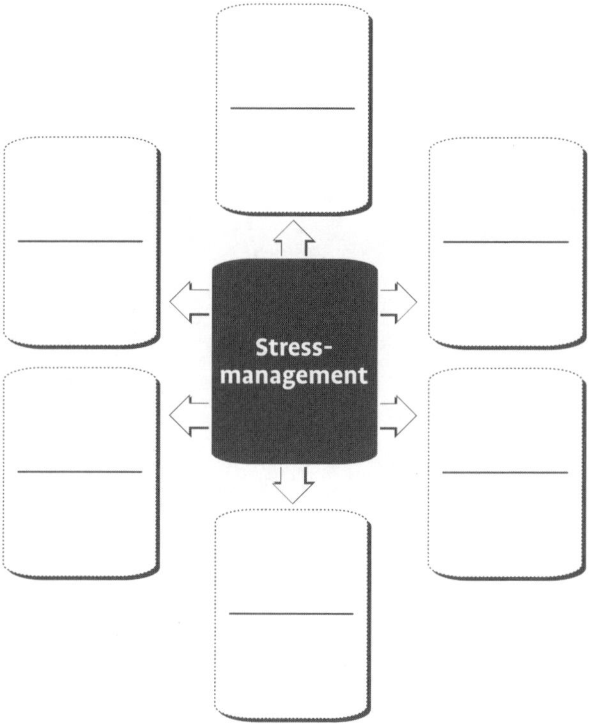

Arbeitsblatt 44: Schauen Sie sich selbst in die Karten!

Damit Sie sich Ihrer selbst bewusst werden, betrachten Sie die Gründe, warum das Ihre Karten in puncto Stressmanagement sind, einmal näher.

- Übertragen Sie zunächst die Antworten Ihres Kartensets von Arbeitsblatt 43 in die linke Spalte. Schreiben Sie dann die unterschiedlichen Gründe in die rechte Spalte.

Stressmanagement bedeutet für mich ...	..., weil ...
1.	
2.	
3.	
4.	
5.	
6.	

Arbeitsblatt 45: Wie gehen Sie mit Stress um?

Die folgenden Aussagen beziehen sich auf Ihre Einschätzung darüber, wie Sie mit Stress umgehen. Kreuzen Sie die zutreffende Antwortmöglichkeit an (1 = trifft gar nicht zu, 2 = trifft etwas zu, 3 = trifft überwiegend zu, 4 = trifft völlig zu).

Wenn ich Stress habe, ...	1	2	3	4
kann ich trotzdem gut entspannen	☐	☐	☐	☐
spüre ich den Stress auch körperlich	☐	☐	☐	☐
versuche ich ganz bewusst, abzuschalten	☐	☐	☐	☐
plane ich schon im Voraus Auszeiten ein, damit es nicht zu schlimm wird	☐	☐	☐	☐
gelingt es mir leicht, meinen Akku wieder aufzuladen	☐	☐	☐	☐
bleibe ich ganz ruhig, atme tief durch und überlege mir, was ich nun tun kann.	☐	☐	☐	☐
mache ich mir selbst Mut, dass ich das schon schaffe	☐	☐	☐	☐
achte ich verstärkt darauf, mich auch wieder zu entspannen	☐	☐	☐	☐
sorge ich für einen Ausgleich in meiner Freizeit	☐	☐	☐	☐
weiß ich, dass auch wieder bessere Zeiten kommen – ich bin sturmerprobt ...	☐	☐	☐	☐

Ein entspannter Impuls

Im größten Stress tut mir gut ...

1. ____________________

2. ____________________

3. ____________________

Arbeitsblatt 46: Die beiden Waagschalen

Ein erfolgreiches Stressmanagements manifestiert sich in einem Leben in Balance. Wir fühlen uns gut, wenn sich Anspannung und Entspannung die Waage halten. Entspannung und Anspannung sind zwei Seiten einer Medaille, auf die wir unsere Aufmerksamkeit richten sollten, damit wir ausbalanciert leben. Unserer psychischen Gesundheit ist es sehr zuträglich, wenn die Anspannung nicht so groß ist und wir gleichzeitig dafür Sorge tragen, dass wir genügend Zeit zur Entspannung zur Verfügung haben.

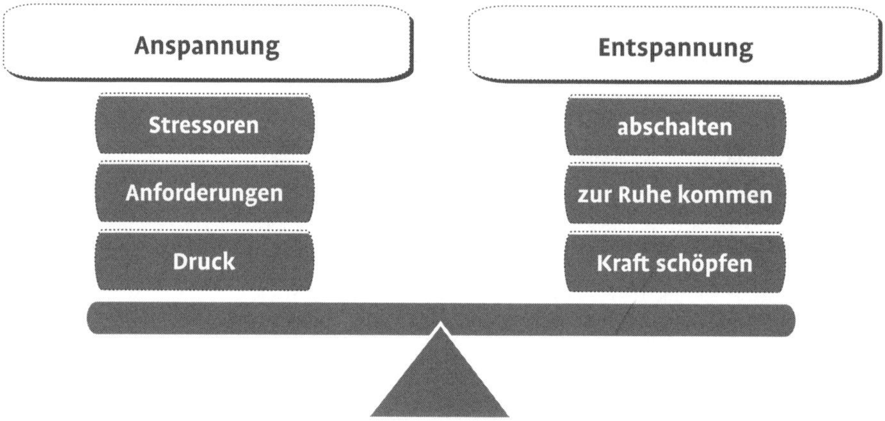

In welchen Situationen fühlen Sie sich gestresst?

Woran genau merken Sie das?

In welchen Situationen fühlen Sie sich entspannt?

Woran genau merken Sie das?

- Was genau löst bei Ihnen Stress aus? Was tun Sie dagegen? Füllen Sie die Stresswaage aus. Idealerweise befindet sich die Waage am Ende in Balance.

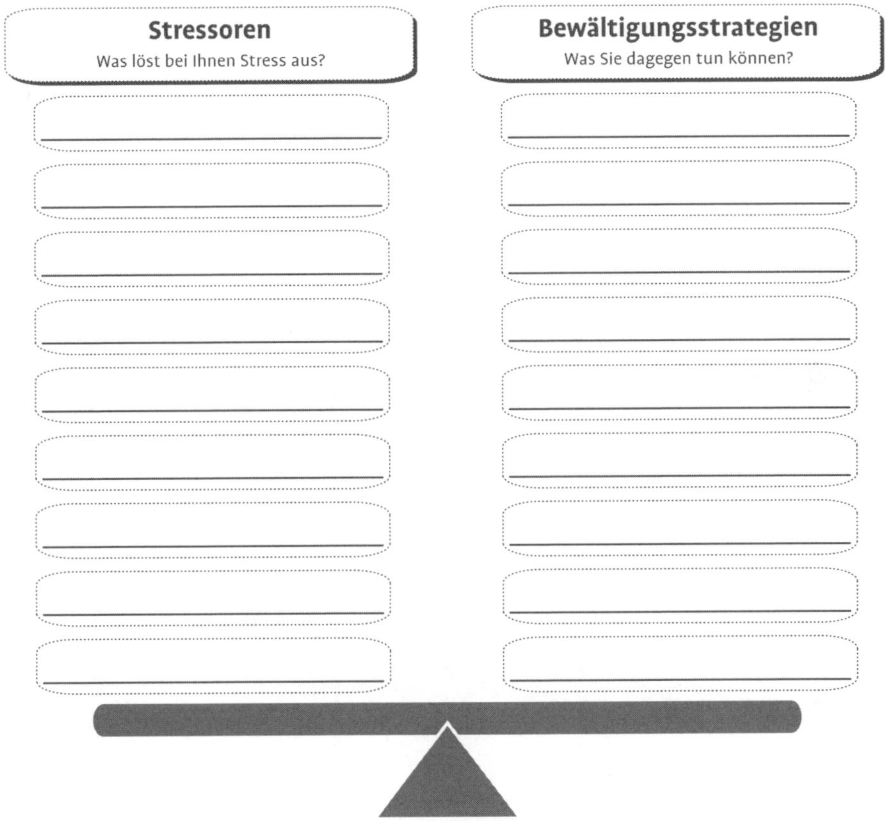

Fragen Sie sich, ob sich Ihr Berufs- und Privatleben die Waage halten! Achten Sie gut auf Ihre persönlichen Kapazitäten und füllen Sie rechtzeitig Ihre Kraftspeicher auf!

Arbeitsblatt 47: Entspannen Sie sich!

Wobei können Sie gut entspannen? Was tut Ihnen gut? Was benötigen Sie, damit Sie sich entspannen und Ihre Seele baumeln lassen können? Damit Ihnen das im Bedarfsfall vor lauter Stress einfällt und damit der Weg zur Entspannung nicht so weit ist, erstellen Sie nun Ihre eigene Sammlung.

- Erstellen Sie Ihre persönliche Sammlung mit Tätigkeiten, Situationen und Dingen, die Ihnen beim Entspannen helfen. Was benötigen Sie in puncto Entspannung? Was verspricht Ihnen Entspannung?

Arbeitsblatt 48: Positive Stressverarbeitung

Wenn Sie sich gestresst fühlen, so haben Sie zwei Möglichkeiten: Sie können den Stress so verarbeiten, dass es Ihnen gut geht und Sie Ihren Stress tatsächlich reduzieren, oder Sie entscheiden sich für eine ungünstige Stressverarbeitung, die jedoch ungünstigerweise zu einer Stressvermehrung führt (Hampel/Petermann 2003, S. 41).

- Es gibt vier unterschiedliche Möglichkeiten zur Stressreduktion: Bagatellisierung, Ablenkung, positive Selbstinstruktion und soziales Unterstützungsbedürfnis. Denken Sie an eine für Sie belastende und stressige Situation in der letzten Woche und spielen Sie diese mithilfe dieser vier Stressbewältigungsstrategien noch einmal durch.

Bagatellisierung: »So schlimm ist es doch gar nicht.«	Ablenkung: »Ich mach etwas gänzlich anderes.«
Positive Selbstinstruktion: »Ich schaffe das! Ich bin schon mit ganz anderen Situationen zurechtgekommen.»	Soziales Unterstützungsbedürfnis: »Ich werde mit ... darüber sprechen und um Unterstützung bitten.«

Welche der vier Methoden hat Ihnen am meisten geholfen? Begründen Sie Ihre Antwort.

Arbeitsblatt 49: Ihre persönliche Entspannungsinsel

Stellen Sie sich vor, mitten im größten Stress könnten Sie der Stresssituation entfliehen und sich auf eine Insel der Entspannung »beamen«. Und weil es »Ihre« Insel ist, ist es dort genau so, wie Sie es gern hätten. Denn es reicht ja nicht, zu sich selbst zu sagen: »Ich will jetzt mal locker sein«, wenn Sie sich noch inmitten einer für Sie stressigen Umgebung befinden. Deshalb kann es sehr hilfreich für Sie sein, wenn Sie in der Lage sind, sich in Gedanken auf »Ihre persönliche Entspannungsinsel« zu begeben, um dort für einen Augenblick zur Ruhe zu kommen, tief durchzuatmen und mit einem nun klaren Kopf nach einer Lösung für die stressige Situation zu suchen, damit Sie sich nicht mehr hilflos, sondern dem gewachsen fühlen.

Wo würde Ihre Insel liegen?

Wie würde Ihre Insel heißen?

Wie sieht es auf Ihrer Insel aus?

Was hören Sie, wenn Sie auf Ihrer Insel sind?

Was riechen Sie auf der Insel?

Was fühlen Sie, wenn Sie auf Ihrer Insel sind?

Wie fühlen Sie sich auf Ihrer Insel?

Was tun Sie auf Ihrer Insel?

Was genau ist für Sie auf Ihrer Insel so erholsam?

Was gefällt Ihnen daran?

Was wird Ihnen helfen, im Fall der Fälle wieder auf Ihre Insel zu kommen?

Nennen Sie ein Symbol, das Sie mit Ihrer Insel verknüpfen. Tragen Sie es hier ein.

Nennen Sie ein Stichwort, mit dessen Hilfe Sie jederzeit auf die Insel kommen können, und tragen Sie es ein.

Warum würden Sie anderen gestressten Zeitgenossen empfehlen, sich auch eine solche Insel zuzulegen?

Anmerkung: Das Erkenntnisblatt »Drei ausbalancierte Erkenntnisse, die Sie für sich mitnehmen« erhalten Sie als Download.

Kompetenzfeld 2: Sozialkompetenz

02

»Ein Beispiel zu geben ist nicht die wichtigste Art, wie man andere beeinflusst. Es ist die einzige.«

Albert Schweitzer

In diesem Teil lernen Sie die sieben Erfolgsfaktoren kennen, die das Kompetenzfeld Sozialkompetenz bilden. Sieben Arbeitsblätter zu jedem der sieben Erfolgsfaktoren ergänzen Ihr Coaching wirksam, wobei Sie entscheiden, ob Sie diese als Vor- oder Nachbereitung Ihrer Coachingsitzungen einsetzen möchten. Bis auf wenige Ausnahmen eignen sich die meisten Arbeitsblätter auch für den Einsatz während eines Coachings. In vielen Fällen ist es aber durchaus sinnvoll, wenn der Klient sich zunächst seine eigenen Gedanken macht und diese kurz skizziert oder aber einen Fragebogen beantwortet, bevor Sie beide laut zusammen denken. Um die Ergebnisse des Coachingsprozesses zu sichern und damit der Klient seinen Erkenntnisgewinn schwarz auf weiß hat, können Sie das sogenannte »Erkenntnisblatt« einsetzen, auf dem Ihr Coachee die drei für ihn wesentlichen Erkenntnisse aufschreibt. Sie finden es – wie schon mehrfach erwähnt –bei den Downloadmaterialien.

Das Kompetenzfeld Sozialkompetenz setzt sich aus den folgenden sieben Erfolgsfaktoren zusammen:

Kommunikation

Sozialkompetenz-Erfolgsfaktor Nr. 1: Kommunikation

In diesem Abschnitt erfahren Sie, warum Kommunikation einer der wichtigsten Erfolgsfaktoren im Beruf ist, welches hinderliche und förderliche Faktoren für die Kommunikation sind, warum Sie mehr Ohren haben, als Sie bisher vielleicht dachten, welche Rolle unser Selbstwertgefühl spielt und inwiefern Kommunikation eine Frage der Haltung ist.

Folgende Arbeitsblätter stehen Ihnen für diesen Erfolgsfaktor zur Verfügung:

- Arbeitsblatt 50: Gute Karten für Kommunikation
- Arbeitsblatt 51: Schauen Sie sich selbst in die Karten!
- Arbeitsblatt 52: Stück für Stück kommunizieren
- Arbeitsblatt 53: Nonverbale Kommunikation
- Arbeitsblatt 54: Kommunikation im Verborgenen
- Arbeitsblatt 55: Denken Sie an Ihr Selbstwertgefühl und an das der anderen!
- Arbeitsblatt 56: Ich oder du?
- Erkenntnisblatt als Download: Drei Erkenntnisse aus dem Thema Kommunikation, die Sie für sich mitnehmen

Was ist Kommunikation?

Es gibt (fast) so viele Definitionen über Kommunikation wie Kommunikationsforscher. Unter Kommunikation versteht man, sehr vereinfacht gesagt, den Austausch von Botschaften.

Ich greife hier zunächst die Definition von Paul Watzlawick heraus:

Definition Kommunikation

Der Kommunikationspsychologe Watzlawick definiert Kommunikation wie folgt: »Unter sozialer Kommunikation versteht man den Austausch, die Vermittlung und die Aufnahme von Informationen zwischen Menschen« (http://www.paulwatzlawick.de/).

Unter den Begriff Kommunikation fallen eine Reihe von einzelnen Fähigkeiten, die es zu erlernen gilt. Dazu gehören zum Beispiel:

- zuhören
- Fragen stellen
- antworten
- Informationen weitergeben
- sich klar ausdrücken können
- gute Gesprächsvorbereitung
- nonverbale Kommunikation
- Feedback geben
- Einwandbehandlung
- Umgang mit schwierigen Gesprächen
- Stimme

Kommunikation ist einer *der* Erfolgsfaktoren für Führungskräfte

Das Thema Kommunikation füllt ganze Bücher – und wenn ich ehrlich bin, halte ich es auch für einen der wichtigsten Erfolgsfaktoren für Führungskräfte! Kommunikation ist der Anfang von allem – und ohne Kommunikation ist alles nichts. Was nützt es, wenn eine Führungskraft weiß, was zu tun ist, zielstrebig und entscheidungsfreudig, verantwortungsbewusst und empathisch und noch vieles mehr ist, wenn sie das nicht den Mitarbeitern, Kollegen und Vorgesetzten vermitteln kann? Dann bleiben wichtige Botschaften beim Sender »hängen«, können vom Empfänger nicht entsprechend decodiert werden oder bringen andere Schwierigkeiten mit sich. Die Folge: Es hapert an der Umsetzung guter, sinnvoller Ideen, weil diese nicht transportiert werden können.

Als Dozentin an der Hochschule für Ökonomie und Management in Bremen unterrichte ich Studenten zum Thema Kommunikation, die Vollzeit in der Wirtschaft tätig und zum Teil bereits Führungskräfte sind. Bisher erlebte ich darunter nicht wenige Studenten, die ihrem Chef gute kommunikative Kompetenzen zuschrieben ... Führungskräfte sollten vor allem eines: gern kommunizieren und gern mit Menschen im Allgemeinen zu tun haben.

Wir können nicht *nicht* kommunizieren ...

Aber: Kommunizieren ist nicht schwer, wenn man weiß, wie es geht. Nun könnte man zu dem Schluss kommen, dass es ausreicht, Informationen sachlich richtig zu codieren – doch das reicht bei Weitem nicht. Das hängt damit zusammen, dass Kommunikation auf mehreren Ebenen stattfindet.

Dafür sind ein paar grundlegende Erkenntnisse erforderlich, die leicht zu verstehen und mit Übung auch gut zu verinnerlichen sind.

Schauen wir zunächst auf folgende drei Axiome von Paul Watzlawick (2011):

- Man kann nicht nicht kommunizieren.
- Jede Kommunikation hat einen Inhalts- und einen Beziehungsaspekt.
- Kommunikation ist immer Ursache und Wirkung.

Man kann nicht nicht kommunizieren Was immer wir sagen oder auch nicht sagen, sagt etwas über uns aus! Das Gleiche gilt für unser Verhalten: Wir können uns nicht nicht verhalten. Unser Handeln und unsere Worte haben Mitteilungscharakter – auch wenn wir etwas nicht tun oder nicht sagen, teilt das etwas über uns mit. Anders ausgedrückt: Verhalten stellt immer ein kommunikatives Angebot dar.

Jede Kommunikation hat einen Inhalts- und einen Beziehungsaspekt Hier ist wichtig zu wissen, dass Letzterer das Verstehen der Botschaft bestimmt. Es ist also unerlässlich, dass wir gute Beziehungen schaffen, damit Kommunikation gelingen kann!

Mithilfe des Eisbergmodells kann gut gezeigt werden, dass nur ein Teil der Kommunikation »sichtbar« ist.

Durch die Eisbergtheorie wird ersichtlich, dass Kommunikation immer auf der rationalen Inhalts- sowie auf der emotionalen Beziehungsebene stattfindet. Nur ein kleiner Teil unserer zwischenmenschlichen Kommunikation, nämlich die Inhaltsebene, also die gesprochenen Worte, ist für uns sichtbar und wahrnehmbar. Die unausgesprochenen, nicht wahrnehmbaren Beziehungsanteile wirken darunter im »Verborgenen« und haben – auch wenn uns das nicht bewusst ist – den größten Anteil an gelingender Kommunikation. Es ist auf die einfache Formel zu reduzieren: Ist die Beziehung gesund, können sachliche Inhalte einwandfrei(er) transportiert werden

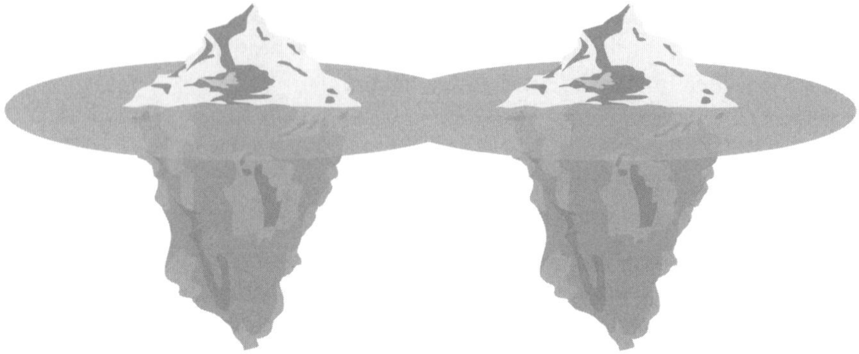

Kommunikation ist immer Ursache und Wirkung Watzlawick verweist in diesem Zusammenhang auf die Interpunktion von Ereignisfolgen, die auch als Verhaltenskette beschrieben werden kann. Jeder Beteiligte gibt der Beziehung eine Struktur – auf jede Aktion folgt eine Reaktion. Mit anderen Worten: Der Anfang einer Interaktion wird subjektiv wahrgenommen. Watzlawick erläutert dies an dem Beispiel der nörgelnden Ehefrau, die nur nörgelt, weil ihr Mann sich zurückzieht. Aus der Sicht des Mannes stellt sich die Geschichte anders dar: Er zieht sich nur zurück, weil sie immer nörgelt …

Auf das Ohr kommt es an

Das Modell »Vier Seiten einer Nachricht« stammt von dem Hamburger Kommunikationswissenschaftler Friedemann Schulz von Thun (2006). Es besagt, dass jede Nachricht vier unterschiedliche Seiten hat, die wir auf vier unterschiedlichen Ebenen beziehungsweise mit vier unterschiedlichen Ohren hören:

Sachebene → Sachohr Worüber informiert der Sprecher? Das sind reine Sachaussagen, Daten und Fakten, die in einer Nachricht enthalten sind.

Selbstoffenbarungsebene → Selbstoffenbarungsohr Was sagt der Sprecher mit der Nachricht über sich selbst aus? Hier vermittelt der Sprecher etwas über sein Selbstverständnis, seine Motive, Werte, Emotionen und anderes mehr.

Beziehungsebene → Beziehungsohr Wie ist die Beziehung? Hier wird ausgedrückt, wie der Sender zum Empfänger steht und was er von ihm hält.

Appellebene → Appellohr Was soll mit der Nachricht beim Empfänger erreicht werden? Das beinhaltet einen Wunsch oder eine Handlungsaufforderung.

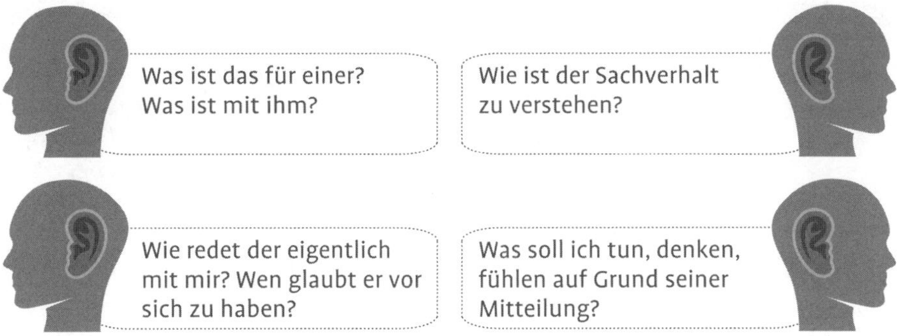

In meinen Kommunikationskursen sorgt das 4-Ohren-Modell so manches Mal für Aha-Erlebnisse und Erstaunen, da immer wieder Teilnehmer feststellen, dass ihnen »ein Ohr fehlt« …

Und nicht nur das: Passend zu den vier Ohren spricht jeder von uns auch mit vier unterschiedlichen »Schnäbeln«. Kommunikation wird dadurch kompliziert, da der Sender nicht wissen kann, auf welchem Ohr der Empfänger hört, und der Empfänger ahnungslos ist, was den »Schnabel« des anderen betrifft.

Förderliche und hinderliche Faktoren

Unabhängig von den Ohren können wir konstatieren, dass es förderliche und hinderliche Einflüsse auf Interaktionen gibt.

Förderlich für die Kommunikation	Hinderlich für die Kommunikation
Wertschätzung des Gesprächspartners	Entwertung der Persönlichkeit
aktives Zuhören	verbale Angriffe, Beschuldigungen und Ironie
Ich-Botschaften: »Meiner Ansicht nach …«	Du-Botschaften »Du hast aber …«
möglichst Symmetrie der Gesprächspartner	Asymmetrie
Fragen stellen	Unterbrechungen

Förderlich für die Kommunikation	Hinderlich für die Kommunikation
nonverbale Signale wie Kopfnicken, Blickkontakt, bewegte Mimik und Gestik, …	nonverbale Signale wie nervöses Trommeln, auf die Uhr schauen, keinen Blickkontakt halten, …
respektvolles Verhalten wie Pünktlichkeit, gute Gesprächsvorbereitung, …	respektloses Verhalten wie Zuspätkommen, während des Gesprächs auf das Handy schauen, …

Kommunikation ist eine Frage der Haltung

Nach Vera F. Birkenbihl, einer erfolgreichen Managementtrainerin, tragen mehrere Aspekte zu einer optimalen Kommunikation bei (Birkenbihl 2011). Dabei geht es unter anderem um die Bedürfnisse und Bilder des anderen und insbesondere auch darum, das Selbstwertgefühl des anderen zu achten. Dieser Aspekt ist für mich am eindrucksvollsten, da ich großen Wert darauf lege, wertschätzend mit anderen – und auch mit mir selbst – zu sein.

Führungskräfte müssen lernen, mit einer wertschätzenden Haltung, voller Respekt für ihren Gesprächspartner, zu kommunizieren. Wer im Gespräch darauf achtet, den anderen zu verstehen, dessen »Sprache« spricht, dessen Motive und Ziele respektiert und Wörter wählt, die nicht auf Kränkung, Dominierung oder Ähnliches aus sind, der wird erfolgreich kommunizieren können, weil sich der Gesprächspartner nicht angegriffen fühlen muss und folglich nicht fühlen wird. Das hat viele positive Effekte:

- Echte Zusammenarbeit wird möglich.
- Es sind Gesprächspartner und keine Gegner.
- Es kommt nicht zu Kreativitätsblockaden.
- Die Mitarbeiter fahren nicht mit halber Kraft.
- Transparenz …

Wie Sie die Arbeitsblätter sinnvoll einsetzen können

Kommunikation bildet die Basis für unser soziales Miteinander. Wenn Ihr Klient über Schwierigkeiten im Umgang mit Mitarbeitern, Kollegen, Vorgesetzten oder auch mit Personen aus seinem privaten Umfeld berichtet, dann schauen Sie genau hin und fragen Sie sich, ob es schlicht und ergreifend daran liegen könnte, dass ihm ausreichende Kommunikationskompetenzen fehlen. Sollte dies der Fall sein, dann können Sie ihm dazu Input gehen und je nach Bedarf die Materialien einsetzen. Ganz generell und pauschal lässt sich meines Erachtens sagen, dass die Materialien in jedem Fall unterstützend und hilfreich sind, es sei denn, Sie haben es mit einem echten Kommunikationsprofi zu tun.

Literaturtipps

Zum Thema Kommunikation empfehle ich Ihnen die folgenden Bücher:

- Birkenbihl, V. F. (2011): Kommunikationstraining. (32. Auflage). München: MVG.
  Das Buch »Kommunikationstraining« von Vera F. Birkenbihl halte ich für ein Grundlagenwerk zum Thema Kommunikation. Die Haltung, die sie in ihrem Buch vermittelt, ist schlichtweg großartig. In puncto Kommunikation ist es mein Lieblingsbuch. Lesen Sie es!
  Schulz von Thun, F. (2006): Miteinander reden. (Bd. 1–3, 44. Auflage). Reinbek bei Hamburg: Rowohlt.
- »Du, die Ampel da vorn ist grün« – das ist der Klassiker von Schulz von Thuns 4-Ohren-Modell. In diesen drei Büchern erfahren Sie viel Wissenswertes zum Thema Kommunikation.
- Watzlawick, P. (2011): Menschliche Kommunikation: Formen, Störungen, Paradoxien. (12. Auflage) Bern: Huber.
  Meiner Ansicht nach führt kein Weg an diesem Buch vorbei, wenn Sie sich näher mit Kommunikation befassen möchten. Sie erfahren hier grundlegende Informationen, die das Wesen von Kommunikation nach Watzlawick ausmachen.

Arbeitsblatt 50: Gute Karten für Kommunikation

Kommunizieren ist weitaus mehr als die reine Übergabe von Informationen.

- Was verstehen Sie unter Kommunikation? Woran denken Sie, wenn Sie das Wort Kommunikation hören? Tragen Sie spontan Ihre Gedanken dazu ein.

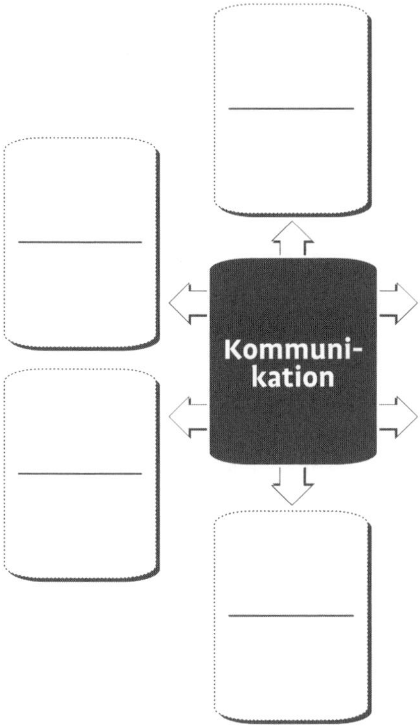

Arbeitsblatt 51: Schauen Sie sich selbst in die Karten!

Damit Sie sich Ihrer selbst bewusst werden, betrachten Sie die Gründe, warum das Ihre Karten in puncto Stärken sind, einmal näher.

- Übertragen Sie zunächst die Antworten Ihres Kartensets von Arbeitsblatt 50 in die linke Spalte. Schreiben Sie die unterschiedlichen Gründe in die rechte Spalte.

Stärken	…, weil …
1.	
2.	
3.	
4.	
5.	
6.	

Arbeitsblatt 52: Stück für Stück kommunizieren

Um gut kommunizieren zu können, benötigen Sie unterschiedliche Kommunikationsfähigkeiten:

- zuhören
- Fragen stellen
- antworten
- Informationen weitergeben
- sich klar ausdrücken können
- gute Gesprächsvorbereitung
- nonverbale Kommunikation
- Feedback geben

- Ordnen Sie zunächst jedem »Tortenstück« in der Abbildung eine Kommunikationsfähigkeit zu.
- Ordnen Sie dann jede Kommunikationsfähigkeit auf einer Skala von 1 bis 10 ein. Dabei gilt: 1 = ein wenig kann ich das, und 10 = das ist meine Spezialität

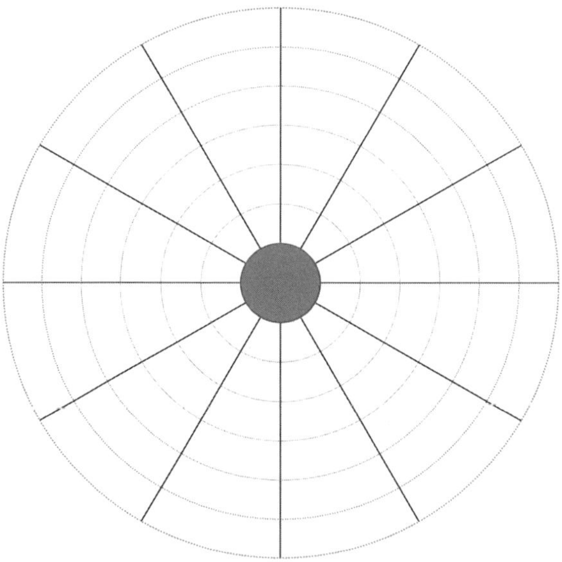

Wie würden Sie Ihre Kommunikation beschreiben? Verfügen Sie über weitere Kommunikationskompetenzen, die hier noch nicht genannt sind?

Arbeitsblatt 53: Nonverbale Kommunikation

Der sogenannten Mehrabian-Studie zufolge besteht die Wirkung einer Nachricht zu 55 Prozent aus Körpersprache (Körperhaltung, Gestik, Augenkontakt, Erscheinung, Mimik), zu 38 Prozent aus Stimme und lediglich zu sieben (!) Prozent aus unserer Wortwahl, also dem sprachlichen Inhalt. Wenn Sie das berücksichtigen, dass Ihre Stimme und Ihre Körperhaltung sehr viel über Sie verraten, werden Sie professioneller kommunizieren können. Gleichermaßen hilft Ihnen das Wissen darum natürlich dabei, andere Menschen zu »lesen«.

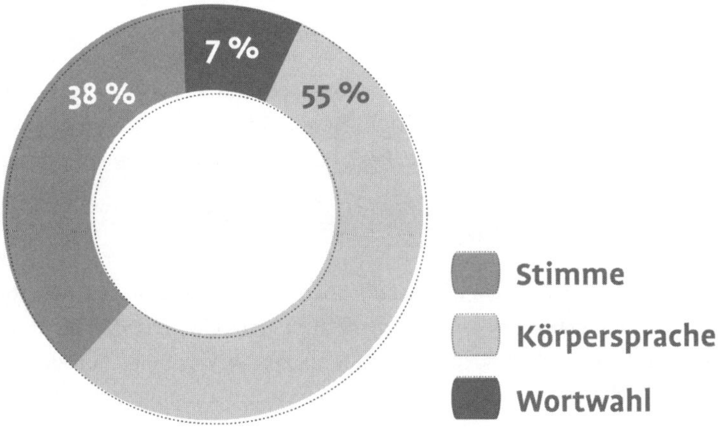

Der Kommunikationspsychologe Paul Watzlawick ist der Ansicht: »Man kann nicht nicht kommunizieren.« Selbst wenn Sie nichts sagen, spricht Ihr Verhalten Bände.

Wie verstehen Sie das Zitat von Watzlawick?

Inwiefern stimmen Sie dem zu?

Inwiefern spielt nonverbale Kommunikation in Ihrem beruflichen Alltag eine Rolle?

Wo sehen Sie diesbezüglich Potenzial für sich?

Wie schätzen Sie folgende Aussage auf sich bezogen ein: Andere lesen in mir wie in einem Buch?

Arbeitsblatt 54: Kommunikation im Verborgenen

Die Eisbergtheorie des Kommunikationspsychologen Paul Watzlawick besagt, dass Kommunikation immer auf der rationalen Inhalts- und auf der emotionalen Beziehungsebene stattfindet. Lediglich 20 Prozent sind für uns sichtbar, unausgesprochen sind zu 80 Prozent die nicht oder nur schwer wahrnehmbaren Beziehungsanteile, die darunter im »Verborgenen« wirken. Einfach ausgedrückt: Die Beziehungsebene ist entscheidend. Funktioniert die Beziehung, dann klappt es auch mit den Sachinformationen.
Was können Sie tun, um diese Erkenntnis in Ihrem Berufsleben umzusetzen und gelingenden Beziehungen zu Ihren Gesprächspartnern zu gestalten?

- Beobachten Sie während der nächsten Besprechung, beim Mittagessen oder auf dem Flur, wie andere miteinander kommunizieren. Richten Sie dabei Ihr Augenmerk einmal nur darauf, wie die Beteiligten die Beziehung gestalten. Was wirkt sich positiv auf die Beziehung aus?

- Füllen Sie zunächst die Linien aus, die über der Oberfläche liegen – was war während des von Ihnen beobachteten Gesprächs auf inhaltlicher Ebene erkennbar? Auf die Linien unterhalb der Oberfläche tragen Sie all das ein, was Ihnen in Bezug auf die Beziehungsebene aufgefallen ist.

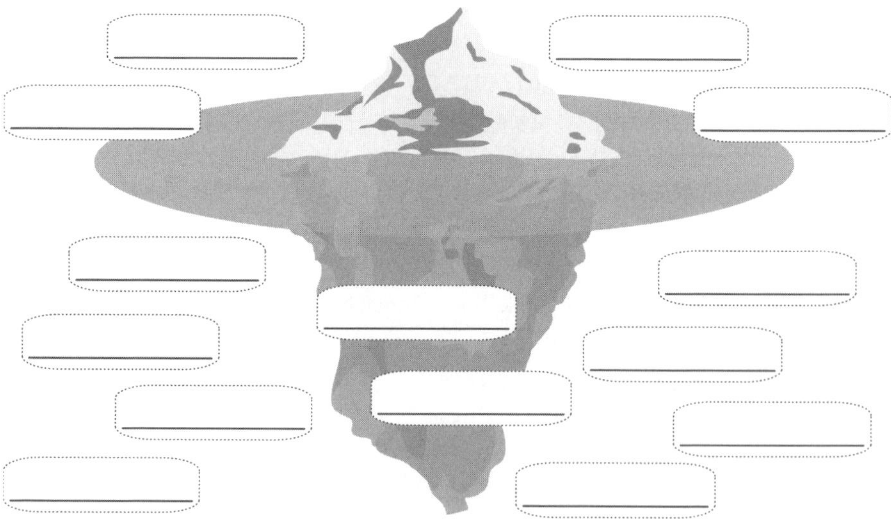

Arbeitsblatt 55: Denken Sie an Ihr Selbstwertgefühl und das der anderen!

Die erfolgreiche Kommunikationstrainerin Vera Birkenbihl betonte, dass optimale Kommunikation nur möglich ist, wenn wir das Selbstwertgefühl des anderen berücksichtigen. Denn wir möchten ein gutes Selbstwertgefühl haben und tun das, was wir tun, eben nur, weil wir unser Selbstwertgefühl stärken, stabilisieren und aufbauen wollen. Das lässt sich anhand ein paar einfacher Fragen sofort belegen:

Warum lassen Sie sich coachen?

Warum gehen Sie zum Friseur?

Warum lesen Sie ein Buch?

Wie auch immer Ihre Antworten lauten, dahinter steckt das Bedürfnis nach einem guten Selbstwertgefühl – Sie wünschen sich Anerkennung und möchten sich gut fühlen!

In jedem Gespräch erhalten wir Beurteilungen von anderen – denn die Art und Weise, wie wir miteinander sprechen, sagt viel über unsere Beziehung aus. Verletzende Bemerkungen, Ironie oder Späße, über die alle, nicht aber der Betreffende, lachen können, sind nichts weiter als negative Beurteilungen und schaden unserem Selbstwert. Daraus lässt sich ableiten: Achten Sie das Selbstwertgefühl Ihres Gegenübers. Achten Sie gut darauf, es nicht durch unbedarfte Bemerkungen zu bedrohen oder gar zu beschädigen. Wenn Sie Ihren Gesprächspartner aufrichtig achten und respektieren, hat das einen unmittelbar positiven Einfluss auf Ihre Kommunikation.

Woran erkennen Sie, wie viel Sie einem anderen »wert« sind?

Bei welchen Menschen könnten Sie noch etwas mehr auf eine gute Beziehung achten? Was wäre der positive Effekt?

Wie werden Sie das konkret tun? Was wollen Sie verändern?

Arbeitsblatt 56: Ich oder du?

Soziale Kommunikation ist der Austausch von Informationen zwischen einem Sender und einem Empfänger. So weit, so gut, doch wirken hier unterschiedliche Einflussfaktoren, wie zum Beispiel die Geschichte der beteiligten Gesprächspartner, der situative Kontext, die Beziehung und auch die Intention der beteiligten Personen. Es gibt förderliche und hinderliche Faktoren, die die Kommunikation – also das Überbringen und die Aufnahme der Informationen zwischen uns Menschen – beeinflussen.
So gelten Ich-Botschaften als förderlich, Du-Botschaften hingegen als hinderlich, weil daraus schnell Angriffe oder Vorwürfe werden können, gegen die wir uns verteidigen möchten. Schon sind wir mitten im Kampf. Mit Ich-Botschaften können wir hingegen klar und eindeutig eigene Wünsche, Bedürfnisse und Fragen formulieren.

- Was empfinden Sie in der Kommunikation als hinderlich? Was haben Sie beobachtet? (linke Abbildung)
- Was trägt Ihrer Meinung nach zum Gelingen von Kommunikation bei? Was ist förderlich? (rechte Abbildung)

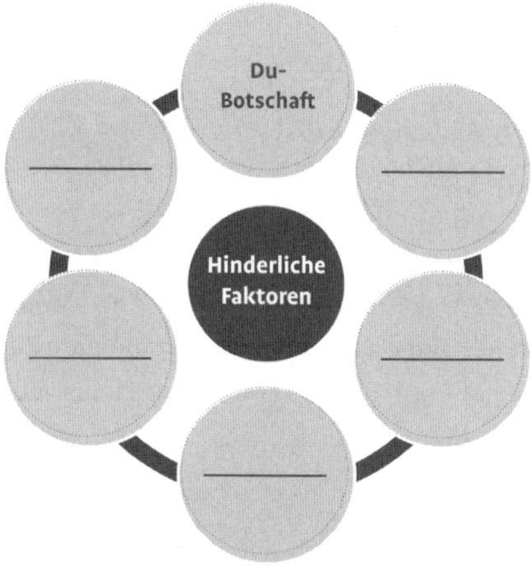

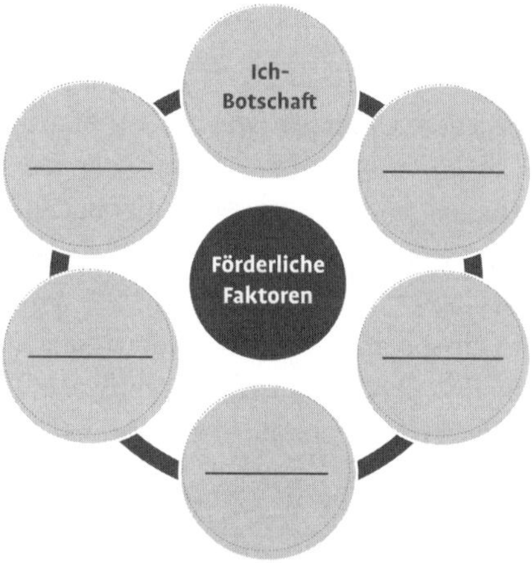

Anmerkung: Das Erkenntnisblatt »Drei Erkenntnisse aus dem Thema Kommunikation, die Sie für sich mitnehmen« erhalten Sie als Download.

Empathie

Sozialkompetenz-Erfolgsfaktor Nr. 2: Empathie

Dieses Kapitel bietet Ihnen eine Definition von Empathie und beantwortet die Fragen, ob Führungskräfte empathisch sein müssen und ob Empathie nicht typisch weiblich ist. Gefühle spielen eine wesentliche Rolle im Zusammenhang mit Empathie.

Überblick über die Arbeitsblätter:

- Arbeitsblatt 57: Gute Karten für Empathie
- Arbeitsblatt 58: Schauen Sie sich selbst in die Karten!
- Arbeitsblatt 59: Gefühle, Gefühle
- Arbeitsblatt 60: Lauter Gefühle
- Arbeitsblatt 61: Ziehen Sie Bilanz!
- Arbeitsblatt 62: Drei Seiten einer Medaille
- Arbeitsblatt 63: Ein anderer Standpunkt
- Erkenntnisblatt als Download: Drei Erkenntnisse aus dem Thema Empathie, die Sie für sich mitnehmen

Was ist Empathie?

Etymologisch leitet sich das Wort Empathie von dem griechischen Wort »Empatheia« ab und bedeutet »Einfühlung«. Empathie ist ein wichtiger Bestandteil sozialer Kompetenz und drückt die Bereitschaft und die Fähigkeit zum Mitfühlen mit einem anderen Menschen aus. Wer empathisch ist, der gibt dem anderen zu verstehen, dass er ihn verstehen möchte und offen dafür ist, das Weltbild, die Einstellung und die Landkarte des anderen zu sehen. Das setzt voraus, dass er nicht denkt, seine Einstellung und seine Landkarte seien die einzig richtigen – eine großartige Voraussetzung für gute Führung im Unternehmen.

Empathie löst eine positive Aufwärtsspirale aus, denn: Je positiver die eigene Grundhaltung ist, desto höher ist die Bereitschaft zur Empathie. Gleichzeitig gilt: Wenn wir empathisch sind, steigt dadurch auch unsere positive Grundstimmung.

Dieses echte »Verstehenwollen« und »Einfühlenkönnen« drücken sich jedoch nicht darin aus, dass wir »Ich verstehe das ja« zu unserem Gesprächspartner sagen. Denn die Wörter allein reichen nicht aus. Ist es nicht ehrlich gemeint, spürt unser Gegenüber das. Denken Sie an die Mehrabian-Studie! Empathie ist eine Grundhaltung, die uns dazu befähigt, dem anderen wirklich zuzuhören und uns auf ihn einzulassen. Dazu bedarf es eines echten Interesses am anderen und an seinen Bedürfnissen, Werten, Motiven, Zielen … Dahinter steckt die Fähigkeit, sich auf einen anderen Menschen einzulassen, denn wer empathisch ist, der kann die Gefühle lesen und hat ein offenes Ohr für sie.

Eine Voraussetzung gibt es für Empathie: Wer empathisch sein möchte, muss sich beispielsweise über seine eigene Innenwelt, seine Gefühle, Werte, Bedürfnisse im Klaren sein!

Müssen Führungskräfte wirklich empathisch sein?

Meine Antwort lautet klar und deutlich: Ja! Denn empathische Führungskräfte werden Mitarbeiter haben, die sich verstanden fühlen. Wer sich verstanden fühlt, hat mehr Vertrauen und auch mehr Selbstvertrauen, er ist leistungsfähiger und auch leistungswilliger. Dazu kommt noch das Gefühl, *gesehen* zu werden. Dieses »Ich werde gesehen« löst in uns wiederum das Gefühl aus, wichtig und etwas wert zu sein. Empathie wirkt sich unmittelbar positiv auf das Selbstwertgefühl der Mitarbeiter aus.

Positive Effekte von Empathie sind demnach:

- mehr Engagement
- mehr Freude bei der Arbeit
- sich verstanden fühlen
- sich gesehen fühlen
- ein gutes Selbstwertgefühl
- höhere Motivation

Wenn Sie sich diese Effekte genau anschauen, dann wird ersichtlich, warum Empathie ein Erfolgsfaktor im Berufsleben – und nicht nur da – ist. Aus arbeits- und organisationspsychologischer Sicht kann man nur jeder Führungskraft wünschen und raten, dass sie empathisch ist oder aber lernt, empathisch zu sein. Das hat nichts damit zu tun, dass Führungskräfte dann zu »weich« oder nicht durchsetzungsfähig sein werden – nein, dieses echte Einfühlenkönnen öffnet vielmehr den Weg zu einem vertrauensvollen Miteinander und somit auch zu effizienten Ergebnissen, da die Mitarbeiter sich eher an das Unternehmen gebunden fühlen werden und bereit sind, mehr zu leisten.

Der Grund dafür ist evident: Wer sich verstanden fühlt, ist auch bereit, den anderen zu verstehen und seine Ziele ernst zu nehmen. Etwas Besseres kann einer Führungskraft kaum passieren.

Ist Empathie nicht typisch weiblich?

Kürzlich war ich auf eine Veranstaltung eingeladen, bei der es um die Frage ging, ob Männer und Frauen unterschiedlich führen, und wenn ja, worin genau dieser Unterschied besteht. Es herrschte schnell ein Konsens darüber, dass Empathie eine eher weibliche Fähigkeit sei. Dennoch ist es für alle Führungskräfte – ob männlich oder weiblich – von Bedeutung, dass sie mit der sozialen Gruppe gut zurechtkommen. Empathie ist dabei sicher nicht das einzige Führungsinstrument, das Führungskräften gegenüber ihren Mitarbeitern zur Verfügung steht – aber im Kanon der Erfolgsfaktoren darf Empathie nicht fehlen.

Gefühle sind Trumpf! Bedürfnisse aber auch!

Wer die Bedürfnisse und Gefühle des anderen kennt und diese achtet, ist weitaus erfolgreicher, weil diese Haltung motivationsförderlich ist. Mitarbeiter erkennen, dass sie nicht nur Erfüllungsgehilfen sind, sondern als Menschen wahrgenommen werden, und dass ihre Bedürfnisse und Gefühle ernst genommen werden. Sie fühlen sich darin unterstützt, ihre eigenen Bedürfnisse befriedigen zu dürfen. Eine solche Grundhaltung setzt voraus, dass die Führungskraft ihre eigenen Bedürfnisse und Gefühle kennt. Sie finden auf den nachfolgenden Seiten viele Arbeitsblätter zum Thema Gefühle, deshalb hier noch der Hinweis darauf, wie wichtig auch die individuellen Bedürfnisse sind.

Auch ein Coach hat Bedürfnisse ...

Fragen Sie sich als Coach, was Ihre persönlichen Bedürfnisse sind, und notieren Sie diese:

Wann können Sie die Karte Empathie ausspielen?

Ich persönlich halte Empathie für etwas so Grundlegendes, dass ich es wichtig und richtig finde, im Coaching darüber zu sprechen. Wie lange das im Einzelnen ist, hängt natürlich vom Klienten ab. Gerade bei Führungskräften erweitert es oft den

Blickwinkel, sich in einzelne Mitarbeiter oder auch Kollegen und Vorgesetzte einzufühlen, um diese besser verstehen zu lernen.

Es gibt zwei Varianten, wie Sie diesen Sichtwechsel herbeiführen können:

Variante 1: Legen Sie drei Karten auf den Boden, die Sie vorher mit den Wörtern 1. ICH, 2. DU und 3. META (für die Metaebene) beschriften. Nun lassen Sie Ihren Klienten alle drei Positionen – und damit alle Standpunkte im wahrsten und auch im übertragenen Sinne! – durchlaufen und die Weltsicht aus der jeweiligen Position beschreiben. Abschließend lassen Sie ihn mit dieser Erfahrung noch einmal in die eigene Position gehen und hören dann, ob und was sich für ihn nun geändert hat.

Variante 2: Sie ergänzen die drei Karten um die vierte Karte, auf die Sie das Wort WIR schreiben. Diese Karte steht für gemeinsame Interessen, Bedürfnisse, Ziele, Wahrnehmungen und erweitert die einzelnen Positionen. Denn es ist natürlich erstrebenswert, sich auch in die gemeinsame Position einfühlen zu können. Auch hier bitten Sie Ihren Klienten abschließend in die erste und letzte Position ICH und schauen auch hier, ob eine Entwicklung stattgefunden hat.

Im Allgemeinen führt dieser Wahrnehmungspositionswechsel nämlich zu einer erweiterten Sicht auf die Situation, die hilfreich für die weitere Vorgehensweise ist. Ein solcher Wahrnehmungspositionswechsel ist gelebte Empathie.

Meine Empfehlung

Erstellen Sie zusammen mit Ihrem Klienten eine Sammlung seiner persönlichen Bedürfnisse. Verwenden Sie dafür Moderationskarten, wobei Sie jeweils ein Bedürfnis pro Karte notieren. Ich habe im Coaching ganz unterschiedliche Erfahrungen mit meinen Klienten gemacht. Während es einigen von ihnen leichtfällt, die eigenen Bedürfnisse zu benennen, tun sich andere wiederum sichtlich schwer damit. Das hängt oftmals damit zusammen, dass sie sich keine eigenen Bedürfnisse zugestehen können oder dürfen, weil sie sich ein Stück weit aus den Augen verloren haben oder aber sich nicht die interne Erlaubnis dazu geben, eigene Bedürfnisse und Gefühle wahrzunehmen. In solchen Fällen ist es sinnvoll, zunächst diese innere Blockade zu lösen (was mitunter sehr tief gehend und zeitintensiv sein kann!) und dann erst die persönlichen Bedürfnisse aufzuspüren. Ich erlebe es dann oftmals, dass diese Klienten sich anschließend unglaublich glücklich fühlen, weil sie ihre Bedürfnisse wahrgenommen und dann auch noch vor sich liegen haben – für viele eine absolut ermutigende und wohltuende Erfahrung!

Arbeitsblatt 57: Gute Karten für Empathie

Empathie ist ein Erfolgsfaktor im Hinblick auf Ihre soziale Kompetenz.

- Was ist Empathie? Was verstehen Sie unter Empathie? Woran denken Sie, wenn Sie das Wort Empathie hören? Tragen Sie Ihre Gedanken dazu ein.

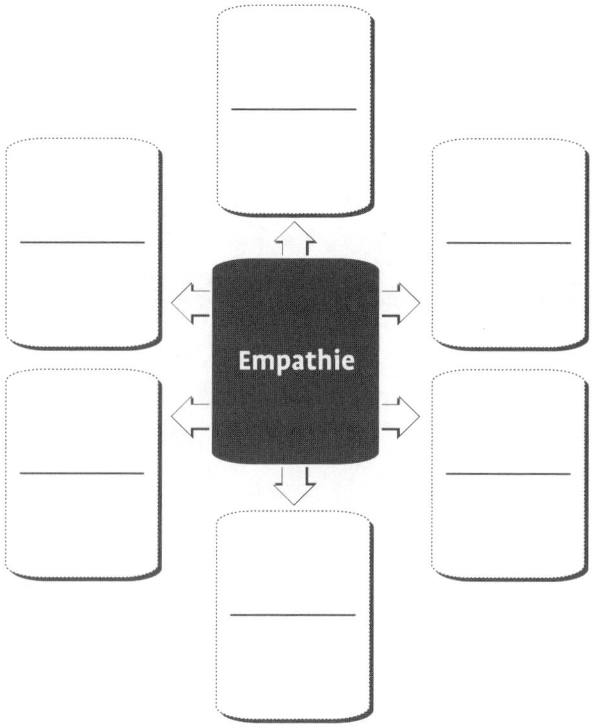

Arbeitsblatt 58: Schauen Sie sich selbst in die Karten!

Damit Sie sich Ihrer selbst bewusst werden, betrachten Sie die Gründe, warum das Ihre Karten hinsichtlich *Empathie* sind, einmal näher.

- Übertragen Sie zunächst die Antworten Ihres Kartensets von Arbeitsblatt 57 in die linke Spalte. Schreiben Sie die unterschiedlichen Gründe in die rechte Spalte.

Empathie ...	..., weil ...
1.	
2.	
3.	
4.	
5.	
6.	

Arbeitsblatt 59: Gefühle, Gefühle

Gefühle sind das Salz in der Suppe des Lebens! Mehr noch: Sie haben eine lebenswichtige Funktion und sind ein essenzieller Bestandteil unserer zwischenmenschlichen Kommunikation. Der amerikanische Kommunikations- und Emotionsforscher Paul Ekman benennt sechs unterschiedliche Basisemotionen, die Menschen weltweit mit der gleichen Gestik und Mimik aufweisen, was sich im Laufe unseres Lebens aufgrund von Erziehung, Kultur und persönlicher Erfahrung jedoch verändert.

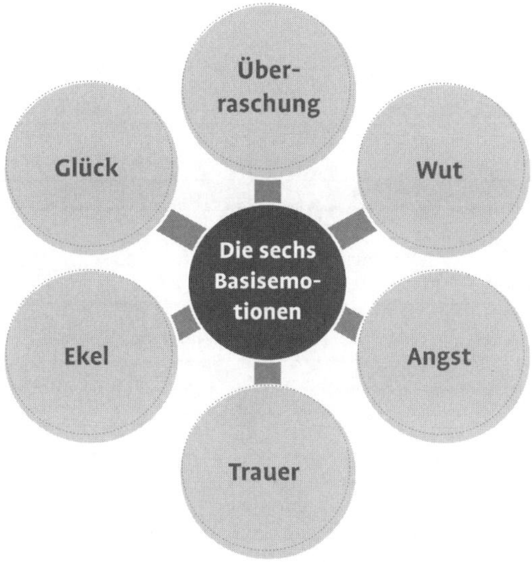

- Leben Sie Ihre Gefühle aus? Was machen Sie mit Ihren Gefühlen? Haben Sie eher ein Pokerface oder tragen Sie Ihr Herz auf der Zunge?

Wie beurteilen Sie Ihr Gefühlsleben? Inwieweit sind Ihnen Ihre eigenen Gefühle bewusst?

Inwiefern lassen Sie Ihre Gefühle zu? Welche besonders?

Was wird Ihnen durch einen bewussten Umgang mit Ihren Gefühlen möglich?

- Gehen Sie in Gedanken alle sechs Basisemotionen durch und fragen Sie sich, was Sie dann machen. Wo bleiben Sie mit Ihren Gefühlen? An wen können Sie sich dann wenden? Mit wem sprechen Sie als Erstes darüber? Was tun Sie in den unterschiedlichen Situationen dann ganz konkret? Führen Sie eine Bestandsaufnahme durch (Engelmann 2012).

Wenn ich wütend bin, dann ...	
spreche ich mit	mache ich

Wenn ich traurig bin, dann ...	
spreche ich mit	mache ich

Wenn ich Angst habe, dann ...	
spreche ich mit	mache ich

Wenn ich Ekel empfinde, dann ...	
spreche ich mit	mache ich

Wenn ich überrascht bin, dann ...	
spreche ich mit	mache ich

Wenn ich glücklich bin, dann ...	
spreche ich mit	mache ich

Arbeitsblatt 60: Lauter Gefühle

Sie sehen hier eine Sammlung mit lauter Gefühlen.

- Lesen Sie die Gefühlesammlung aufmerksam durch und kreuzen Sie zehn Gefühle an, die Ihnen im Beruf vertraut sind. Denken Sie daran: Jedes Gefühl darf sein!
- Natürlich können Sie auch gern zehn Gefühle ankreuzen, die Sie mit Ihrem Privatleben verbinden, dann vielleicht in einer anderen Farbe.

Achtsamkeit	Agression	Angst	Ärger
Begeisterung	Dankbarkeit	Eifersucht	Einsamkeit
Ekel	Empathie	Entspannung	Enttäuschung
Flow	Freiheit	Freude	Freudlosigkeit
Fröhlichkeit	Frust	Furcht	Furchtlosigkeit
Geborgenheit	Gelassenheit	Gleichgültigkeit	Glück
Harmonie	Hass	Hilflosigkeit	Hoffnungslosigkeit
Humor	Langeweile	Lebensfreude	Liebe
Lust	Melancholie	Mitleid	Mut
Neid	Neugier	Scham	Schmerz
Schuld	Sehnsucht	Sorge	Sorglosigkeit
Spaß	Stress	Trauer	Überraschung
Unbeschwertheit	Verachtung	Verbitterung	Verliebtsein
Verständnis	Vertrauen	Verzweiflung	Vorfreude
Wut	Zufriedenheit	Zuversicht	

Welche Gefühle sind Ihrer Ansicht nach im Berufsleben von Vorteil? Begründen Sie Ihre Antwort.

Welche Gefühle sind Ihrer Ansicht nach im Berufsleben eher von Nachteil? Begründen Sie Ihre Antwort.

In welchen Situationen bemerken Sie Gefühle bei sich, die Sie für eher hinderlich halten?

Wenn Sie Ihr Coach wären: Was würden Sie sich diesbezüglich selbst empfehlen?

Ein gefühlvoller Impuls

Ich möchte meine Gefühle bewusst wahrnehmen, um ...

1.

2.

3.

Arbeitsblatt 61: Ziehen Sie Bilanz!

Empathie ist ein Erfolgsfaktor! Damit Sie mit anderen mitfühlen können, ist es wichtig, dass Sie zum einen die unterschiedlichsten Gefühle kennen und diese bei sich wahrnehmen können und andererseits auch in der Lage sind, diese bei anderen zu erkennen, Ihre Gesprächspartner also »lesen« lernen. Dafür ist es sinnvoll, wenn Sie sich einmal einen Tag lang beobachten und Ihre persönliche Glücksbilanz ziehen. Nur für einen Tag ... Wie wäre es mit einem ganz normalen Montag, den Sie in sechs Abschnitte einteilen? Für eine erste Bestandsaufnahme verwenden Sie die drei unterschiedlichen Smileys – wie es Ihnen genau erging, tragen Sie bitte in die nebenstehenden Felder ein

☺ Ich fühle mich gut.
:-| Ich fühle mich so lala.
☹ Ich fühle mich nicht so gut.

Montag	☺	:-|	☹	Warum war das so? Was haben Sie gefühlt?
morgens				
vormittags				
mittags				
am frühen Nachmittag				
am späten Nachmittag				
auf dem Nachhauseweg				
abends				

Arbeitsblatt 62: Drei Seiten einer Medaille

»Das Geheimnis des Erfolges ist, den Standpunkt des anderen zu verstehen.«

Henry Ford

Wenn Sie in einer bestimmten Situation sind, dann sehen Sie zumeist »nur« Ihre Sicht der Dinge. So geht es natürlich auch Ihrem Gegenüber. Wechseln Sie die Wahrnehmungsposition und schlüpfen Sie nacheinander A: in Ihre Rolle, also in Ihr »Ich«, B: in die Rolle Ihres Gesprächspartners und C: in die Rolle eines neutralen Beobachters, und schildern Sie eine Situation aus diesen unterschiedlichen Wahrnehmungspositionen.
Wie haben Sie sich gefühlt? Was war Ihre Intention in dieser Situation? Stellen Sie sich nun bitte dieselbe Situation vor – nur schauen Sie jetzt durch die Brille Ihres Gesprächspartners. Und als Drittes nehmen Sie die Position eines neutralen Beobachters ein: Wie hätte dieser die Situation wohl wahrgenommen? Was hat er gesehen und gehört?

C: Ein neutraler Beobachter

A: Sie

B: Ihr Gesprächspartner

Nachdem Sie nun aus jeder Position nacheinander die Situation wahrgenommen haben, gehen Sie noch ein zweites Mal in Ihre eigene Position A. Nehmen Sie nun ganz aufmerksam wahr, was Sie denken und fühlen. Nehmen Sie auch wahr, was sich nach dem Durchlaufen jeder Position für Sie und Ihre Sichtweise verändert hat.

Was ist anders? Was hat sich für Sie verändert?

Welche Erkenntnis ziehen Sie daraus?

Inwiefern hat das Auswirkungen auf Ihr Verhalten?

Warum war es lohnenswert, diesen Wahrnehmungspositionswechsel vorzunehmen?

Sie können einen solchen Wahrnehmungspositionswechsel nicht nur ex post durchführen. Diese Methode eignet sich auch hervorragend als Vorbereitung auf Gespräche! Probieren Sie es aus!

Arbeitsblatt 63: Ein anderer Standpunkt

Etymologisch leitet sich das Wort Empathie von dem griechischen Wort »Empatheia« ab und bedeutet »Einfühlung«. Der Erfolgsfaktor Empathie umschreibt also die Fähigkeit, sich in die Gedanken- und Gefühlswelt anderer einzufühlen. Das ist deshalb relevant, weil ein direkter Zusammenhang mit einem guten Betriebsklima besteht. Wenn es Ihnen gelingt, dass sich Ihre Mitarbeiter »verstanden« und »angenommen« fühlen, so wird es Ihnen auch leichter gelingen, auf diese einzugehen, sie zu motivieren und auch etwas von ihnen zu fordern. Sie geben als Führungskraft quasi Empathie und bekommen dafür etwas zurück: Engagement. So schaffen Sie echtes »Win-Win«!

- Gehen Sie für diese Übung noch einmal gedanklich in eine Gesprächssituation, die Sie als »schwierig« empfunden haben, weil Sie den Eindruck hatten, dass Ihr Gesprächspartner stur, uneinsichtig oder verständnislos Ihnen gegenüber war. Sei es ein Gespräch mit Ihrem Chef, einem Kollegen oder einem Mitarbeiter. An welche Situation denken Sie?

Ich: Was habe ich in der Situation gedacht?

»Du«: Wie haben Sie Ihren Gesprächspartner wahrgenommen?

Nun wechseln Sie bitte den Standpunkt und fühlen Sie sich in die Rolle Ihres Gesprächspartners ein. Wie hat dieser die Situation wohl wahrgenommen? Was hat er gesehen und gehört?

Was denken und fühlen Sie in der Position Ihres Gesprächspartners?

Wie nimmt Ihr Gesprächspartner Sie wahr?

Anmerkung: Das Erkenntnisblatt »Drei Erkenntnisse aus dem Thema Empathie, die Sie für sich mitnehmen« erhalten Sie als Download.

Wertschätzung

Sozialkompetenz-Erfolgsfaktor Nr. 3: Wertschätzung

Dieser Abschnitt hält für Sie Informationen und Materialien rund um den Erfolgsfaktor Wertschätzung bereit, bei dem es sich aus meiner Sicht um den am meisten unterschätzten Erfolgsfaktor handelt! Denn Wertschätzung kostet nichts und wirkt doch immer! Voraussetzung: Sie muss ehrlich und maßgeschneidert sein!

Sie finden hier folgende Arbeitsblätter für Ihre Arbeit mit Klienten:

- Arbeitsblatt 64: Gute Karten für Wertschätzung
- Arbeitsblatt 65: Schauen Sie sich selbst in die Karten!
- Arbeitsblatt 66: Wie wertvoll ist Wertschätzung für Sie?
- Arbeitsblatt 67: Geben und Nehmen
- Arbeitsblatt 68: Respekt!
- Arbeitsblatt 69: Keine Einbahnstraße …
- Arbeitsblatt 70: Das Wertschätzungsquadrat
- Erkenntnisblatt als Download: Erkenntnisse aus dem Thema Wertschätzung, die Sie für sich mitnehmen

Was ist Wertschätzung?

Wertschätzung bezeichnet die innere Haltung anderen Menschen gegenüber. Das Wort Wertschätzung setzt sich aus den Bestandteilen Wert und schätzen zusammen und bedeutet dementsprechend, den Wert von etwas zu schätzen und es als wertvoll zu erachten. Mit einer wertschätzenden Haltung wird ausgedrückt, dass wir etwas achten, anerkennen und respektieren. Mit Wertschätzung wird eine positive Bewertung zum Ausdruck gebracht.

Wertschätzung hat eine soziale Dimension, weil sie anderen Menschen signalisiert, dass wir ihre Stärken sehen, positiv bewerten und anerkennen. Sie kann auf drei Ebenen zum Ausdruck gebracht werden (Engelmann 2012).

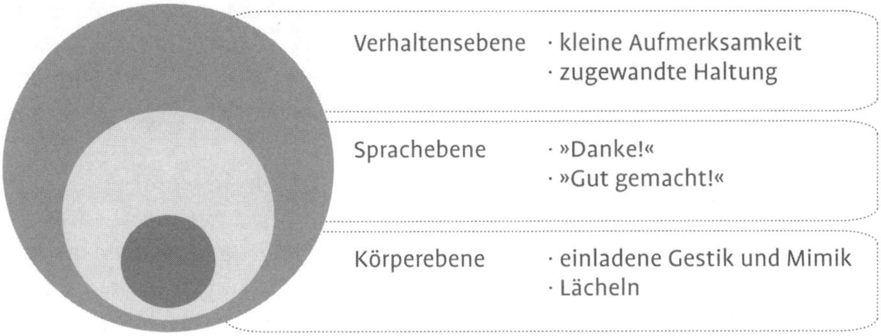

Wie wirkt Wertschätzung?

Wer im Berufsleben Wertschätzung und Anerkennung erfährt, der wird gestärkt, dessen Selbstbewusstsein und Selbstwertgefühl steigen, was eine erhöhte Selbstsicherheit zur Folge hat. Je selbstsicherer wir agieren, desto mehr sind wir dazu in der Lage, erfolgreich zu sein. Weil wir wissen, was wir können, und weil wir uns trauen, genau das zu zeigen. Das erklärt auch, warum uns Wertschätzung so guttut. Wenn Mitarbeiter sich wertgeschätzt fühlen, dann danken sie es damit, dass sie sich verstärkt involvieren, sich dem Unternehmen verbunden fühlen und nicht innerlich kündigen!

Warum ist Wertschätzung ein Erfolgsfaktor?

Die Gallup-Studie, die 2013 veröffentlicht wurde, zeigt es: 85 Prozent der Arbeitnehmer fühlen sich dem Unternehmen, für das sie arbeiten, nicht verpflichtet! 61 Prozent der Beschäftigten machen lediglich Dienst nach Vorschrift und engagieren sich nicht wirklich. Der Hauptschuldige laut Gallup: der direkte Vorgesetzte! Was bedeutet das? Die Personalberaterin Heike Cohausz erklärt: »Menschen kommen zu Unternehmen und verlassen Vorgesetzte.« Das ist dramatisch! Doch wie kommt das zustande? Sicher hat keiner der Vorgesetzten das Ziel, seine Mitarbeiter zu demotivieren und zu vergraulen – aber in der Praxis ist genau das der Fall.

Wer seinen Arbeitsplatz wechselt, kommt voller Hoffnungen und Engagement, möchte etwas erreichen, sich mit dem Unternehmen identifizieren, zeigen, was er leisten kann, und erfolgreich sein. Doch was passiert eigentlich auf dem Weg, dass aus solchen Mitarbeitern desillusionierte, demotivierte und oftmals lustlose Mitarbeiter werden? Viele machen die Erfahrung, dass sich ihr Engagement und ihre Leistung nicht auszahlen. Das ist schon alles. Das ist natürlich nicht monokausal zu betrachten, aber ich stelle die Vermutung an, dass es zu einem großen Teil darin begründet ist, dass sich diese Mitarbeiter nicht wertgeschätzt fühlen. Und mehr als das: Sie stehen unter ständigem Leistungsdruck, positives Feedback fehlt und ihre Ideen werden von den meisten Vorgesetzten weder gehört noch geschätzt. Ein fataler Fehler!

Wertschätzung ist eine Frage der Haltung, die wir dann einnehmen, wenn unserer Meinung nach etwas oder jemand eine positive Bewertung verdient. Wertschätzung ist ein Geschenk, das Führungskräfte sich selbst und anderen machen können. Wenn sie ihren Mitarbeitern aufrichtig Wertschätzung schenken, ist das der erste Schritt in Richtung einer Unternehmenskultur, deren basale Werte Wertschätzung und Vertrauen sind!

Wertschätzung gelingt vor allem dann, wenn folgende Prämisse erfüllt ist: **Führungskräfte müssen Menschen mögen!**

Für mich ist unbegreiflich, dass Unternehmen auf diese Erkenntnisse nicht reagieren und ihren Fokus darauf richten, dass die Mitarbeiter als Menschen wahrgenommen werden und dass sie zufrieden im Job sind – und nicht nur oberflächlich betrachtet. Ich finde es dramatisch, dass Wertschätzung nicht die oberste Handlungsmaxime in Unternehmen ist. – Das Potenzial, das dadurch ungenutzt bleibt, ist sicher so groß, dass die Effizienz in den meisten Unternehmen allein dadurch gesteigert werden könnte, dass Mitarbeiter durch eine wertschätzende Haltung dazu ermutigt werden, sich und ihre Ideen einzubringen. So manch eine Unternehmensberatung würde dadurch obsolet.

Meine Erfahrung mit Wertschätzung in Unternehmen

Vor Jahren habe ich einen Kurs an der Universität zum Thema »Arbeit – Glück – Gesundheit« im Masterstudiengang Wirtschaftspsychologie gegeben. Mehr als die Hälfte der Studenten hatten sich für den Master entschieden, weil sie überaus frustriert im Wirtschaftsleben waren. Die mangelnde Anerkennung und Wertschätzung für ihr Tun waren bei diesen Studenten eine so gravierende Erfahrung, dass sie die weitere Studienzeit gern in Kauf nahmen, um nicht mit der nicht wertschätzenden Realität konfrontiert zu werden. Doch wenn ich ehrlich bin, hat mich das nicht gewundert, denn durch das Coaching von Führungskräften, die Arbeit mit Studenten an der Hochschule, die ja Vollzeit arbeiten, und meine Tätigkeit in Unternehmen vor Ort weiß ich, dass vielen Mitarbeitern Anerkennung fehlt.

Viele von ihnen haben mir anvertraut, dass ihnen ihre Arbeit sofort viel mehr Freude machen würde und sie sich weitaus motivierter fühlen würden, wenn sie das Gefühl hätten, ihr Vorgesetzter erkenne an, was sie jeden Tag vollbringen. Sie erwarten gar kein direktes Lob oder ein Schulterklopfen, aber ein anerkennendes

Nicken und eine wertschätzende Geste würden ihre Erwartungen schon übertreffen. Stattdessen bekommen sie fast ausschließlich negative Rückmeldungen, wenn Fehler passieren oder die Ergebnisse nicht erwartungsgemäß sind. Ich finde diese Realität dramatisch und möchte sie auch nicht beschönigen, zumal ich denke: Wertschätzung kostet nichts und wirkt doch immer!

Mittwoch ist der Tag der Wertschätzung – eine Geschichte aus der Praxis

Als ich vor einiger Zeit mit einer Kollegin eine Reihe von Workshops in einem mittelständischen Unternehmen durchführte, hörte ich von den Mitarbeitern immer wieder, dass sie zu wenig Anerkennung durch ihre Führungskräfte und auch die Geschäftsleitung erführen, was im höchsten Maße Frust generierte. Im Gespräch mit der Geschäftsleitung stellte sich heraus, dass diese sich ebenfalls nicht ausreichend geschätzt fühlte, obwohl sie auch in einer schwierigen Zeit für das Unternehmen diverse Veranstaltungen für die Angestellten organisiert und das Weihnachtsgeld aufgestockt hatte. Es war an der Zeit, dass die Unternehmenskultur anders geprägt wurde – Wertschätzung hielt Einzug. Und da der Fisch immer vom Kopf an zu stinken beginnt, wie man bei uns in Norddeutschland sagt, war es an der Geschäftsführung, wertschätzend auf die Mitarbeiter zuzugehen. Das wurde den Mitarbeitern kommuniziert, die ihrerseits darin trainiert wurden, wertschätzend miteinander umzugehen. Es wurde ein fester Wochentag eingerichtet, an dem Wertschätzung geübt werden sollte. Der Leitspruch lautete: Mittwoch ist der Tag der Wertschätzung!
Was glauben Sie, was passierte? Wie war die Resonanz? – Nach der ersten Woche bekamen wir zu hören: »Das mit dem Mittwoch funktioniert so nicht! Als mir letzten Mittwoch jemand etwas Nettes gesagt hat, wusste ich nicht, ob er es so meinte oder ob es nur wegen des Wochentags war.«
Auch nach der zweiten Woche war Protest vernehmenbar: »Wieso sollen wir denn nur mittwochs wertschätzend sein? Das geht doch wohl jeden Tag.«
Sehen Sie, und genau das war der Effekt, den wir erzielen wollten: Natürlich ist nicht nur Mittwoch ein guter Tag für Wertschätzung, aber wenn wir von vornherein angeregt hätten, dass die Menschen in dem Unternehmen sich wertschätzen sollten, dann wäre das nach ein paar Tagen, spätestens nach ein bis zwei Wochen wieder in Vergessenheit geraten. So aber wurde eine Verknüpfung von Wertschätzung mit Mittwoch geschaffen – und genau das war die Intention.
Nach zwei weiteren Wochen erzählten uns die Mitarbeiter von schönen Begebenheiten, die sie untereinander erfahren hatten und wie gut diese ihnen taten. Der Effekt war für uns als Externe sehr gut wahrnehmbar – das Klima hatte sich spürbar geändert. Es wurde weniger gemeckert und die Mitarbeiter waren motivierter.

Eines ist sicher: Um dauerhaft eine wertschätzende Unternehmenskultur zu implementieren, reichen keine vier oder sechs Wochen aus – aber ein Anfang ist gemacht. Wenn dann im Sinne der Nachhaltigkeit das Thema immer wieder auf der Tagesordnung steht und auch tatsächlich – insbesondere von der Führungsmannschaft – im Unternehmen gelebt wird, dann stehen die Chancen dafür gut.

Wie Sie diese Arbeitsblätter im Coaching verwenden können

Wertschätzung will gelernt sein, denn es geht nicht darum, undifferenziertes Lob mit der Gießkanne auszuschütten, in der Hoffnung, dass es schon den Richtigen trifft. Nein, das Gegenteil ist der Fall! Wertschätzung ist eine Kunst, denn sie ist die Fähigkeit, das Positive, Starke, Gute im anderen sehen zu können. Wer darauf trainiert ist, das Gute im anderen zu sehen, dem wird es nicht schwerfallen, angemessen Wertschätzung zu schenken! Es gibt nämlich sehr viel mehr Gutes als Schlechtes zu sehen (Abbildung von INTEGRAL TRAINING).

Das Gute im anderen sehen können	So sollte Wertschätzung sein, damit sie wirkt
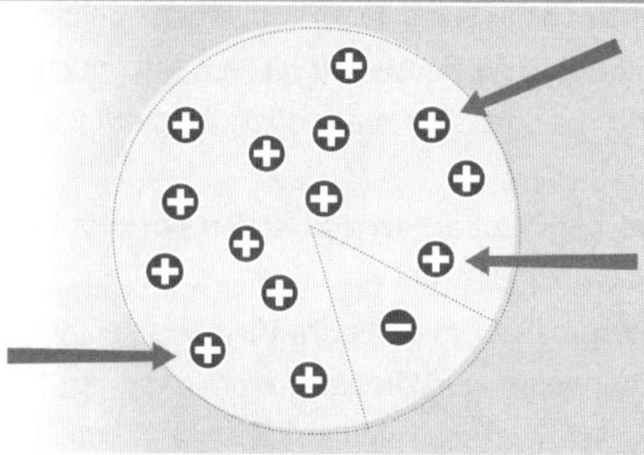	individuell
	maßgeschneidert
	angemessen
	aufrichtig
	zeitnah
	auf Augenhöhe

Gerade Führungskräften in Sandwichpositionen fällt es schwer, wertschätzend zu sein, da es ihnen selbst oftmals an Wertschätzung seitens ihres Vorgesetzten mangelt. Das kann damit zusammenhängen, dass die Aufmerksamkeit auf Defizite und Fehler ausgerichtet ist, und dann fällt es auch schwer, den Trend dagegenzusetzen. Dann könnten Sie immer noch den Tag der Wertschätzung als Idee antragen.

Generell stellt ein Coaching eine gute Gelegenheit dar, über dieses äußerst wichtige Thema zu sprechen! Informieren Sie Ihren Coachee über die positive Wirkung von Wertschätzung, ja, mehr noch: Inspirieren Sie ihn durch Ihre eigene wertschätzende Haltung dazu. Leben Sie es ihm vor!

Arbeitsblatt 64: Gute Karten für Wertschätzung

Wertschätzung ist einer der am meisten unterschätzten Erfolgsfaktoren.

- Wertschätzung – was ist das eigentlich für Sie? Was verstehen Sie unter Wertschätzung? Woran denken Sie bei Wertschätzung? Tragen Sie Ihre Gedanken dazu ein.

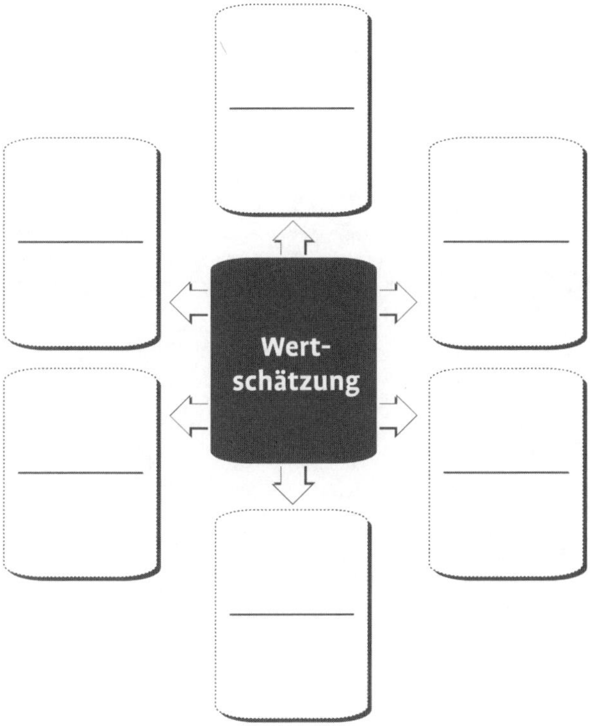

Arbeitsblatt 65: Schauen Sie sich selbst in die Karten!

Damit Sie sich Ihrer selbst bewusst werden, betrachten Sie die Gründe, warum das Ihre Karten in puncto *Wertschätzung* sind, einmal näher.

- Übertragen Sie zunächst die Antworten Ihres Kartensets von Arbeitsblatt 64 in die linke Spalte. Schreiben Sie dann die unterschiedlichen Gründe in die rechte Spalte.

Wertschätzung ...	..., weil ...
1.	
2.	
3.	
4.	
5.	
6.	

Arbeitsblatt 66: Wie wertvoll ist Wertschätzung für Sie?

Wertschätzung beschreibt eine innere Haltung anderen Menschen gegenüber. Wertschätzung heißt, den Wert von etwas zu schätzen und es als wertvoll zu erachten. Eine wertschätzende Haltung drückt aus, dass wir etwas achten, anerkennen und respektieren. Das erklärt auch, warum uns Wertschätzung so guttut.

- Beantworten Sie die folgenden Fragen.

Wie wichtig ist Wertschätzung für Sie? 1 ☐ 2 ☐ 3 ☐ 4 ☐ 5 ☐ 6 ☐ 7 ☐ 8 ☐ 9 ☐ 10 ☐

Diesen Wert habe ich angekreuzt, weil

Wie sehr drücken Sie Ihre Wertschätzung anderen gegenüber aus? 1 ☐ 2 ☐ 3 ☐ 4 ☐ 5 ☐ 6 ☐ 7 ☐ 8 ☐ 9 ☐ 10 ☐

Diesen Wert habe ich angekreuzt, weil

Warum ist Wertschätzung ein Erfolgsfaktor im Beruf?

Welche Rolle spielt Wertschätzung in Ihrem Beruf?

Wie würden Sie den Umgang zwischen Führungskräften und Mitarbeitern in dem Unternehmen, in dem Sie tätig sind, beschreiben?

Arbeitsblatt 67: Geben und Nehmen

Wertschätzung stellt das Fundament guter Beziehungen und guter Zusammenarbeit dar. Wertschätzung lässt sich auf drei unterschiedlichen Ebenen ausdrücken:
Übrigens: Der kürzeste Weg zwischen zwei Menschen ist ein Lächeln!

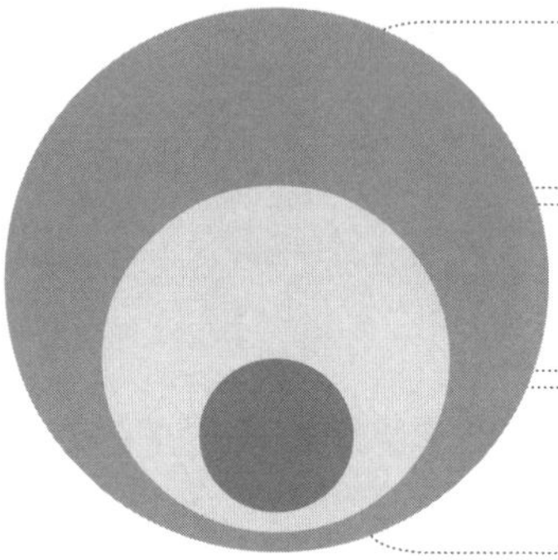

Verhaltensebene	· kleine Aufmerksamkeit · zugewandte Haltung
Sprachebene	· »Danke!« · »Gut gemacht!«
Körperebene	· einladene Gestik und Mimik · Lächeln

Wie erleben Sie Wertschätzung im Berufsleben?

Wofür schenken Sie anderen Ihre Wertschätzung?

Wie bringen Sie Ihre Wertschätzung anderen gegenüber zum Ausdruck?

Auf welcher Ebene drücken Sie im Beruf Ihre Wertschätzung aus? Begründen Sie Ihre Antwort.

Wertschätzung sollte idealerweise maßgeschneidert sein – der eine mag es, wenn er Ihre Wertschätzung unter vier Augen erhält, einem anderen ist es dagegen wichtig, vor anderen gelobt zu werden. Wie handhaben Sie das?

Wie viel Zeit nehmen Sie sich für Wertschätzung, Lob und Anerkennung?

4 zu 1 – so lautet das ideale Verhältnis von Lob zu Kritik. Was halten Sie davon?

Wie würden Sie das umsetzen?

Arbeitsblatt 68: Respekt!

Im Berufsleben Wertschätzung und Anerkennung zu erhalten stärkt das Selbstbewusstsein und das Selbstwertgefühl. Je selbstsicherer wir agieren, desto mehr sind wir dazu in der Lage, erfolgreich zu sein. Weil wir wissen, was wir können, und weil wir uns trauen, genau das zu zeigen!

- Bitte lesen Sie die folgenden Aussagen aufmerksam durch und kreuzen Sie dann die für Sie zutreffende Antwort an (1 = trifft gar nicht zu, 2 = trifft etwas zu, 3 = trifft überwiegend zu, 4 = trifft völlig zu).

Wertschätzung ...	1	2	3	4
ist essenziell für ein gutes Arbeitsklima				
die ich von anderen erhalte, motiviert mich				
bedeutet für mich so viel wie Anerkennung, Respekt und Wohlwollen				
wird überschätzt. Ich halte es mit dem Motto: Nicht gemeckert ist schon gelobt.				
gibt es im Berufsleben viel zu wenig, was ich sehr schade finde				
spielt in unserem Unternehmen eine wichtige Rolle				
praktiziere ich sorgsam im Umgang mit meinen Mitarbeitern				
bekomme ich im Job so gut wie gar nicht				
bekomme ich glücklicherweise in meinem Privatleben				
ist für meinen Chef ein Fremdwort				
bekomme ich zu wenig				
könnte ich anderen mehr zeigen				

Arbeitsblatt 69: Keine Einbahnstraße …

Wertschätzung ist eine Frage der Haltung, die wir dann einnehmen, wenn unserer Meinung nach etwas oder jemand eine positive Bewertung verdient. Wertschätzung ist ein Geschenk, das Sie sich selbst und anderen machen können. Wenn Sie Ihren Mitarbeitern aufrichtig Wertschätzung schenken, ist das der erste Schritt in Richtung einer Unternehmenskultur, deren basale Werte Wertschätzung und Vertrauen sind. Bitte füllen Sie die nachstehende Tabelle aus.

Wofür haben Sie sich selbst letzte Woche (in der letzten Zeit) Ihre Wertschätzung geschenkt?
Welchen Effekt hatte das für Sie persönlich?
Wofür schenken Sie Ihren Mitarbeitern im Allgemeinen Ihre Wertschätzung?
Wie sehen bei Ihnen Mitarbeitergespräche generell aus: Wie viel Zeit nehmen Sie sich für anerkennende Worte und wie viel für »Gemecker«, in der Sie deutlich machen, was alles nicht gut läuft?
Inwiefern ist es für eine wertschätzende Haltung wohltuend, nichts für selbstverständlich zu halten, sondern wertzuschätzen, was Ihre Mitarbeiter konkret Tag für Tag leisten?
Inwiefern ist es Ihrer Ansicht nach sinnvoll, Ihren Mitarbeitern in regelmäßigen Abständen Ihre Wertschätzung zu schenken? Was halten Sie davon, wenn Sie das ritualisiert handhaben würden?

Wertschätzung hat in Bezug auf Zusammenarbeit eine soziale Dimension, heißt es doch, die Stärken anderer zu sehen, diese als positiv zu bewerten und das dann noch demjenigen gegenüber auszudrücken.

Anderen Wertschätzung schenken	Wertschätzung von anderen erhalten
Wofür haben Sie letzte Woche anderen Ihre Wertschätzung geschenkt?	Wofür haben Sie letzte Woche Wertschätzung von anderen erhalten?
Was hat dazu geführt, dass Sie das getan haben?	Was hat Ihrer Ansicht nach dazu geführt, dass der andere das getan hat?
Wie hat Ihr Gegenüber darauf reagiert?	Wie haben Sie darauf reagiert?
Welchen positiven Effekte hatte Ihr Verhalten?	Welchen positiven Effekt hatte das für Sie?

Denken Sie an Erich Kästner: »Es gibt nichts Gutes, außer man tut es!« Praktizieren Sie aktiv Wertschätzung!

Arbeitsblatt 70: Das Wertschätzungsquadrat

»Wertschätzung bedeutet, dass alle Beschäftigten [...] unter anderem in ihren besonderen Stärken erkannt, geschätzt und entsprechend eingesetzt werden« (Langhoff 2009, S. 239).

- Beurteilen Sie die folgenden Hypothesen.

Wertschätzung hat eine gesundheitsfördernde Wirkung.	Wertschätzung motiviert effizient.
Menschen benötigen Wertschätzung wie Fische das Wasser.	Mit steigender Wertschätzung steigt das Engagement der Mitarbeiter.

Anmerkung: Das Erkenntnisblatt »Drei Erkenntnisse aus dem Thema Wertschätzung, die Sie für sich mitnehmen« erhalten Sie als Download.

Klarheit

Sozialkompetenz-Erfolgsfaktor Nr. 4: Klarheit

Dieser Abschnitt gibt Ihnen einen Einblick darüber, wie wichtig es für Führungskräfte ist, mit sich selbst klar zu sein, damit sie diese Führungskompetenz im Berufsalltag anwenden können. Voraussetzung dafür: Ihre Klienten müssen wissen, was sie »wirklich-wirklich« wollen. Sie erfahren, inwiefern Grenzsetzung und Konsequenz damit in Verbindung stehen und warum es so wichtig ist, klare Worte zu finden.

Übersicht über die dazu erstellten Arbeitsmaterialien

- Arbeitsblatt 71: Gute Karten für Klarheit
- Arbeitsblatt 72: Schauen Sie sich selbst in die Karten!
- Arbeitsblatt 73: Bitte wählen Sie!
- Arbeitsblatt 74: Konzentration auf das Wesentliche
- Arbeitsblatt 75: Grenzen setzen
- Arbeitsblatt 76: Sprechen Sie Klartext!
- Arbeitsblatt 77: Klarheit macht das Leben leichter
- Erkenntnisblatt als Download: Drei Erkenntnisse aus dem Thema Klarheit, die Sie für sich mitnehmen

Was ist Klarheit?

Unter Klarheit ist eine Fähigkeit zu verstehen, die am Ende des internen Denkprozesses steht, der die folgenden Schritte umfasst: sich über die eigenen Handlungsoptionen klar werden, eine Entscheidung treffen, diese eindeutig und unmissverständlich artikulieren können, dabei eigene Grenzen definieren und diese berechenbar für andere deutlich machen zu können, sowie das dazu passende Verhalten.

Überdies bedeutet Klarheit auch, auf den Punkt kommen zu können, sich auf das Wesentliche zu konzentrieren (und nicht auf Nebengleisen unterwegs zu sein) und Prioritäten zu setzen.

Warum ist es für Führungskräfte wichtig, klar zu sein?

»Denken ist die schwerste Arbeit ist, die es gibt. Das ist wahrscheinlich auch der Grund, warum sich so wenig Leute damit beschäftigen.«

Henry Ford

Klarheit birgt drei Dimensionen und wartet mit einem positiven Resultat auf:

- Zum einen ist es eine notwendige **Voraussetzung für erfolgreiche Führung,** sich über die eigenen Ziele und die dazu erforderlichen Etappen klar zu werden. Denn eine Führungskraft kann andere nur gut führen, wenn sie weiß, in welche Richtung der Weg führen soll. Wie sagte schon Seneca: »Wer den Hafen nicht kennt, in den er segeln will, für den ist kein Wind günstig.« Die Führungskraft muss genau wissen, was sie will. Und auch, was sie nicht will!
- Zum Zweiten ist eine klare Kommunikation dieser Ziele und Erwartungen erforderlich, um den Mitarbeitern durch eine klare, eindeutige und berechenbare Führung **Sicherheit und Orientierung** zu geben. Darin inbegriffen sind klare Regeln und Handlungsmaximen.
- Als Drittes ist das **konkludente Handeln** zu nennen. Es bedarf eines klaren und eindeutigen Verhaltens, das kongruent mit den ausgegebenen Zielen und Entscheidungen ist.

Inwiefern führt Klarheit zum Erfolg? Die Antwort ist eindeutig: Wer seine Mitarbeiter klar und unmissverständlich führen kann, erreicht dadurch, dass die Mitarbeiter ihren Spielraum und Handlungsrahmen klar und unmissverständlich kennen. Sie müssen nicht »schwimmen« und fühlen sich wie »auf weichem Grund«, wie

Kurt Lewin es formulierte, sondern sie wissen, wo sie stehen, und fühlen sich sicher. Sie können sich darauf verlassen, dass ihr Vorgesetzter eine Entscheidung getroffen hat, zu der er auch im Nachhinein klar Stellung beziehen kann. Dass dieser Strategie eine Reihe von kleinen und großen Entscheidungen vorausgegangen ist, die einer Checkliste von »will ich« und »will ich nicht« gleicht, ist für die Mitarbeiter nicht so relevant wie die Berechenbarkeit, die für den gemeinsamen Weg erforderlich ist. Verlässlichkeit und Kontinuität sind hohe Werte für Mitarbeiter im Zusammenhang mit ihrem Vorgesetzten.

»Alles, was sich aussprechen lässt, lässt sich klar aussprechen.«

Ludwig Wittgenstein

Eine große Rolle spielt dabei im zweiten Schritt eine klare Sprache. Nachdem Ihr Klient für sich selbst Klarheit gewonnen hat – vielleicht ja auch durch Ihre Arbeit mit ihm –, ist es von großer Bedeutung, dass diese Ziele authentisch, transparent und eindeutig formuliert werden. Wenn in der Abteilung ein wertschätzendes Klima herrscht, dann werden Mitarbeiter auch in der Lage sein, nachzufragen und eigene Ideen einzubringen.

Als Drittes führt Klarheit zum Erfolg, wenn die Werte des Vorgesetzten Gradlinigkeit, Berechenbarkeit und Konsequenz, Verlässlichkeit und Kontinuität sind. Gute Führung ist auf diese Art und Weise auch bei Veränderungen und in stürmischen Zeiten möglich – und in der Wirtschaft stehen doch immer Veränderungen an und die Zeichen immer auf Sturm.

Welches »Missverständnis« verhindert oftmals, dass Führungskräfte klar agieren?

Wenn Führungskräfte aus den eigenen Reihen kommen, dann scheuen sie sich manchmal (oder oftmals?), klar mit ihren Mitarbeitern zu sein, die vorher noch ihre Kollegen waren. Das kann damit zusammenhängen, dass sie in ihrer Rolle noch nicht angekommen sind, und auch damit, dass Klarheit und klare Worte sprechen oftmals mit Härte und Unnachgiebigkeit verwechselt werden. Erst wenn diese Führungskräfte verstehen, dass Klarheit und Wertschätzung kein Widerspruch sind, sondern dass Klarheit insbesondere in einem Klima voller Wertschätzung greift, sehen sie sich dazu imstande, klar zu handeln.

Was Sie im Coaching mit den Arbeitsblättern in puncto Klarheit erreichen können

Eine meiner Lieblingsübungen, die ich für sehr effizient und tief gehend halte, ist die »Wirklich-wirklich«-Übung. Diese ist in vier Schritten durchzuführen. – Lassen Sie Ihren Klienten die einzelnen Kreise per Hand ausschneiden und nacheinander auf das erste Arbeitsblatt aufkleben, denn so kann er seine Ziele im wahrsten

Sinne des Wortes begreifen. Entwickeln Sie gemeinsam mit ihm Schritt für Schritt den Weg zu seinem Kernziel. Durch diese Konzentration auf das Wesentliche und die Reduktion auf seine Kernintention bringen Sie gemeinsam die Dinge auf den Punkt wie bei einer Zielscheibe. Denken Sie daran, dass Sie jeden Schritt einzeln durchführen, damit die »Pointe« – der vierte Schritt –nicht sofort ersichtlich ist.

Verdeutlichen Sie Ihrem Coachee, wie wichtig Klarheit als Führungsinstrument ist. Fragen Sie ihn nach seinen Erfahrungen mit Vorgesetzten und inwiefern Klarheit als positiv und effektiv zu bewerten ist. Unterstützen Sie ihn dabei,

- aufrichtig die eigenen Ziele zu erforschen
- seine Grenzen zu erkennen
- kongruent zu handeln
- klar zu kommunizieren
- eindeutig in der Körpersprache zu sein
- deutlich zu sprechen

Seien Sie selbst in Ihrer Arbeit ebenso klar und eindeutig. Sie können in dieser Hinsicht ein Vorbild für Ihren Klienten sein, an dem er sich seinerseits orientieren kann. Wenn Sie der Ansicht sind, dass Ihrem Klienten ein Mehr an Klarheit guttun würde, dann sagen Sie es ihm.

Aus dem Nähkästchen geplaudert ...

Sicher kennen Sie das auch, dass einige Klienten trotz eindeutigen Wunschs nach Zielklarheit doch zunächst lieber auf Nebengleisen unterwegs sein wollen. Wenn ich diesen Eindruck gewinne, spreche ich das ganz offen im Coaching an. Unter uns: Ich bezeichne es als »Nebelkerzen werfen«. Meine Klienten wissen dann oft schon sehr genau, warum ich diesen Eindruck gewonnen habe – wunderbar, denn so sind wir einer Blockade auf die Spur gekommen, die ein Hindernis auf dem Weg zum Ziel darstellt. Ein sehr wertvoller Hinweis ...

Arbeitsblatt 71: Gute Karten für Klarheit

Eines ist klar: Klarheit ist ein Erfolgsfaktor ...

- Was ist Klarheit für Sie? Woran denken Sie, wenn Sie das Wort Klarheit hören? Was verstehen Sie unter Klarheit? Tragen Sie Ihre Gedanken ein.

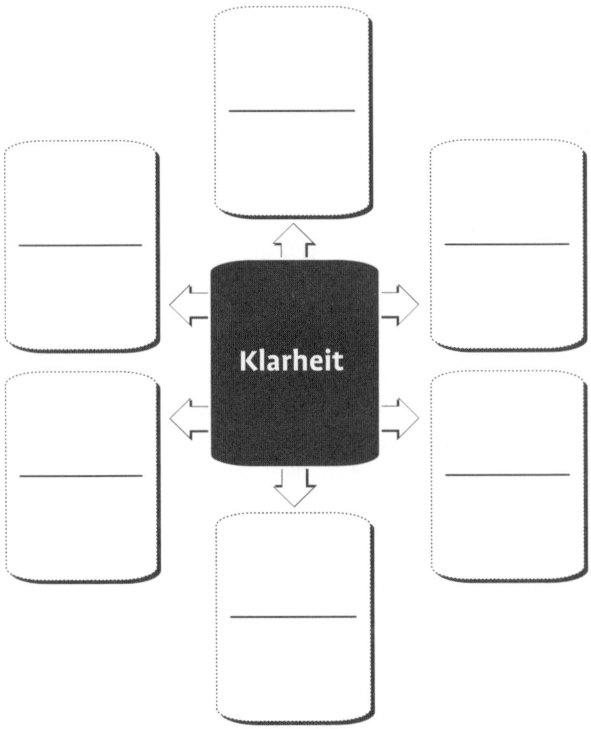

Arbeitsblatt 72: Schauen Sie sich selbst in die Karten!

Damit Sie sich Ihrer selbst bewusst werden, betrachten Sie die Gründe, warum das Ihre Karten in puncto Klarheit sind, einmal näher.

- Übertragen Sie zunächst die Antworten Ihres Kartensets von Arbeitsblatt 71 in die linke Spalte. Schreiben Sie dann die unterschiedlichen Gründe in die rechte Spalte.

Bei Klarheit denke ich an ...	..., weil ...
1.	
2.	
3.	
4.	
5.	
6.	

Arbeitsblatt 73: Bitte wählen Sie!

Der Erfolgsfaktor Klarheit ist für Sie als Führungskraft gegenüber Ihren Mitarbeitern unter genau einer Prämisse umsetzbar: Sie müssen sich selbst darüber im Klaren sein, was Sie wollen! Und auch über das, was Sie nicht wollen! Dann wird es Ihnen möglich sein, klar zu führen. Wenngleich es im Leben natürlich mehr gibt als Schwarz oder Weiß, so lässt sich Klarheit doch eindeutig darauf zurückführen, dass sie das Resultat vieler kleiner und großer Entscheidungen ist. Auch wenn es Ihnen nicht jedes Mal vollends bewusst ist, so sind Sie innerlich doch quasi eine Checkliste von »will ich« und »will ich nicht« oder »wähle ich« und »wähle ich nicht« durchgegangen, bevor Sie zu Ihrer Entscheidung gekommen sind.

Wie wichtig ist Ihnen als Führungskraft Klarheit als Erfolgsfaktor?

Wofür benötigen Sie Klarheit in Ihrem Beruf?

Inwiefern gelingt es Ihnen, klar mit Ihren Mitarbeitern zu sein und Klartext zu sprechen?

Was fällt Ihnen daran eher leicht, was eher schwer?

Wie schätzen Sie das ein: Inwieweit würden Ihre Mitarbeiter Ihren Führungsstil als klar beschreiben?

Was ist in Ihnen selbst manchmal nicht ganz klar?

Was würden Sie sich persönlich raten, damit Sie sich selbst im Klaren darüber sind, was Sie möchten und wie Sie das kommunizieren können?

Wobei bedarf es in Ihrem Berufsalltag noch mehr an Klarheit?

Inwieweit stimmen Sie der Aussage zu: »Je komplexer die Themen, desto bedeutsamer die Klarheit.«

Arbeitsblatt 74: Konzentration auf das Wesentliche

Konzentrieren Sie sich auf das Wesentliche in Ihrem Beruf – die wesentlichen Ziele, die wesentlichen Maßnahmen, die wesentlichen Aufgaben und die wesentlichen Gespräche. Doch was genau ist das Wesentliche, mögen Sie sich fragen? Die folgende Übung wird Ihnen dabei helfen, das für Sie Wesentliche herauszufinden (Ben-Shahar 2007, S. 120). Wählen Sie bitte zunächst aus, bei welchem Thema Sie noch Klarheit benötigen und das Wesentliche ausfindig machen möchten:

- Machen Sie sich klar, was Sie tun **können,** und tragen Sie das in den ersten Ring ein.
- Von diesen Dingen wählen Sie bitte diejenigen aus, die Sie tun **wollen.**
- Nun tragen Sie in diesen dritten Ring die Dinge ein, die Sie tun können, wollen und **wirklich wollen.**

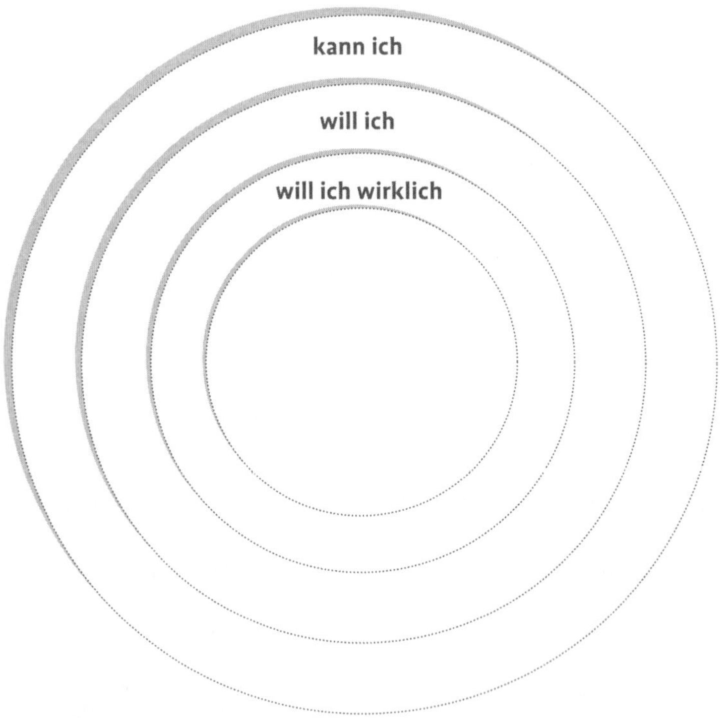

- Bitte erst weiterlesen, wenn Sie die ersten drei Schritte durchgeführt haben. Nun schreiben Sie in die Mitte »will ich wirklich-wirklich …« und tragen die Dinge ein, die Sie **wirklich-wirklich wollen.**

Arbeitsblatt 75: Grenzen setzen

Die Führungsstärke Klarheit steht im direkten Zusammenhang mit der Fähigkeit, Grenzen setzen zu können. Nur wer sich im Klaren darüber ist, was er will und was nicht, der kann deutlich sein und seine Grenzen festlegen. Wie denken Sie über die Fähigkeit, Grenzen klar setzen zu können?

- Kreuzen Sie die Antwortmöglichkeit an, die Sie zutreffend finden (1 = trifft gar nicht zu, 2 = trifft etwas zu, 3 = trifft überwiegend zu, 4 = trifft völlig zu).

Wenn jemand Grenzen setzt, …	1	2	3	4
ist das Ausdruck dafür, die eigenen Bedürfnisse wahrnehmen zu können				
verbinde ich das mit persönlicher Freiheit				
bewundere ich das, denn ich kann das nicht				
gelingt das nur, wenn er vorher eigene Grenzen erkennt				
empfinde ich das als egoistisch und hart				
ist das Teil der Spielregeln in dem Unternehmen, für das ich tätig bin				
ist das nichts für mich. Ich habe damit bis jetzt schlechte Erfahrungen gemacht				
ist das viel zu riskant. Ich mache das nicht, sondern setze lieber ein Pokerface auf – das ist sicherer				
… Ganz ehrlich: Das macht doch keiner richtig gern				
kann man auch nichts machen				
schafft Sicherheit bei den Mitarbeitern, dann weiß jeder, woran er ist				
ist er nicht teamfähig				
gibt mir das Orientierung. Ich finde das gut				

Arbeitsblatt 76: Sprechen Sie Klartext!

Sagen Sie es nicht durch die Blume, sondern sprechen Sie Klartext mit anderen. Wenn Sie wissen, was Sie sagen möchten und wo Sie als Führungskraft mit Ihrer Mannschaft hinwollen, dann beziehen Sie Stellung: Klar, unmissverständlich und deutlich! Ohne Umschweife und dennoch wertschätzend! Beschränken Sie sich darauf, das zu sagen, was wirklich wichtig ist, und lassen Sie Unwichtiges weg.
Klarheit als Führungskompetenz dient dazu, dass Ihre Mitarbeiter wissen, woran sie sind. Sie als Führungskraft werden dadurch berechenbar und geben Ihren Mitarbeitern Halt und Orientierung, denn wo Klarheit herrscht, ist weniger Platz für Missverständnisse, Unsicherheit und Angst.

Wobei bestehen manchmal noch Unklarheiten? Was können Sie dazu beitragen, dass sich der Nebel lichtet?

Welche Erwartungen haben Sie genau an Ihre Mitarbeiter?

Wie können Sie Beziehungen klar und gleichzeitig wertschätzend gestalten?

Was würden Sie gern präziser ausdrücken?

Wie können Sie klar und deutlich sagen, was Sie wollen? Mit welchen Formulierungen?

Wie können Sie klar und deutlich sagen, was Sie nicht wollen? Mit welchen Formulierungen?

Arbeitsblatt 77: Klarheit macht das Leben leichter

Lesen Sie sich die folgenden Zitate aufmerksam durch.

- »Wer so spricht, dass er verstanden wird, spricht gut.« *(Molière)*
- »Alles, was sich aussprechen lässt, lässt sich klar aussprechen.« *(Ludwig Wittgenstein)*
- »Um klar zu sehen, genügt oft ein Wechsel der Blickrichtung.« *(Antoine de Saint-Exupéry)*

Welches der Zitate spricht Sie am meisten an, wenn es um Klarheit geht?

Warum haben Sie sich für dieses Zitat entschieden?

Was ist Ihrer Meinung nach die Quintessenz des Zitats?

Was genau spricht Sie an diesem Zitat mehr an als an den anderen?

Welche Schlüsse ziehen Sie für sich persönlich daraus?

Welche Strategie können Sie für sich daraus ableiten?

Was ist Ihrer Meinung nach die Quintessenz der anderen Zitate?

Was können Sie aus den Zitaten lernen?

Anmerkung: Das Erkenntnisblatt »Drei Erkenntnisse aus dem Thema Klarheit, die Sie für sich mitnehmen« erhalten Sie als Download.

Verantwortungsbereitschaft

Sozialkompetenz-Erfolgsfaktor Nr. 5: Verantwortungsbereitschaft

Dieses Kapitel zeigt Ihnen, warum Verantwortungsbereitschaft ein wesentlicher Erfolgsfaktor ist und wie wichtig es ist, die Verantwortung zu kennen, die man zu tragen hat. Sie erfahren, wie man seiner Verantwortung gerecht werden kann und wie Sie Ihren Spielraum nutzen können.

Folgende Arbeitsblätter stehen Ihnen für die Arbeit mit Ihrem Klienten zur Verfügung:

- Arbeitsblatt 78: Gute Karten für Verantwortungsbereitschaft
- Arbeitsblatt 79: Schauen Sie sich selbst in die Karten!
- Arbeitsblatt 80: Wie viel können Sie tragen? – Wie viel wollen Sie tragen? – Wie viel dürfen Sie tragen?
- Arbeitsblatt 81: Welches Puzzleteil gehört zu Ihnen?
- Arbeitsblatt 82: Werden Sie Ihrer Verantwortung gerecht!
- Arbeitsblatt 83: Nutzen Sie Ihren Spielraum!
- Arbeitsblatt 84: Vertrauen ist der Anfang von allem ...
- Erkenntnisblatt als Download: Drei Erkenntnisse aus dem Thema Verantwortungsbereitschaft, die Sie für sich mitnehmen

Was ist Verantwortungsbereitschaft?

»Führungskräfte dürfen ihren Mitarbeitern nicht die Verantwortung abnehmen, aber sie sollen ihnen helfen, ihre Verantwortung zu tragen.«

frei nach Heinrich Wolfgang Seidel

Laut Duden (http://www.duden.de/rechtschreibung/Verantwortung) steht Verantwortung für die »mit einer bestimmten Aufgabe, einer bestimmten Stellung verbundene Verpflichtung, dafür zu sorgen, dass innerhalb eines bestimmten Rahmens alles einen möglichst guten Verlauf nimmt, das jeweils Notwendige und Richtige getan wird und möglichst kein Schaden entsteht«. Dem ist nichts hinzuzufügen. Verantwortungsbereitschaft ist demnach die Bereitschaft, Verantwortung in diesem Sinne zu tragen, wobei ein wesentliches Merkmal ist, dass einem die Aufgabe auch zugetraut wird – nicht nur überlassen.

Welche Rolle spielt Verantwortungsbereitschaft für den Erfolg?

Verantwortung fällt in den Bereich der sozialen Kompetenz, weil Führungskräfte Verantwortung für ihre Mitarbeiter tragen. Einerseits müssen sie bereit sein, Verantwortung für an sie gestellte Aufgaben zu übernehmen, andererseits tragen sie durch eben diese Aufgabe Verantwortung für viele Menschen und deren Familien, denn die Führungskraft hat dafür Sorge zu tragen, dass die Entscheidungen, die sie trifft, und die Ziele, die sie ausgibt, zu einem erfolgreichen Ergebnis beitragen. Und noch ein ganz entscheidender Punkt: Als Führungskraft tragen sie die Verantwortung für das, was ihre Mitarbeiter tun!

Wie gut die Führungskraft in puncto Verantwortungsbereitschaft ist, zeigt die folgende Geschichte von Alexander Groth (2010, S. 22) über einen Manager:

Verantwortung übernehmen

»Als er noch selbst Mitarbeiter ohne Führungsfunktion war, unterlief ihm ein folgenschwerer Fehler, durch den der Abteilung ein hoher finanzieller Schaden entstand. Ihm und seinem Vorgesetzten war völlig klar, wer den Fehler begangen hatte. Sein Vorgesetzter hatte ihn aber noch nicht zur Rechenschaft gezogen, und er fürchtete sich vor diesem Augenblick. Plötzlich stand sein Chef in seinem Büro und forderte ihn auf, mitzukommen. Auf dem kurzen Weg in die obersten Etagen befahl sein Vorgesetzter ihm, bei der gleich stattfindenden Besprechung keinen Ton zu sagen. Als sie gemeinsam vor dem Büro der Geschäftsführung des Unternehmens standen, rutschte dem Mitarbeiter das Herz in die Hose. Kurz nachdem sie das Büro betraten, gab es von dem wütenden Topmanager mehrere verbale Attacken. Sein damaliger Chef blieb ruhig und nahm alle Schuld auf sich. Er sagte, dass es sein Fehler gewesen sei und er die volle Verantwortung dafür übernehme. Der Mitarbeiter wurde von dem Topmanager nicht beachtet und sagte nichts. Nachdem der Topmanager sich abreagiert hatte, verließen sie beide das Büro. Draußen fixierte ihn sein Chef und sagte langsam und eindringlich: ›So etwas möchte ich nicht noch einmal erleben. Machen Sie einen solchen Fehler nie wieder!‹ Dann drehte er sich um und ging. Der Mitarbeiter ist heute selbst ein erfolgreicher Manager und sagt dazu: ›Nach diesem Tag hätte ich für meinen Chef alles getan. Ich wäre für ihn aus dem Fenster gesprungen, wenn er es verlangt hätte. Von ihm habe ich gelernt, was es heißt, Verantwortung zu übernehmen.‹«

Literaturtipp

Ich empfehle Ihnen das Buch »Führungsstark in alle Richtungen« (2010) von Alexander Groth, da es einen guten Überblick über die Situation von Führungskräften im beruflichen Kontext gibt. Es zeigt sehr gut auf, dass Führungskräfte nicht nur in eine Richtung agieren, sondern eigentlich 360 Grad im Blick haben müssen, um die Dinge im Griff zu haben.

Welche Folgen hat gelebte Verantwortungsbereitschaft für den Erfolg der Führungskraft?

Denken Sie noch einmal an das Ergebnis der aktuellen Gallup-Studie, wonach 81 Prozent der Mitarbeiter sich dem Unternehmen nicht verpflichtet fühlen – und warum? Weil sie eben nicht alles für ihren Chef tun würden, denn sie wissen, dass er auch nicht alles für sie tun würde ... Erfolgreiche Führungskräfte sind diejenigen, denen es gelingt, ihre Mitarbeiter für sich zu gewinnen, denn ohne ihre Mitarbeiter hätten sie keinen Erfolg.

Betrachten Sie nun einmal, was für einen Unterschied es macht, ob Verantwortungsbereitschaft wirklich gelebt wird:

Gelebte Verantwortungsbereitschaft bedeutet, ...	Gelebte Verantwortungsbereitschaft heißt nicht, ...
zu seinen Mitarbeitern zu stehen	die Mitarbeiter bei Problemen und schlechten Ergebnissen im Regen stehen zu lassen
die Konsequenzen tragen zu können	anderen die Schuld zuzuweisen
für Fehler, schlechte Ergebnisse geradezustehen	sich bei negativen Konsequenzen wegzuducken
sich schützend vor seine Mitarbeiter zu stellen und für sie einzutreten	seine Mitarbeiter nicht bestmöglich zu unterstützen, nach dem Motto: »Sollen die doch sehen ...«
Schwierigkeiten intern zu regeln	einen Sündenbock zu suchen
gelebtes Vertrauen	kein Vertrauen in seine Mitarbeiter zu haben
seinen Mitarbeitern etwas zuzutrauen	Aufgaben entsprechend den Stärken des jeweiligen Mitarbeiters zu vergeben

Der Vorgesetzte des Mitarbeiters hat noch etwas ganz Entscheidendes getan dadurch, dass er nicht das »Ich habe keine Schuld«-Spiel gespielt hat – er hat das Vertrauen, das sein Mitarbeiter zu ihm hat, nicht enttäuscht. Ein Punkt von hoher Relevanz, denn ohne Vertrauen ist keiner wirklich motiviert und ohne Vertrauen will keiner die Verantwortung übernehmen. Vertrauen ist wie ein rohes Ei, das leicht zerbrechen kann, weshalb wir sehr sorgsam damit umgehen müssen.

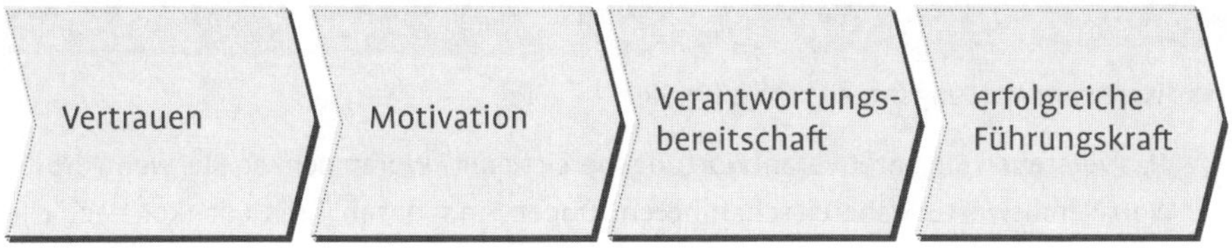

Conclusio: Vertrauen bildet die Basis für Verantwortungsbereitschaft, die gelebt wird. Diese wirkt sich unmittelbar positiv auf den Unternehmenserfolg und damit den Erfolg der Führungskraft aus.

Wie Sie die Arbeitsmaterialien im Coaching einsetzen können

Die Arbeitsblätter eignen sich hervorragend dafür, die Bedeutung von Verantwortungsbereitschaft im Berufsalltag zu verdeutlichen. Ebenso wird die Beziehung von Verantwortung-Aufgabe-Kompetenz deutlich. Dabei ist es auch ratsam, zu betonen, dass die Verantwortung für eine Aufgabe genau einmal übernommen und getragen werden muss, damit es klare Zuständigkeiten im Unternehmen gibt. Zeigen Sie auf, wie wichtig das ist. Unterstützen Sie Ihren Klienten auch darin, den Spielraum, der ihm dabei zur Verfügung steht, proaktiv auszunutzen. Wenn es um die Verteilung von Aufgaben und um Delegation geht, kann es sehr nützlich sein, sich eingehend mit Verantwortung zu beschäftigen.

Jede Führungskraft sollte den Zusammenhang zwischen Mitarbeiterbindung, Verantwortungsbereitschaft und Vertrauen kennen. Hier liegt aus meiner Sicht nämlich das größte Potenzial, das Unternehmen zur Verfügung steht – helfen Sie Ihrem Klienten dabei, dieses Potenzial nutzbar zu machen.

Die Übung mit dem Seil

Diese Übung habe ich von einem meiner Professoren in einer Diplomprüfung erfahren – ich finde sie sehr effektiv! Nehmen Sie ein Seil und bitten Sie Ihren Klienten, alle Aufgaben des Teams daran zu befestigen – dann soll er die dafür zuständigen und verantwortlichen Mitarbeiter zuordnen. Das ist eine interessante Übung, mit der sich schnell demonstrieren lässt,

- ob Verantwortung und Aufgaben gleich gut verteilt sind,
- ob es Aufgaben gibt, an denen das Seil durchhängt, weil kein Mitarbeiter eindeutig die Verantwortung trägt oder
- ob einige Bereiche doppelt besetzt sind.

Arbeitsblatt 78: Gute Karten für Verantwortungsbereitschaft

Was ist Verantwortungsbereitschaft für Sie?

- Was verstehen Sie unter Verantwortungsbereitschaft? Woran denken Sie, wenn Sie das Wort Verantwortungsbereitschaft hören? Tragen Sie spontan Ihre Gedanken dazu ein.

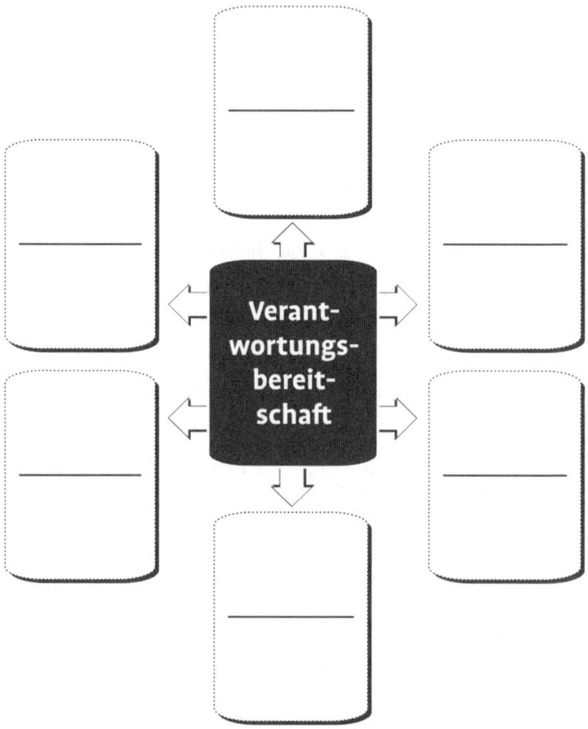

Arbeitsblatt 79: Schauen Sie sich selbst in die Karten!

Damit Sie sich Ihrer selbst bewusst werden, betrachten Sie die Gründe, warum das Ihre Karten in puncto Stärken sind, einmal näher.

- Übertragen Sie zunächst die Antworten Ihres Kartensets von Arbeitsblatt 78 in die linke Spalte. Schreiben Sie dann die unterschiedlichen Gründe in die rechte Spalte.

Verantwortungsbereitschaft ist ...	..., weil ...
1.	
2.	
3.	
4.	
5.	
6.	

Arbeitsblatt 80: Wie viel können Sie tragen? – Wie viel wollen Sie tragen? – Wie viel dürfen Sie tragen?

Verantwortung haben – Verantwortung übernehmen – Verantwortung tragen. Idealerweise halten sich bei einer beruflichen Aufgabe Verantwortung, Aufgabe und Kompetenz die Waage, wobei die Chance zu persönlichem Wachstum dann besteht, wenn die Aufgabe etwas größer als die fachliche Kompetenz ist. Wer Verantwortung für etwas hat, wofür ihm die Kompetenz fehlt und was nicht in seinem Aufgabenbereich liegt, wird sich überfordert fühlen. Hier gilt auch der Umkehrschluss: Wenn Ihre Kompetenz weitaus größer ist, als Sie in Ihrem Aufgabenfeld benötigen, und wenn Sie nur einen kleinen Verantwortungsbereich haben, werden Sie sich unzufrieden und unterfordert fühlen. Wie sieht es in Ihrem Job aus?

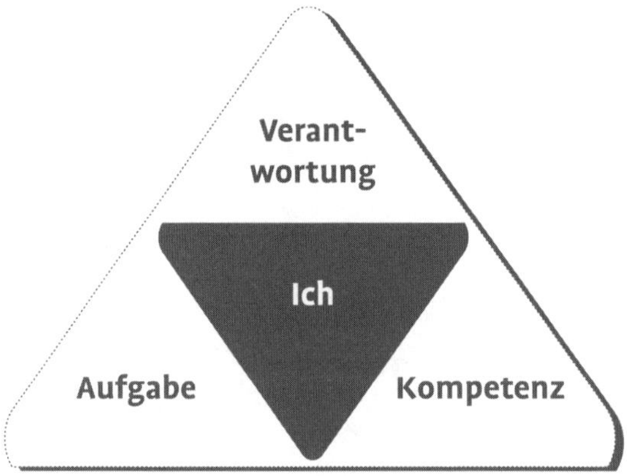

Wie viel Verantwortung möchten Sie generell im Job tragen? Wie viel trauen Sie sich zu?

Wie gut passen bei Ihnen die Aufgabe, Ihre Kompetenz und die Ihnen übertragene Verantwortung zusammen? Wie viel Verantwortung sollen und dürfen Sie tragen?

Wie viel können Sie tragen? In welchem Rahmen?

Arbeitsblatt 81: Welches Puzzleteil gehört zu Ihnen?

In Workshops mit Führungskräften zeigt sich oft, dass die Verantwortlichkeiten in Unternehmen nicht wirklich eindeutig geregelt sind. Stellen Sie sich Verantwortung im gesamten Unternehmen wie ein Puzzle vor: Erst wenn jedes Puzzleteil eindeutig einer Position und einem Mitarbeiter zugeordnet ist, ergibt sich ein klares Bild ohne Lücken. Wenn es Puzzleteile gibt, für die sich niemand zuständig fühlt, ist das genauso kritisch zu sehen wie der Umstand, dass einige am gleichen Puzzleteil reißen.

Wofür genau haben Sie die Verantwortung?

Wofür genau tragen tatsächlich Sie die Verantwortung?

Wie groß würden Sie Ihren Einfluss beschreiben, den Sie de facto auf Ihren Verantwortungsbereich haben?

Wie viel von Ihrem Einflussbereich nutzen Sie bereits?

An welcher Stelle fällt es Ihnen vielleicht auch manchmal schwer, die Verantwortung zu übernehmen?

Arbeitsblatt 82: Werden Sie Ihrer Verantwortung gerecht!

Der Bereich, für den Sie verantwortlich zeichnen, lässt sich wiederum in verschiedene Puzzleteile aufteilen, sprich, Sie haben Aufgaben, die in Ihren Verantwortungsbereich fallen, an Ihre Mitarbeiter aufgeteilt, und diese haben – je nach Größe des Unternehmens – ebenfalls Mitarbeiter, an die sie Aufgaben delegiert haben. Der Schriftsteller Heinrich Wolfgang Seidel wird mit dem Gedanken zitiert: »Man darf niemandem seine Verantwortung abnehmen, aber man soll jedem helfen, seine Verantwortung zu tragen.«

Was können Sie tun, damit Ihre Mitarbeiter sich verantwortlich fühlen?	Was können Sie tun, damit Sie sich verantwortlich fühlen?
Wie können Sie Ihre Mitarbeiter dabei unterstützen, dass sie Verantwortung tragen?	**Wie können Sie sich selbst dabei unterstützen, Verantwortung zu tragen?**
Was tun Sie, damit Ihre Mitarbeiter sich ihrer Verantwortung bewusst sind?	**Was tun Sie, damit Sie sich Ihrer Verantwortung bewusst sind?**
In welchen Situationen helfen Sie Ihren Mitarbeitern, wenn es darum geht, Verantwortung zu tragen? Wie?	**In welchen Situationen benötigen Sie Unterstützung, um Verantwortung tragen zu können? Wie?**

Arbeitsblatt 83: Nutzen Sie Ihren Spielraum!

Wer erfolgreich sein will, der muss Verantwortung übernehmen. Punkt. Sonst ist es nicht möglich, außergewöhnliche Wege zu gehen, innovativ zu sein und querzudenken. Wenn Sie erkennen und wissen, wofür **genau** Sie die Verantwortung tragen wollen, dann wird es Ihnen leichter fallen, genau dies zu tun und zu akzeptieren, wofür Sie nicht die Verantwortung haben, selbst wenn Sie das für richtig hielten und das gern anders hätten. Es ist im Moment so, wie es im Moment eben ist. Doch innerhalb des gegebenen Rahmens können Sie voll und ganz walten und gestalten, wie Sie es möchten! Gerade wenn Veränderungsprozesse anstehen, kann es sinnvoll sein, neu oder gar querzudenken und zu überlegen, wie Sie mit Ihrem Verantwortungsbereich umgehen möchten.

- Tragen Sie in den Kreis um sich herum all die Möglichkeiten ein, die Ihnen zur Verfügung stehen, um Ihrer Verantwortung gerecht werden zu können.
- Dazu kann folgende Idee hilfreich sein: Denken Sie sich Ihren gesamten Verantwortungsbereich als »grüne Wiese« – wenn Sie könnten, wie Sie wollten (... und Sie wissen ja, dass das so ist!): Wie würden Sie den Ihnen zur Verfügung stehenden Spielraum gern nutzen?

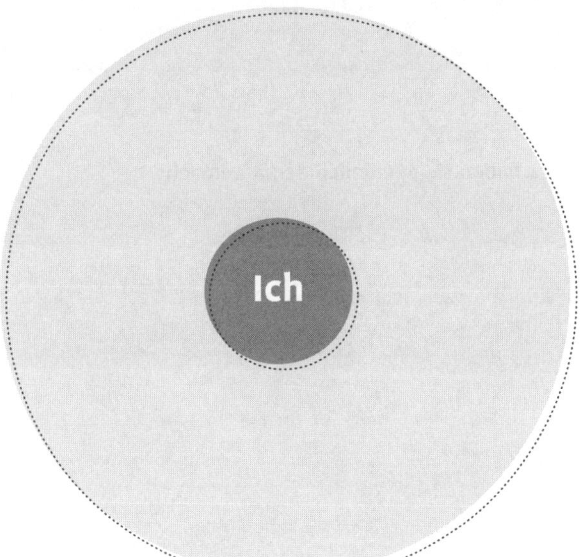

- Was gefällt Ihnen daran besonders gut?

Arbeitsblatt 84: Vertrauen ist der Anfang von allem …

Eine wesentliche Voraussetzung für die Bereitschaft, Verantwortung zu tragen, ist Vertrauen! Vertrauen ist die Basis dafür, ohne die es nicht geht. Das gilt sowohl für Sie als Führungskraft im Verhältnis zu Ihrem Chef als auch für Ihre Mitarbeiter. Was tun Sie, wenn es mal nicht so läuft? Wem geben Sie dann die Schuld – gerade im Außenverhältnis?

Wie beurteilen Sie den Zusammenhang von Vertrauen und Verantwortung?

Welche Erfahrungen haben Sie persönlich damit gemacht??

Wenn Sie möchten, dass Ihre Mitarbeiter Verantwortung übernehmen, müssen Sie ihnen zuallererst Vertrauen schenken! Was tun Sie dafür? Bitte füllen Sie die nachstehenden Felder aus.

Was tragen Sie dazu bei, dass Ihre Mitarbeiter zu Ihnen Vertrauen haben?

Was würden Ihre Mitarbeiter wohl zu Ihrer Antwort sagen?

Wie steht es um Ihr Vertrauen zu Ihren Mitarbeitern, wenn ein Fehler passiert?

Wie reagieren Sie dann gegenüber Ihren Mitarbeitern?

Was würden Ihre Mitarbeiter wohl zu Ihrer Antwort sagen?

Anmerkung: Das Erkenntnisblatt »Drei Erkenntnisse aus dem Thema Verantwortungsbereitschaft, die Sie für sich mitnehmen« erhalten Sie als Download.

Motivation

Sozialkompetenz-Erfolgsfaktor Nr. 6: Motivation

In diesem Kapitel wird Motivation definiert und aufgezeigt, inwiefern Motivation ein Erfolgsfaktor ist. Sie lernen die Zwei-Faktoren-Theorie von Herzberg (1966) kennen und erfahren den Zusammenhang zwischen Motivation und Emotion. Außerdem finden Sie noch eine persönliche Anmerkung zu diesem Erfolgsfaktor von mir.

Überblick über die Arbeitsblätter:

- Arbeitsblatt 85: Gute Karten für Motivation
- Arbeitsblatt 86: Schauen Sie sich selbst in die Karten!
- Arbeitsblatt 87: Die Sache mit der Karotte ...
- Arbeitsblatt 88: Motivation oder Manipulation?
- Arbeitsblatt 89: Womit kann ich Ihnen dienen?
- Arbeitsblatt 90: Machen Sie Ihren Mitarbeitern Lust auf Erfolg !
- Arbeitsblatt 91: Viel Lärm um nichts?
- Erkenntnisblatt als Download: Drei Erkenntnisse aus dem Thema Motivation, die Sie für sich mitnehmen

Was ist Motivation?

»Wenn du ein Schiff bauen willst, dann trommle nicht Männer zusammen, um Holz zu beschaffen, Aufgaben zu vergeben und die Arbeit einzuteilen, sondern lehre die Männer die Sehnsucht nach dem weiten, endlosen Meer.«

Antoine de Saint-Exupéry

In dem Wort Motivation steckt das Wort Motiv, das für Bewegung und Antrieb steht. Ein Motiv wird als rationaler Zielbildungsprozess definiert, durch den der Organismus dazu bewegt wird, seine bewussten Ziele zu erreichen – und auch die unbewussten.

Demzufolge ist Motivation ein Konzept, das alle Prozesse umfasst, die körperliche und psychische Vorgänge auslösen, steuern oder aufrechterhalten (Zimbardo(Gerrig 2004, S. 503). Die Motivationspsychologie stellt die Frage nach der Ursache von Handlungen: Was führt zu einem gezeigten Verhalten? Warum tut derjenige das, was er eben tut? Was sind die dahinterliegenden Motive?

Motivation beinhaltet auch den Aspekt des Beeinflussens – natürlich nehmen wir einen Einfluss auf die andere Person, wenn wir sie motivieren. Hierbei ist die Frage entscheidend, ob wir das nur tun, damit unsere Bedürfnisse befriedigt werden – Vera F. Birkenbihl spricht in diesem Fall von Manipulation – oder ob wir ein echtes Win-Win herbeiführen wollen (Birkenbihl, 2011, S. 76). Der Unterschied zwischen Motivation und Manipulation liegt also darin, ob wir Gutes im Schilde führen oder nicht.

Eine persönliche Anmerkung

Ich bin in meiner Auffassung von Motivation in höchstem Maße von einem meiner Lieblingsbücher, »Schöpferische Freiheit« (1962) von Wolfgang Metzger, geprägt, das ich im Rahmen meines Studiums an der Universität Bremen kennengelernt habe. Wenn ich das Wort Motivation höre, denke ich sofort und unmittelbar an den Ausdruck Metzgers: »Zug des Ziels«, der mit nur drei Worten umfasst, was Motivation ist: ein Ziel zu haben, das einen so (an-)»zieht«, dass man unbedingt dahinkommen will!

Was bewirkt, dass jemand ein Ziel erreicht? Es gibt zwei Varianten der Zielerreichung: die erzwungene und die freie.

Variante 1: Die erzwungene Zielwahl benötigt ein korsettartiges Regelwerk und Zwangsvorrichtungen, damit Menschen an ein Ziel gelangen, zu dem sie aus freien Stücken nicht wollten. Wenn man mit Mitarbeitern so verfährt, dann liegt die Gefahr auf der Hand: Sie versuchen auszubüxen, wie man in Norddeutschland so schön sagt, und suchen nach Schlupflöchern … Im Unternehmenskontext sind diese Mitarbeiter daran erkennbar, dass sie dann eben Dienst nach Vorschrift machen – denn so haben sie die Möglichkeit, zu entschlüpfen, ohne dass ihnen Fehler oder absichtliches Verschulden vorgeworfen werden kann. Die Folge: Potenzial geht verloren! Das ist fatal!

Variante 2: Die freie Zielwahl ist ein dynamisches, selbstbestimmtes und selbstverantwortliches Geschehen. Diese Art der Zielerreichung ist effizient und der Weg sehr klug, denn wenn wir einen »Zug zum Ziel« haben, bringen wir aus uns selbst heraus die erforderliche Kraft auf und überwinden auch Hindernisse. Metzger spricht vom »lebensmagnetischen« (1962, S. 63) Zug.

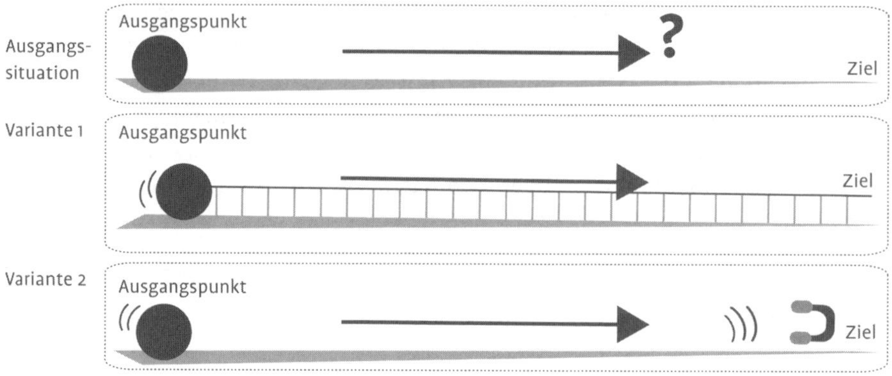

Motivation als Erfolgsfaktor

»Zusammenkommen ist ein Beginn, Zusammenbleiben ist ein Fortschritt, Zusammenarbeiten ist ein Erfolg.«

Henry Ford

Bei Motivation geht es um interne Entscheidungsprozesse (»Will ich oder will ich nicht?«), die ein bestimmtes Verhalten und die dazugehörigen Handlungen zur Folge haben. – Somit wird deutlich, dass jeder Mensch sich nur selbst motivieren kann. Doch wenn von Motivation die Rede ist, dann geht es häufig um die Tatsache, einen anderen Menschen zu motivieren. Motivation ist also nicht gleich Motivation – sie hat eine interne und eine externe Komponente. Hier zeigt sich schon die Schwierigkeit: Wie können wir als Externe Einfluss auf die internen Zielbildungsprozesse anderer nehmen? Die Frage lautet also: Was können Vorgesetzte tun, damit ihre Mitarbeiter motiviert sind und somit beispielsweise bereit sind:

- sich zu engagieren
- sich zu involvieren
- Aufgaben gut zu verrichten
- gute Ergebnisse zu erzielen
- Leistungsbereitschaft zu zeigen
- gut im Team zu arbeiten
- Verantwortung zu übernehmen
- Entscheidungen zu treffen
- die Interessen des Unternehmens zu wahren

- transparent zu kommunizieren
- zielstrebig zu agieren
- Veränderungen zu akzeptieren
- in Krisenzeiten loyal zu sein

Die Antwort scheint recht einfach: Die Vorgesetzten müssen in Erfahrung bringen, welches die Motive ihrer Mitarbeiter sind! Sie müssen die Bedürfnisse ihrer Mitarbeiter kennen. Denn bei Motivation im Unternehmen kann es doch nur darum gehen, andere dabei zu unterstützen, ihre Ziele zu erreichen und ihre Bedürfnisse zu befriedigen! Und genau das ist die Kunst!

Erst wenn es Führungskräften gelingt, dass ihre Mitarbeiter sich verstanden, gesehen und mit ihren persönlichen Bedürfnissen ernst genommen fühlen, führt Zusammenarbeit zum Erfolg, wie Ford es formulierte.

Von der Karotte und vom Tritt in den ...

Der amerikanische Professor Frederik Herzberg unterscheidet zwei unterschiedliche Motivationsstrategien, wenn es um die Motivation eines störrischen Esels geht (Herzberg 1966) – und in den Augen vieler Führungskräfte sind Mitarbeiter mindestens so störrisch wie Esel ... Was meiner Ansicht nach daran liegen könnte, dass sie sich noch nicht mit deren Bedürfnissen auseinandergesetzt haben. Herzberg arbeitete die beiden Strategien Karotte oder K.I.T.A. heraus, wobei Letzteres für den berühmten Tritt in den Sie wissen schon ... steht.

K.I.T.A. = kick in the ass
- Antrieb ist der berühmte »Tritt in den Hintern«
- Mittel: Drohungen, Strafen, Vorwürfe, Schuldzuweisungen, schlechtes Gewissen machen
- Effekt: wirkt nicht nachhaltig ohne ständigen Druck!

Karotte
- Antrieb ist die Karotte vor der Nase, die so verführerisch ist
- Mittel: mehr Gehalt, Lob, Belohnung, Beförderung, Verantwortung, ...
- Effekt: wirkt nur, wenn der Esel nicht satt ist und es die richtige Karotte ist ...

Ein verkappter Tritt in den ... können – schlecht gemachte – Zielerreichungsgespräche sein, die nur am Anfang wie eine Karotte aussehen! Aber: Wer seinen Mitarbeitern zu ambitionierte – und fast schon unerreichbare – hohe Ziele vorgibt, der wird nur eines erzielen: dass der Mitarbeiter Druck empfindet, nicht Motivation! So ist es nur zu verständlich, dass viele Mitarbeiter skeptisch werden, wenn ihr

Chef mit motivierenden Worten, »attraktiven« Zielen oder gar Motivationsseminaren winkt. – Denn ihre Erfahrung zeigt, dass Zielvorgaben lediglich die Legitimation für ein Mehr an Druckausüben sind. Ein verhängnisvoller Fehler mit fatalen Konsequenzen!

Geht es im Führungs-Coaching um Schwierigkeiten mit Mitarbeitern, so könnte es sehr zielführend sein, dass Sie sich mit Ihren Klienten ein genaueres Bild über dessen Mitarbeiter sowie deren Motive und Bedürfnisse machen. Als Führungskraft ist es unerlässlich, sich mit den Bedürfnissen der Mitarbeiter auseinanderzusetzen, denn wie die nachfolgende Zwei-Faktoren-Theorie zeigt, reicht es bei Weitem nicht aus, dass die Bezahlung stimmt, wovon doch noch erschreckend viele Führungskräfte ausgehen. Ich habe in vielen Gesprächen mit Mitarbeitern den Eindruck gewonnen, dass Vorgesetzte das Gehalt immer noch häufig als höchsten Trumpf ansehen. Schauen wir uns die Motivatoren, wie Herzberg sie formuliert, genauer an.

Die Zwei-Faktoren-Theorie

In seiner Zwei-Faktoren-Theorie geht der amerikanische Professor Frederik Herzberg davon aus, dass es zwei motivierende Faktoren gibt: Hygienefaktoren und Motivatoren.

Motivatoren haben einen unmittelbaren und positiven Einfluss auf die Einstellung zur Arbeit. Es sind:
- Erfolg bei der Arbeit
- Wertschätzung durch den Chef und die Kollegen
- Anerkennung der Leistung
- mehr Verantwortung
- größeres Aufgabengebiet
- Möglichkeiten zu persönlichem Wachstum
- berufliche Weiterentwicklung und Aufstiegsmöglichkeiten

Hygienefaktoren müssen erfüllt sein, damit sich bei den Mitarbeitern keine Unzufriedenheit breitmacht – das bedeutet jedoch keinesfalls, dass sie dadurch zufrieden sind! Es sind:
- Bezahlung
- Arbeitsbedingungen
- Betriebsklima
- Sozialleistungen
- Sicherheit
- Personalpolitik

Jeder dieser Motivatoren stellt ein Bedürfnis von Mitarbeitern da – und jedes Bedürfnis einen Antreiber! Denken Sie noch einmal an die Zahlen der Gallup-Studie (s. S. 12): Führungskräfte sind aufgefordert, sich gezielt darüber Gedanken zu machen, wie sie verhindern können, dass Mitarbeiter nur Dienst nach Vorschrift machen, und darüber hinaus, was ihr Anteil daran ist, dass Mitarbeiter eine hohe emotionale Bindung zum Unternehmen aufweisen.

Eine Frage des Gefühls

Die Erfahrung lehrt, dass Mitarbeiter anfangs hoch motiviert ihre neue Stelle im Unternehmen antreten, diese jedoch im Laufe der Zeit langsam, aber sicher schmilzt. Worin liegt die Ursache dafür? Was ist passiert, wenn aus hoch motivierten, engagierten Mitarbeitern resignierte, demotivierte Mitarbeiter werden?

Dafür kann es drei Gründe geben: Überforderung, Unterforderung oder innere Konflikte – alle drei hängen mit unseren Gefühlen zusammen. Es gibt einen nachweisbar hohen Zusammenhang zwischen Emotionen, »einem komplexen Hilfsmittel im Daseinskampf« (Damasio 2002) und Motivation, denn Emotionen wirken sich direkt auf unser Verhalten aus und somit auch auf unsere Motivation.

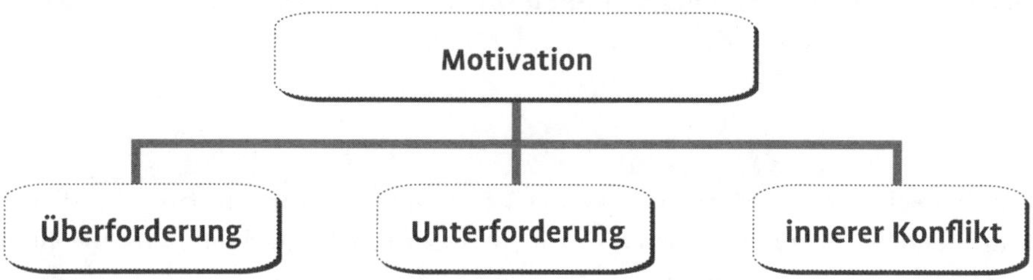

Sehr schwere oder sehr leichte Aufgaben und solche, die mit einem inneren Konflikt verbunden sind, gehen wir üblicherweise nur dann gern an, wenn das Erreichen des Ziels mit der Aussicht auf eine Belohnung oder zumindest dem Vermeiden negativer Konsequenzen verbunden wird.

Im Zusammenspiel von Emotion und Motivation stellen sich zwei Fragen: Was treibt mich bei der Aufgabe an, mit welchem Gefühl gehe ich daran? Und: Wie werde ich mich fühlen, wenn ich die Aufgabe erledigt habe?

- **Überforderung:** Zu wissen, dass eine Aufgabe nicht oder nur mit einem enormen Kraftaufwand geschafft werden kann, wirkt sich negativ auf die Motivation aus, denn der Preis für die anschließende Belohnung ist zu hoch.

- **Unterforderung:** Wenn ich keine Aussicht auf Belohnung habe, weil diese Aufgabe für mich keine Herausforderung verspricht, wirkt sich das ebenfalls negativ auf die Motivation aus.
- **Innerer Konflikt:** Wenn Mitarbeiter sich – aus welchen Gründen auch immer – »schlecht« in der Beziehung zu ihrem Vorgesetzten fühlen, so stellt dieser Konflikt eine Motivationsbremse dar. Denken Sie an den Punkt: Dienst nach Vorschrift.

Was bedeutet das für Führungskräfte: Anforderung, Verantwortung, Kompetenz sollten in einem ausgewogenen Verhältnis stehen, sprich, die Aufgabe sollte gut zu dem Mitarbeiter passen und im besten Fall leicht fordernd sein, und es ist von immenser Bedeutung, dass auf eine gute Beziehung zwischen Vorgesetztem und Mitarbeiter – aber auch innerhalb des Teams – Wert gelegt wird.

Der Weg zum Erfolg – wie Sie die folgenden Arbeitsblätter einsetzen können

»Es gibt auf der ganzen Welt nur eine einzige Methode, um andere Menschen zu beeinflussen: mit ihnen über das zu sprechen, was sie haben möchten, und ihnen zu zeigen, wie sie es bekommen können.«

Dale Carnegie

Das Ziel beim Thema Motivation kann eigentlich nur lauten: Führungskräfte dahingehend zu motivieren, sich auf das Potenzial ihrer Mitarbeiter auszurichten und einen Gestaltungsrahmen für diese zu schaffen, der es ihnen möglich macht, dieses Potenzial frei zu entfalten und auszuschöpfen, indem sie mit Freude ihrer Arbeit nachgehen und sich als wertvolle Mitarbeiter begreifen. Stephen R. Covey erklärt in diesem Zusammenhang, dass Führungskräfte sich als Dienstleister ihrer Mitarbeiter verstehen sollten, deren wesentliche Aufgabe darin besteht, ihnen hinsichtlich ihrer Aufgaben zu Diensten zu sein. Nicht fordern, einfordern, Druck erzeugen, einschüchtern – nein, Führungskräfte müssen ihre Mitarbeiter unterstützen, ihnen dienen, sie begleiten, für sie da sein. Darum geht es beim Erfolgsfaktor Motivation. – Und jedes der Arbeitsblätter wird Sie als Coach in Ihrer Arbeit mit dem Klienten dahin führen. Wie ist es Führungskräften möglich, ihre Mitarbeiter zu einem »Win-Win« zu bewegen und zu beeinflussen?

Covey nennt zwei Voraussetzungen, die dafür gegeben sein müssen: Die Führungskraft darf sich nicht bedroht und nicht minderwertig fühlen, sondern benötigt dafür Autonomie. Wo Angst vor Konkurrenz herrscht, wer Angst davor hat, nicht gut genug zu sein, der wird sich sehr schwer damit tun, seine Mitarbeiter zu motivieren. In diesem Zusammenhang sei auf den Erfolgsfaktor Mut hingewiesen.

Wäre es nicht wunderbar, wenn Führungskräfte sich anstelle von Bedrohung oder Minderwertigkeit vielmehr daran erfreuen, dass sie engagierte, aufstrebende und erfolgreiche Mitarbeiter an Bord haben? Das ist aus meiner Sicht das Ziel bei Motivation, dass sie ihre Mitarbeiter in ihrer persönlichen Entwicklung unterstützen, indem sie sie wertschätzen, ihre Bedürfnisse achten und als Menschen ernst nehmen … Zum Abschluss eine Geschichte zum Thema Motivation:

Die Geschichte von den drei Bauarbeitern

»Drei Bauarbeiter waren dabei, Steine zu behauen, als ein Fremder zu ihnen trat und den ersten Arbeiter fragte: ›Was tun Sie da?‹ ›Sehen Sie das denn nicht?‹, meinte der und sah nicht einmal auf. ›Ich behaue Steine!‹
›Und was tun Sie da?‹, fragte der Fremde den zweiten. Seufzend antwortete der: ›Ich muss Geld verdienen, um für meine Familie Brot zu beschaffen. Meine Familie ist groß!‹
Der Fremde fragte auch den dritten: ›Was tun Sie da?‹ Dieser blickte hinauf in die Höhe und antwortete leise und stolz: ›Ich baue einen Dom!‹« (Thoma 2004, S. 21)

Arbeitsblatt 85: Gute Karten für Motivation

»Es gibt auf der ganzen Welt nur eine einzige Methode, um andere Menschen zu beeinflussen: mit ihnen über das zu sprechen, was sie haben möchten, und ihnen zu zeigen, wie sie es bekommen können.«

Dale Carnegie

Motivation ist ein wesentlicher Erfolgsfaktor im Beruf.

- Was ist Motivation eigentlich für Sie? Was verstehen Sie unter Motivation? Woran denken Sie, wenn Sie das Wort Motivation hören? Tragen Sie spontan Ihre Gedanken dazu ein.

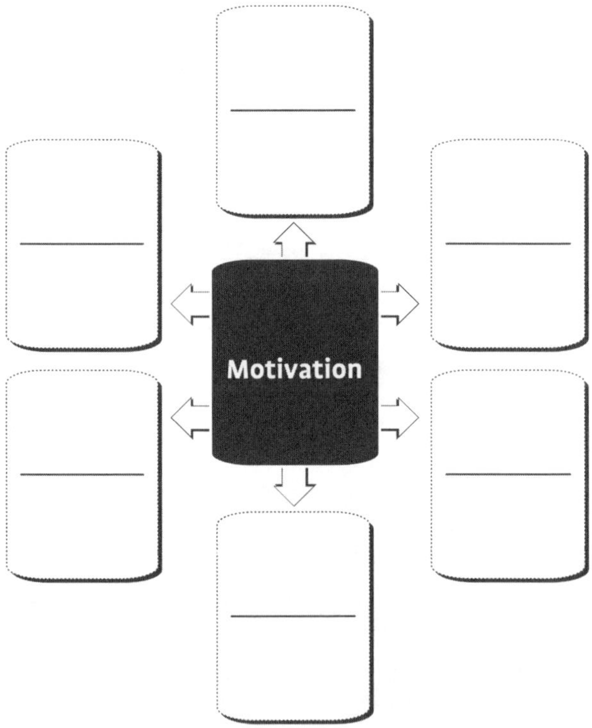

Arbeitsblatt 86: Schauen Sie sich selbst in die Karten!

Damit Sie sich Ihrer selbst bewusst werden, betrachten Sie die Gründe, warum das Ihre Karten in puncto Motivation sind, einmal näher.

- Übertragen Sie zunächst die Antworten Ihres Kartensets von Arbeitsblatt 85 in die linke Spalte. Schreiben Sie dann die unterschiedlichen Gründe in die rechte Spalte.

Motivation …	…, weil …
1.	
2.	
3.	
4.	
5.	
6.	

Arbeitsblatt 87: Die Sache mit der Karotte ...

Sicherlich wissen Sie, was Sie motiviert! Doch was könnte zur Motivation Ihrer Mitarbeiter beitragen? Was könnten Sie dazu beitragen? Der amerikanische Professor Herzberg unterscheidet zwei Motivationsstrategien, wenn es um die Motivation eines störrischen Esels geht (Herzberg 1966). – In den Augen vieler Führungskräfte sind Mitarbeiter mindestens so störrisch wie Esel. Ich hoffe, Sie sehen Ihre Mitarbeiter nicht als störrische Esel an ...

K.I.T.A. = kick in the ass

- Antrieb ist der berühmte »Tritt in den Hintern«
- Mittel: Drohungen, Strafen, Vorwürfe, Schuldzuweisungen, schlechtes Gewissen machen
- Effekt: wirkt nicht nachhaltig ohne ständigen Druck!

Karotte

- Antrieb ist die Karotte vor der Nase, die so verführerisch ist
- Mittel: mehr Gehalt, Lob, Belohnung, Beförderung, Verantwortung, ...
- Effekt: wirkt nur, wenn der Esel nicht satt ist und es die richtige Karotte ist ...

Wie sehen Sie Ihre Mitarbeiter? Als Führungskraft ist es unerlässlich, dass Sie die Bedürfnisse Ihrer Mitarbeiter kennen, wenn Sie nach der Karottenmethode vorgehen und nachhaltige Effekte erzielen wollen. Nichtsdestotrotz sollten Sie sich darüber im Klaren sein, dass es sich auch dann immer noch um extrinsische Motivation handelt. Nehmen Sie bitte zu den folgenden Aussagen Stellung:

In Unternehmen herrscht doch eh meistens die K.I.T.A.-Mentalität – ohne Druck geht gar nichts.

____

____

____

____

____

Das mit der Karotte klingt ja ganz einleuchtend, aber es funktioniert einfach nicht.

____

____

____

____

____

Ich kenne die jeweiligen »Karotten«, also Antreiber meiner Mitarbeiter.

____

____

____

____

____

Meine Mitarbeiter sind im Großen und Ganzen motiviert.

____

____

____

____

____

Arbeitsblatt 88: Motivation oder Manipulation?

Ein Grund dafür, dass Ihre Mitarbeiter nicht motiviert sind, könnte darin liegen, dass sie das Gefühl haben, selbst nicht vom Erfolg des Unternehmens zu profitieren. »Ich reiße mir hier ein Bein aus, und was habe ich davon?« Wenn Mitarbeiter so etwas sagen und das Gefühl haben, in keiner Weise von ihrem Engagement zu profitieren, dann fühlen sie sich nicht motiviert, sondern manipuliert. Kennen Sie den Unterschied zwischen Motivation und Manipulation? Durch Motivation schaffen wir echte Win-win-Situationen, weil jeder der Beteiligten »etwas davon hat«, wohingegen Manipulation bedeutet, dass wir nur auf unsere eigenen Bedürfnisse aus sind und der von uns Manipulierte unzufrieden zurückbleibt (Birkenbihl 2011, S. 76).

- Schauen Sie sich die folgenden Fotos an (Weidenmann/Weidenmann 2013).

Inwiefern verbinden Sie die Fotos mit Motivation?

Welches der Fotos spricht Sie in puncto Motivation am meisten an? Warum?

Was verbinden Sie eher mit dem anderen Foto?

Angenommen, Sie wären Fotograf oder Künstler: Welches Motiv hätten Sie für das Thema Motivation gewählt?

Arbeitsblatt 89: Womit kann ich ihnen dienen?

In seiner Zwei-Faktoren-Theorie geht der amerikanische Professor Frederik Herzberg davon aus, dass es zwei motivierende Faktoren gibt: Hygienefaktoren und Motivatoren.

Motivatoren haben einen unmittelbaren und positiven Einfluss auf die Einstellung zur Arbeit. Es sind:
- Erfolg bei der Arbeit
- Wertschätzung durch den Chef und die Kollegen
- Anerkennung der Leistung
- mehr Verantwortung
- größeres Aufgabengebiet
- Möglichkeiten zu persönlichem Wachstum
- berufliche Weiterentwicklung und Aufstiegsmöglichkeiten

Hygienefaktoren müssen erfüllt sein, damit sich bei den Mitarbeitern keine Unzufriedenheit breitmacht – das bedeutet jedoch keinesfalls, dass sie dadurch zufrieden sind! Es sind:
- Bezahlung
- Arbeitsbedingungen
- Betriebsklima
- Sozialleistungen
- Sicherheit
- Personalpolitik

Wenn es Ihnen als Führungskraft gelingt, Ihre Mitarbeiter bei deren persönlichen Zielerreichungen zu unterstützen, ihnen quasi »dienlich« dabei zu sein, werden Sie sich mit Sicherheit über motivierte Mitarbeiter freuen können.

- Tragen Sie in die nachstehende Abbildung ein, womit Sie Ihren Mitarbeitern »dienen« können, damit diese das als Motivatoren bewerten.

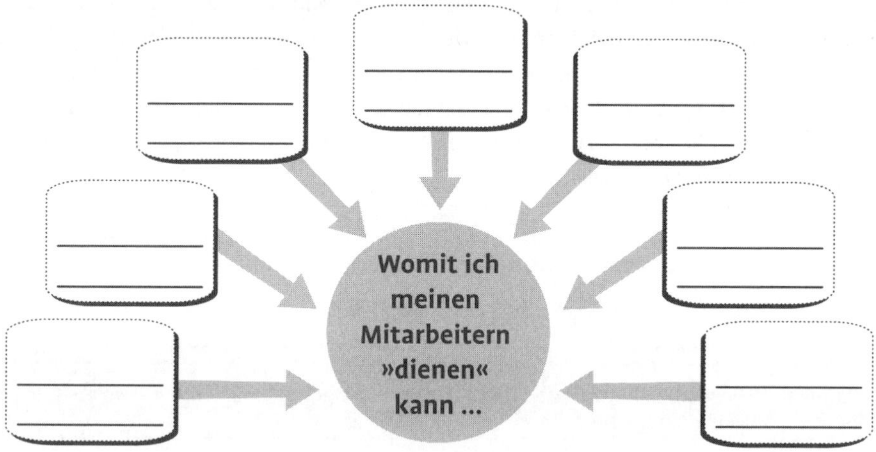

Denken Sie daran: Sie können Ihre Mitarbeiter dazu inspirieren, Freude am eigenen Tun zu erleben, wenn Sie wissen, wofür Ihre Mitarbeiter »gehen«. Sie als Führungskraft können die dafür erforderlichen Bedingungen schaffen!

Arbeitsblatt 90: Machen Sie Ihren Mitarbeitern Lust auf Erfolg!

Nein, ein Patentrezept für Motivation gibt es leider nicht … – Aber wenn es Ihnen gelingt, dass Sie jemanden darin unterstützen, seine eigenen Bedürfnisse zu erfüllen, dann sind Sie zweifelsohne auf dem richtigen Weg! Nur darum geht es: um Bedürfnisbefriedigung. Das erklärt auch, warum Geld kein funktionierender Motivator ist. Kennen Sie das berühmte Zitat von Elmer Wheeler, *dem* Topverkäufer Amerikas: »Don't sell the steak – sell the sizzle!«? Frei übersetzt: Machen Sie Ihren Mitarbeitern Lust auf Erfolg und stellen Sie ihnen *deren eigenes Ziel* in Aussicht.

Inwieweit kennen Sie die Bedürfnisse und die Antreiber Ihrer Mitarbeiter?

____

____

Was denken Sie würden Ihre Mitarbeiter sagen, wenn sie gefragt würden, inwieweit Sie sich für deren Antreiber interessieren?

____

____

Wessen Bedürfnisse meinen Sie zu kennen? Wessen eher nicht? Woraus resultiert das?

____

____

Was sind die Bedürfnisse Ihrer Mitarbeiter? Wie heißen deren Antreiber? Was ist das »Bruzzeln«?

____

____

Was genau können Sie tun, um Sie bei Ihrer Bedürfnisbefriedigung zu unterstützen?

____

____

Was halten Sie von der Aussage von Stephen Covey, dass Führungskräfte ihren Mitarbeitern »dienen« sollten?

____

____

Arbeitsblatt 91: Viel Lärm um nichts?

Einer der effektivsten Motivatoren ist Wertschätzung! Darauf können Sie blind vertrauen. Die Voraussetzung ist jedoch, dass Ihre Wertschätzung aufrichtig und authentisch ist. Sich gesehen zu fühlen und für die eigene Leistung Anerkennung zu bekommen wird Ihre Mitarbeiter dazu bewegen, sich für die Ziele des Unternehmens einzubringen und dabei gleichermaßen zufrieden zu sein. Machen Sie viel angemessenen Lärm um nichts! Mit anderen Worten: Trainieren Sie Ihre Fähigkeit, gute Leistungen zu *sehen* und das gesamte in Ihrer Abteilung vorhandene Potenzial zu entfalten! Das ist ein Motivationsgarant!
Viele Führungskräfte sind der Meinung, sie würden ihren Mitarbeitern genug Anerkennung schenken – doch dabei denken sie an herausragende Leistungen – die, um es mal ein bisschen spitz zu formulieren, auch beim besten Willen nicht zu übersehen sind und nach Anerkennung *schreien*! Fragen Sie sich, ob das auch für Sie zutrifft. Sie sind ja nicht Ihr Mitarbeiter – Sie sehen immer nur einen Teil seiner gesamten Leistung, die er für das Unternehmen, Ihre Abteilung und somit für Sie erbringt. Anders formuliert: Wenn überhaupt, so sehen Sie nur die Spitze des Eisbergs – schauen Sie unter die Oberfläche und machen Sie verbal sichtbar, was Ihre Mitarbeiter leisten. Unter der Oberfläche finden Sie Fleiß, Disziplin und noch vieles mehr.

- Was ist bei Ihrem Team offensichtlich? Welche guten Leistungen sehen Sie?
- Was ist dafür vorher von Ihren Mitarbeitern geleistet worden? Was schaffen Ihre Mitarbeiter? Was bringen sie in ihre Arbeit tagtäglich ein?

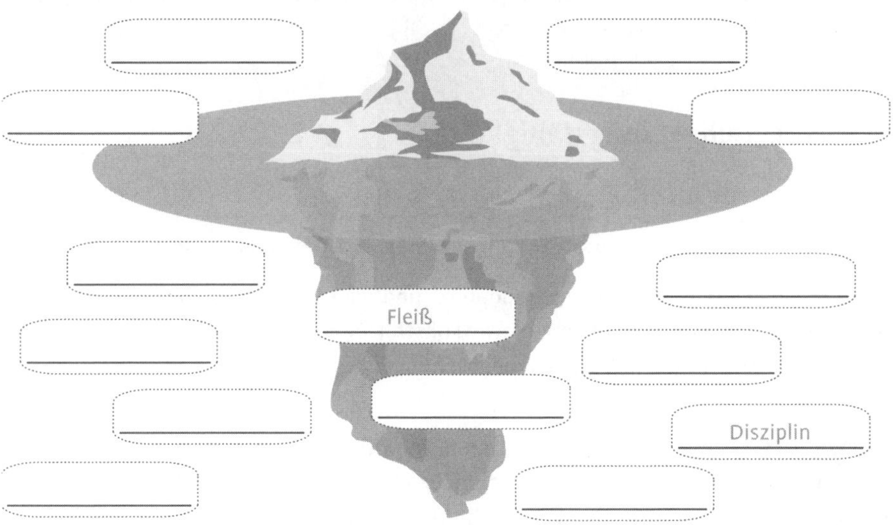

Anmerkung: Das Erkenntnisblatt »Drei Erkenntnisse aus dem Thema Motivation, die Sie für sich mitnehmen« erhalten Sie als Download.

Durchsetzungsfähigkeit

Sozialkompetenz-Erfolgsfaktor Nr. 7: Durchsetzungsfähigkeit

In diesem Kapitel erfahren Sie, dass mehrere Eigenschaften unter dem Konzept der Durchsetzungsfähigkeit subsumiert werden: gesundes Selbstbewusstsein, Entschlossenheit, Widerstandsfähigkeit, konstruktiver Umgang mit Kritik, Geduld, Überzeugungskraft, Empathie und Kritikfähigkeit.

Die Arbeitsblätter helfen Ihnen bei Ihrer Arbeit mit Ihrem Klienten, einen profunden Einblick zu erhalten, was Durchsetzungsfähigkeit für ihn bedeutet und mit sich bringt. Und: Schauen Sie sich auch selbst in die Karten!

- Arbeitsblatt 92: Gute Karten für Durchsetzungsfähigkeit
- Arbeitsblatt 93: Schauen Sie sich selbst in die Karten!
- Arbeitsblatt 94: Stärke oder Schwäche?
- Arbeitsblatt 95: Machen Sie sich ein Bild davon!
- Arbeitsblatt 96: Durchsetzungsfähigkeit und ...
- Arbeitsblatt 97: Damit ich mich durchsetze, ...
- Arbeitsblatt 98: That's your job!
- Erkenntnisblatt als Download: Drei Erkenntnisse aus dem Thema Durchsetzungsfähigkeit, die Sie für sich mitnehmen

Was ist Durchsetzungsfähigkeit?

Durchsetzungsfähigkeit, Durchsetzungsvermögen, Durchsetzungskraft

Diese drei bedeuten, den eigenen Standpunkt und die eigene Handlungsweise selbstbewusst und überzeugend zu vertreten sowie konstruktiv mit Widerstand umzugehen. Denn ohne Widerstand wäre kein Durchsetzungsvermögen vonnöten.

Die Voraussetzungen dafür, dass sich jemand durchsetzen kann, sind mannigfaltig, denn dafür sind mehrere Eigenschaften erforderlich. In der Abbildung auf der nächsten Seite finden Sie eine Übersicht über die wichtigsten.

Machen Sie zunächst einmal eine kleine Übung für sich.

Was empfinden Sie, wenn Sie das Wort Durchsetzungsfähigkeit hören?

Sie kennen diese Frage bereits aus den vorherigen Abschnitten zu den einzelnen Erfolgsfaktoren, doch nun möchte ich Ihnen diese Frage stellen. Schreiben Sie bitte spontan Ihre Gedanken dazu auf, bevor Sie weiterlesen:

Warum diese Frage? Ich habe den Eindruck, dass Durchsetzungsfähigkeit in unserer Vorstellung von Führung eng mit Erfolg verknüpft und als Stärke angesehen wird, durchsetzungsstarke Menschen aber gleichzeitig nicht besonders gemocht werden. Personen mit einem guten Selbstwertgefühl gelten als durchsetzungsfähig, aber vielfach nicht als besonders sympathisch. Darin liegt ein echter Zielkonflikt, denn selbstredend haben wir alle ein Interesse daran, unsere Ideen verwirklichen und die von uns gesteckten Ziele zu erreichen, gleichzeitig möchten wir uns zugehörig fühlen und gemocht werden, das ist ein basales menschliches Bedürfnis. Wir alle haben das Bedürfnis nach Nähe und Zugehörigkeit – in der Psychologie als Affiliation bezeichnet. Dieses Bedürfnis bedingt, dass wir möglichst wenig Widerstand möchten, doch das ist unvereinbar mit dem Streben danach, sich durchzusetzen. In meinen Augen hängt das mit einem allgemeinen Missverständnis zusammen: Durchsetzungsvermögen wird oftmals assoziiert mit Rücksichtslosigkeit oder im schlimmsten Fall mit Skrupellosigkeit. Doch es ist an der Zeit, mit diesem Missverständnis aufzuräumen!

Unbestritten ist: Wer durchsetzungsfähig ist, sollte bei Widerstand in der Lage sein, die Motive und Ziele der »anderen Seite« zu überdenken, um bestmöglich darauf eingehen zu können. Wenn auf den folgenden Seiten von Durchsetzungsfähigkeit die Rede ist, dann in dem Sinne von sozialkompatibel, nachhaltig und effektiv, aber nicht im Sinne von »Mit dem Kopf durch die Wand«, wodurch kurzfristig eigene Ziele erreicht werden können, was aber dennoch die Gefahr birgt, am Ende alleine dazustehen. Da keiner allein im Unternehmen auf die Dauer erfolgreich sein kann, ist Durchsetzungsfähigkeit als soziale Kompetenz anzusehen.

Durchsetzungsvermögen als Erfolgsfaktor im Beruf

Für Führungskräfte ist es wichtig, dass sie über ein gesundes Selbstvertrauen und ein gutes Bild von sich selbst verfügen, damit sie sich stark genug fühlen, auch bei »Gegenwind« zu ihren Entscheidungen und Zielen stehen zu können. Denn als Vorgesetzte müssen sie einerseits Ideen gegenüber ihren Vorgesetzten und Kollegen durchsetzen können und dafür andererseits noch ihre Mitarbeiter gewinnen, ohne die sie nichts erreichen könnten.

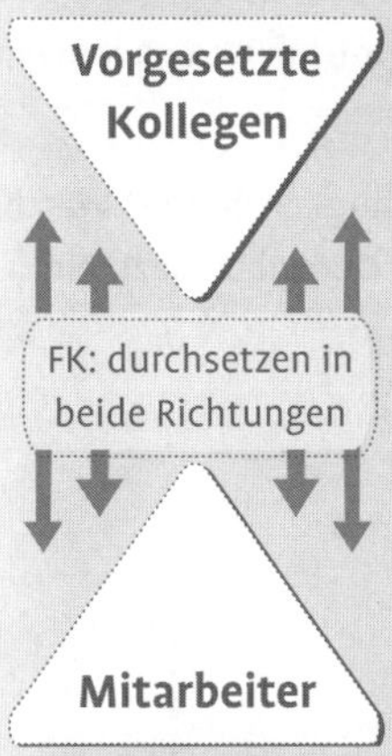

Eine echte Herausforderung!
Führungskräfte stehen im Spannungsfeld zwischen

- ihren Vorgesetzten und
- Kollegen einerseits
- sowie
- ihren Mitarbeitern andererseits

Sie müssen sowohl »nach oben« die Interessen ihrer Mitarbeiter gegenüber ihren Vorgesetzten und Kollegen vertreten und eigene Ideen gut »verkaufen« können als auch sich »nach unten« orientieren, um ihre Mitarbeiter für Veränderungen, Strategien und Vorgaben »von oben« zu gewinnen und sie auf den gemeinsamen Weg vorzubereiten.

Was ich Ihnen für den Einsatz der Materialien im Coaching empfehle

Die Arbeitsblätter legen den Schwerpunkt auf die Selbstreflexion des Klienten: Wie zeigt sich mein Durchsetzungsvermögen? Wie betrachte ich Durchsetzungsfähigkeit? Wie immer eignen sich die Materialien für den Einsatz als Hausaufgabe, wobei es Ihnen überlassen bleibt, ob Sie diese vor oder nach einem Coaching einsetzen. Beim Arbeitsblatt 95 finden Sie zwei Bildkarten von Weidenmann/Weidenmann (2013) abgebildet, mit denen ich gern arbeite, weil sie ein wirksames Kommunikationstool sind, das gut eingesetzt werden kann, um einen Zugang zu bestimmten Themen zu erleichtern. Für Arbeitsblatt 96 empfehle ich, dass Sie es gemeinsam mit Ihrem Klienten bearbeiten, da dabei sicherlich ein hoher Gesprächsbedarf entsteht.

Arbeitsblatt 92: Gute Karten für Durchsetzungsfähigkeit

Mark Twain hat einmal gesagt: »Menschen mit einer neuen Idee gelten so lange als Spinner, bis sich die Sache durchgesetzt hat.«

- Woran denken Sie, wenn Sie das Wort Durchsetzungsfähigkeit hören? Was bedeutet Durchsetzungsfähigkeit für Sie? Tragen Sie spontan Ihre Gedanken dazu ein.

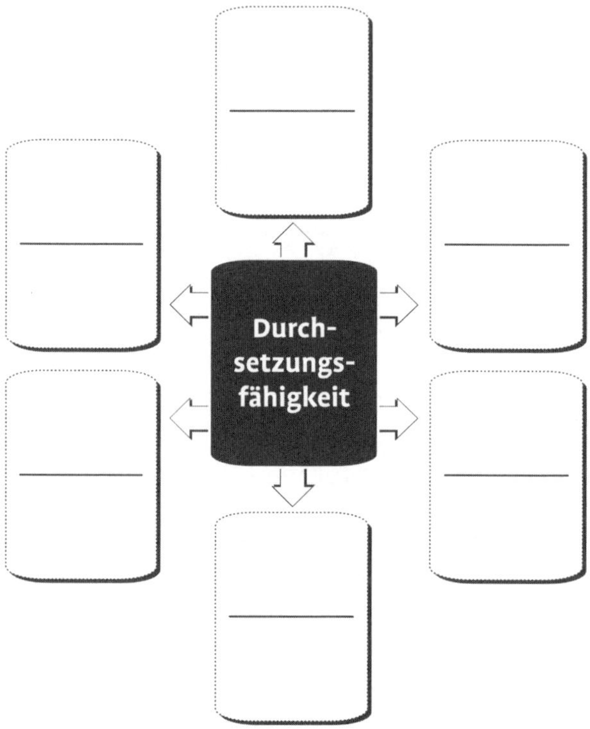

Arbeitsblatt 93: Schauen Sie sich selbst in die Karten!

Damit Sie sich Ihrer selbst bewusst werden, betrachten Sie die Gründe, warum das Ihre Karten in puncto Durchsetzungsfähigkeit sind, einmal näher.

- Übertragen Sie zunächst die Antworten Ihres Kartensets von Arbeitsblatt 92 in die linke Spalte. Schreiben Sie dann die unterschiedlichen Gründe in die rechte Spalte.

Durchsetzungs-fähigkeit ...	..., weil ...
1.	
2.	
3.	
4.	
5.	
6.	

Arbeitsblatt 94: Stärke oder Schwäche?

Durchsetzungsfähigkeit ist immer da gefragt, wo sich Widerstände auftun und es nicht ohne Kraftaufwand möglich ist, eigene Ziele zu erreichen.

Wie positiv finden Sie es, wenn sich jemand gut durchsetzen kann?	1 ☐ 2 ☐ 3 ☐ 4 ☐ 5 ☐ 6 ☐ 7 ☐ 8 ☐ 9 ☐ 10 ☐
Diesen Wert habe ich angekreuzt, weil	
Wie schätzen Sie Ihre Durchsetzungsfähigkeit ein?	1 ☐ 2 ☐ 3 ☐ 4 ☐ 5 ☐ 6 ☐ 7 ☐ 8 ☐ 9 ☐ 10 ☐
Diesen Wert habe ich angekreuzt, weil	

Ist Durchsetzungsfähigkeit in Ihren Augen eigentlich eine Stärke oder eine Schwäche? Begründen Sie Ihre Antwort.

Beurteilen Sie die folgende Aussage: »Man kann sich nur gut durchsetzen, wenn man egoistisch und skrupellos ist.«

Beurteilen Sie die folgende Aussage: »Je empathischer man ist, desto leichter kann man sich durchsetzen.«

Beurteilen Sie die folgende Aussage: »Wer sich nicht durchsetzen kann, kann nicht erfolgreich führen.«

Arbeitsblatt 95: Machen Sie sich ein Bild davon!

Durchsetzungsfähigkeit ist ein Muss für den beruflichen Erfolg! Was für ein Bild haben Sie von einer durchsetzungsfähigen Führungskraft? Betrachten Sie die drei folgenden Bilder (Weidenmann/Weidenmann 2013).

Welches der Bilder symbolisiert für Sie am ehesten Durchsetzungsfähigkeit? Warum?

Welche erste Assoziation hatten Sie mit den beiden anderen Bildern? Warum?

Mit welchem Foto können Sie sich am meisten identifizieren? Begründen Sie Ihre Antwort.

Wenn Sie Fotograf wären, was für ein Motiv hätten Sie für Durchsetzungsfähigkeit gewählt? Warum?

Arbeitsblatt 96: Durchsetzungsfähigkeit und ...

Nachstehend sehen Sie 16 Begriffe – suchen Sie acht Begriffe aus, die Ihrer Meinung nach wichtig im Zusammenhang mit Durchsetzungsfähigkeit sind, und ordnen Sie jedem Begriff durch Beschriften ein Tortenstück zu.

Widerstandsfähigkeit	Konfliktfähigkeit	Grenzen setzen	Einzelkämpfer
Eigeninitiative	Stärke	Selbstvertrauen	Kompromissbereitschaft
Kommunikationsfähigkeit	Empathie	überzeugend sein	Verlockendes Ziel
gesunder Egoismus	Kritikfähigkeit	Entschlossenheit	Entscheidungsfähigkeit

- Schätzen Sie sich nun selbst auf einer Skala von 1 bis 10 für jeden der acht Faktoren ein, wobei gilt:

  1 = Hier habe ich sehr viel Potenzial.

  10 = Ich habe mein Potenzial voll ausgeschöpft.

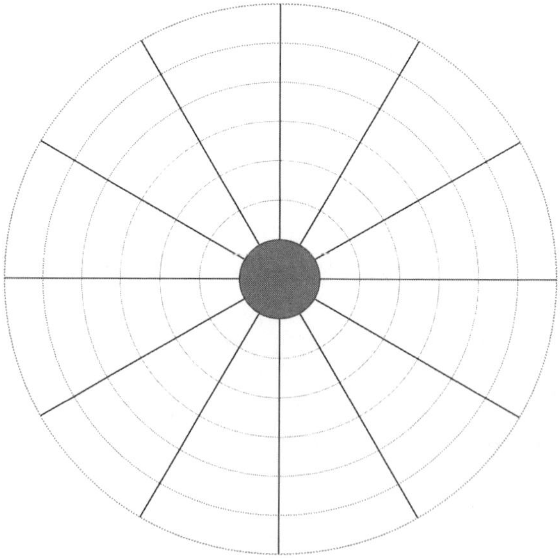

Arbeitsblatt 97: Damit ich mich durchsetze, …

Was genau tun Sie konkret und können Sie tun, um sich durchzusetzen? Welche Verhaltensweisen, Erfahrungen, Formulierungen, Eigenschaften stehen Ihnen persönlich dafür zur Verfügung?

- Erstellen Sie Ihre persönliche Sammlung in puncto Durchsetzungsfähigkeit.

Arbeitsblatt 98: That's your job!

In welchen beruflichen Situationen ist Ihr Durchsetzungsvermögen gefragt?

Wann und in welchen Situationen ist es Ihnen bereits gut gelungen, sich durchzusetzen und andere zu überzeugen?

Was hilft Ihnen dabei, sich durchzusetzen, auch wenn Sie auf heftigen Gegenwind stoßen? Was tun Sie, um zu überzeugen?

Wann und in welchen Situationen ist der Widerstand, auf den Sie stoßen, am ausgeprägtesten?

Angenommen, Ihr bester Freund wäre in Ihrer Situation, was würden Sie ihm raten?

Anmerkung: Das Erkenntnisblatt »Drei Erkenntnisse aus dem Thema Durchsetzungsfähigkeit, die Sie für sich mitnehmen« erhalten Sie als Download.

Kompetenzfeld 3: Zielkompetenz

03

»Es gibt keine schwierige Aufgabe, die sich nicht in kleine, einfache Schritte unterteilen lässt.«

aus dem Buddhismus

Das Kompetenzfeld Zielkompetenz setzt sich ebenfalls aus sieben Erfolgsfaktoren zusammen. In diesem Teil finden Sie für jeden der sieben Erfolgsfaktoren auch wieder sieben Arbeitsblätter, die Sie vor, während oder nach der Coachingsitzung mit Ihrem Klienten einsetzen können. Dabei bleibt es Ihnen völlig freigestellt, welche Sie für Ihren Klienten aussuchen. Denken Sie daran, dass das zweite Arbeitsblatt immer zusammen mit dem ersten ausgegeben werden muss, das erste jedoch auch für sich allein stehen kann. Auch hier rundet das »Erkenntnisblatt« – das Sie als Download erhalten – den Arbeitsprozess zu den einzelnen Erfolgsfaktoren ab.

Diese sieben Erfolgsfaktoren bilden das Kompetenzfeld der Zielkompetenz:

Zielstrebigkeit

Zielkompetenz-Erfolgsfaktor Nr. 1: Zielstrebigkeit

In diesem Kapitel erfahren Sie, welche Fähigkeiten das Konzept der Zielstrebigkeit bilden und warum sich Führungskräfte innerhalb eines bestimmten Zielkorridors frei bewegen können und dennoch erfolgreich sind.

Die Arbeitsblätter helfen Ihnen bei Ihrer Arbeit mit Ihrem Klienten, einen profunden Einblick über die Ziele und die Einstellung in Bezug auf Zielerreichung zu erhalten.

- Arbeitsblatt 99: Gute Karten für Zielstrebigkeit
- Arbeitsblatt 100: Schauen Sie sich selbst in die Karten!
- Arbeitsblatt 101: Wie streben Sie zu einem Ziel hin?
- Arbeitsblatt 102: Die Sache mit dem Diamanten
- Arbeitsblatt 103: Ganz schön smart!
- Arbeitsblatt 104: Zielstrebigkeit in vier Akten
- Arbeitsblatt 105: If you can dream it, you can do it!
- Erkenntnisblatt als Download: Drei Erkenntnisse aus dem Thema Zielstrebigkeit, die Sie für sich mitnehmen

Was ist Zielstrebigkeit?

Zielstrebigkeit bedeutet, zu einem Ziel zu streben, wobei das Wort »streben« häufig negativ konnotiert ist, da es an Streber erinnert. Doch natürlich ist das Wort Zielstrebigkeit an sich ein neutraler Begriff. Darunter wird die Fähigkeit verstanden, sich für ein Ziel entschieden zu haben, für dessen Erreichen man strategisch-planvoll vorgeht. Unter ökonomischen Gesichtspunkten sollte darauf geachtet werden, fokussiert und ressourcenschonend vorzugehen. Bei diesem Erfolgsfaktor geht es auch um die Frage, wie gut sich Führungskräfte gegen andere durchzusetzen und aufkommende Konflikte meistern können.

Hinter dem Konzept der Zielstrebigkeit stehen unterschiedliche Fähigkeiten, die in idealerweise zusammenkommen, damit das Ziel fest im Fokus bleibt und man nicht auf sogenannten »Nebengleisen« unterwegs ist. Es sind dies beispielsweise:

Warum ist Zielstrebigkeit ein Erfolgsfaktor für Führungskräfte?

Die Gründe hierfür sind vielschichtig:

- Damit Führungskräfte nicht nur kurzfristig, sondern auch mittel- und langfristig erfolgreich sind, müssen sie imstande sein, vorgegebene Ziele voranzubringen, indem sie die Mittel dafür bereitstellen, deren es für die Erreichung bedarf.
- ...weil sie ihren Spielraum und ihre Gestaltungsmöglichkeiten innerhalb eines festzulegenden Zielkorridors nutzen müssen.
- ... weil sie nur so die richtige Strategie maßschneidern können.
- Weil das Ziel ein Zustand ist und der Weg dahin ein Prozess, müssen sie – das Ziel fest im Blick – in Prozessen denken.
- Sie werden an ihren Ergebnissen gemessen, die ganz klar an handfesten Zielen festgemacht sind.
- Wichtig ist Zielstrebigkeit auch, damit sie motiviert bleiben, ihre Ziele überhaupt erreichen zu wollen.

- Zudem besteht die Notwendigkeit, die Mitarbeiter für den zu gehenden Weg zu begeistern und sie dafür zu motivieren.
- So lassen sie sich nicht von Nebenzielen abseits des Zielkorridors ablenken, sondern behalten ihr Ziel klar im Auge.
- Messbare Erfolge werden so realisiert.
- Und sie können effizient arbeiten.
- Schließlich sorgt Zielstrebigkeit dafür, dass sie Zufriedenheit bei ihrer Arbeit erfahren.

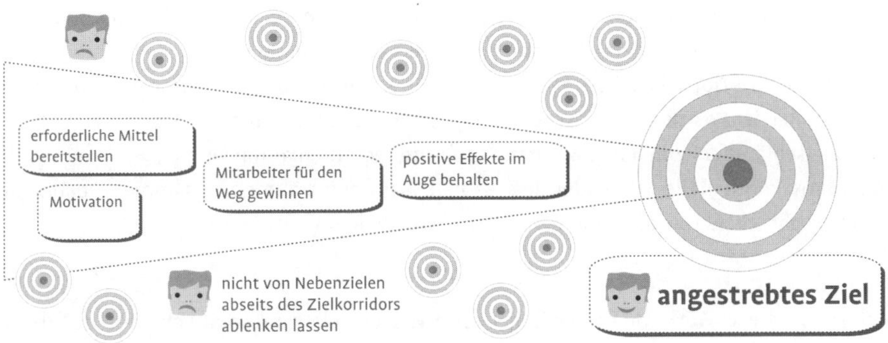

Zielkorridor erfolgreicher Führungskräfte

Was Sie mit den Arbeitsblättern erzielen können

Ihr Klient kann sich SMART (Arbeitsblatt 103) mit seinen Zielen auseinandersetzen und mittels eines Fragebogens die eigene Art, Richtung Ziel voranzuschreiten, ausführlich reflektieren. Ihm wird bewusst werden, dass Zielstrebigkeit ohne ein attraktives Ziel vor Augen nicht möglich ist. Die Bedeutung, die der Festlegung eines Zieles zukommt, ist immens, denn bei Hindernissen auf dem Weg zeigt sich, ob Ihr Klient sich wirklich mit dem Ziel so identifiziert, dass er auch angesichts von Schwierigkeiten sein Ziel im Auge behält.

Das Arbeitsblatt 105 beschreibt die Walt-Disney-Methode, die Sie Ihrem Klienten als Vorbereitung auf den nächsten Coachingtermin mitgeben können. Ihr Klient kann sich dann gedanklich auf die Methode vorbereiten, wenn Sie das für sinnvoll erachten. Diese Methode ist ein hochkreatives Zielfindungstool, das Sie anwenden können, wenn es darum geht, ein Ziel nebst dazugehöriger Strategie zu finden.

Ich arbeite bei dieser Methode immer mit Moderationskarten, auf die ich die einzelnen Ideen und Impulse schreibe. Vorzugsweise arbeiten der Klient und ich im Stehen, wobei ich jede Karten entsprechend der Position auf den Boden lege. So hat der Klient einen sehr guten Überblick.

Auch wenn Sie ein Team coachen, stellt die Walt-Disney-Strategie ein Tool dar, das sich hervorragend einsetzen lässt.

Die Walt-Disney-Strategie

Sie können dabei entweder ein Teammitglied auswählen, das mit dem Träumen beginnt, dann in die Position des Realisten wechselt, und wenn hierbei keine weiteren Antworten kommen, können die anderen Teammitglieder ins Spiel kommen, die weitere Anregungen oder handfeste Tipps dazu beitragen können, die ebenfalls auf Moderationskarten notiert werden. Bei der Position des Kritikers verfahre ich ebenso. Wichtig ist, dass die erste Position ausschließlich vom ausgewählten Teammitglied durchlaufen wird.
Alternativ können alle Mitglieder des Teams zusammen träumen, zusammen überlegen, welche Schritte zu tun sind, und gemeinsam wohlwollend kritisieren.

Ich führe diese Methode in der Regel mit mehreren Personen durch, weil auf diese Weise eine Fülle von Ideen zusammengetragen wird. Wichtig: Kein Traum wird bewertet, insgesamt ist die Haltung während der Durchführung durch und durch von Wertschätzung getragen ...

Arbeitsblatt 99: Gute Karten für Zielstrebigkeit

Zielstrebigkeit bedeutet zu einem Ziel streben.

- Was verstehen Sie unter Zielstrebigkeit? Was ist Zielstrebigkeit für Sie? Woran denken Sie, wenn Sie das Wort Zielstrebigkeit hören? Tragen Sie spontan Ihre Gedanken dazu ein.

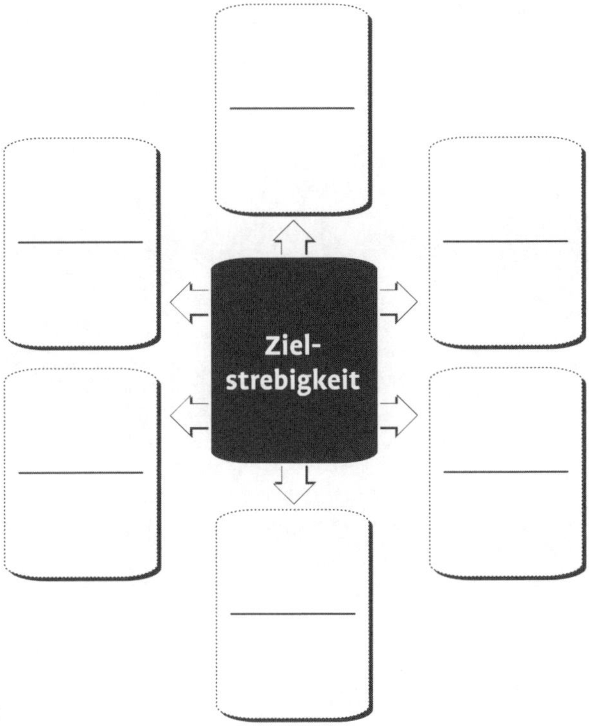

Arbeitsblatt 100: Schauen Sie sich selbst in die Karten!

Damit Sie sich Ihrer selbst bewusst werden, betrachten Sie die Gründe, warum das Ihre Karten in puncto Zielstrebigkeit sind, einmal näher.

- Übertragen Sie zunächst die Antworten Ihres Kartensets von Arbeitsblatt 99 in die linke Spalte. Schreiben Sie dann die unterschiedlichen Gründe in die rechte Spalte.

Zielstrebigkeit ...	..., weil ...
1.	
2.	
3.	
4.	
5.	
6.	

Arbeitsblatt 101: Wie streben Sie zu einem Ziel hin?

Sie sind zielstrebig – ohne Zweifel! Denn alles, was Sie tun, geschieht niemals rein zufällig – für jede Ihrer Verhaltensweisen haben Sie ein Motiv. Denn Motiv wird als rationaler Zielbildungsprozess definiert. Motive sorgen für Bewegung in dem Sinne, dass wir unser Verhalten so ausrichten, dass wir unsere bewussten und unbewussten Ziele erreichen. Sie sehen: Wir alle sind zielstrebig, selbst wenn wir nicht immer zu den Zielen streben, die uns glücklich machen ... Das ist vielleicht nicht unbedingt das, was Sie unter dem Aspekt der Zielstrebigkeit erwarten würden, denn mit dem Wort verbinden wir oftmals eher die Fähigkeit, sich ambitionierte Ziele stecken und diese ohne Umwege erreichen zu können – auch das stimmt.

- Bitte kreuzen Sie bei dem folgenden Fragebogen jeweils die Antwortmöglichkeit an, die für Sie am ehesten zutrifft (1 = trifft gar nicht zu, 2 = trifft etwas zu, 3 = trifft überwiegend zu, 4 = trifft völlig zu).

Ziele und ich ...

	1	2	3	4
Wenn ich mir etwas vornehme, dann erreiche ich das auch!				
Mir fällt es schwer, mich auf mein Ziel zu konzentrieren und es im Berufsalltag nicht aus den Augen zu verlieren.				
Ich denke schon, dass ich zielstrebig bin, aber die Umstände verhindern das oft.				
Ich finde, es gibt einen Unterschied zwischen beruflichen und privaten Zielen.				
Na ja, ob ich mir nun ein Ziel vornehme oder nicht, es kommt sowieso immer ganz anders. Da kann ich auch nichts machen.				
Meine Ziele erreiche ich, aber nicht die, die mir andere vorgeben. Da sträubt sich irgendetwas in mir.				
Ich finde den ersten Schritt am schwierigsten: herauszufinden, was *meine* wirklichen Ziele überhaupt sind.				
Ich lasse mich nicht so schnell von meinem Weg zum Ziel abbringen.				
Ich male mir aus, wie es sein wird, wenn ich am Ziel angekommen bin. Das setzt in mir viel Kraft frei!				
Bei uns im Unternehmen werden ständig die Ziele verschoben				
Ich bin wirklich stolz, wenn ich ein Ziel erreicht habe.				

Arbeitsblatt 102: Die Sache mit dem Diamanten

»Im Grunde ist ein Diamant auch nur ein Stück Kohle, das die nötige Ausdauer hatte.«

Anonymus

Wie verstehen Sie das Zitat im Hinblick auf Zielstrebigkeit?

Was macht Zielstrebigkeit Ihrer Ansicht nach aus? Was ist dafür wichtig?

Ist Ausdauer ein wesentlicher Einflussfaktor für Zielstrebigkeit?

Welche bewussten und auch unbewussten Einflussfaktoren spielen in die Fähigkeit hinein, hundertprozentig am Ziel zu arbeiten?

Welche Bedingungen müssen für Sie gegeben sein, damit Sie zielstrebig vorgehen können?

Arbeitsblatt 103: Ganz schön smart!

Wenn Sie wissen, welches Ihr nächstes Ziel ist, dann sollten Sie das mithilfe der Zielmethode SMART definieren, die Ihnen eine konkrete Planung ermöglicht und dazu dient, dass Sie verbindlich mit Ihren selbst definierten Zielen sind (Doran 1981).
Bei dem Wort SMART handelt es sich um ein Akronym. Das ist ein Kurzwort, das sich aus den Anfangsbuchstaben mehrerer Wörter zusammensetzt. SMART steht für die folgenden fünf Aspekte (Engelmann 2012):

S → spezifisch-konkret: Das Ziel wird präzise und eindeutig definiert (Erhöhung der Zustellquote)
M → messbar: Das Ziel muss messbar sein (von 98,0 Prozent auf 98,5 Prozent im Monatsdurchschnitt).
A → attraktiv: Das Ziel erscheint Ihnen wirklich attraktiv, sodass Sie es erreichen müssen (Erhöhung der Kundenzufriedenheit).
R → realistisch: Das Ziel muss im Rahmen Ihrer Möglichkeiten liegen (in Einzelwochen wurde der Wert von 98,5 Prozent schon übertroffen).
T → terminiert: Termin, bis zu dem das Ziel erreicht sein soll (innerhalb der nächsten sechs Monate)

- Welches Ziel leuchtet im Moment am meisten für Sie? Welches möchten Sie als Nächstes erreichen?

Einzelstufe von SMART	Mein Ziel
S: spezifisch-konkret	
M: messbar	
A: attraktiv	
R: realistisch	
T: terminiert	

Schreiben Sie nun bitte auf, warum Sie dieses Ziel erreichen möchten. Was soll sich dadurch für Sie erfüllen?

Ein zielstrebiger Impuls

Damit ich zielstrebig sein kann, werde ich ...

1.

2.

3.

Arbeitsblatt 104: Zielstrebigkeit in vier Akten

Sie können nur zum Ziel streben, wenn Sie Ihr Ziel klar und eindeutig definiert haben. Danach richten Sie Ihre Planung aus, überlegen sich, was zu tun ist, führen einen Check durch, um zu sehen, ob Sie noch auf dem richtigen Weg sind, und stimmen darauf Ihr Verhalten und die nächsten Schritte ab. Welches Ziel planen Sie derzeit zu erreichen? Füllen Sie die dazugehörigen Schritte aus.

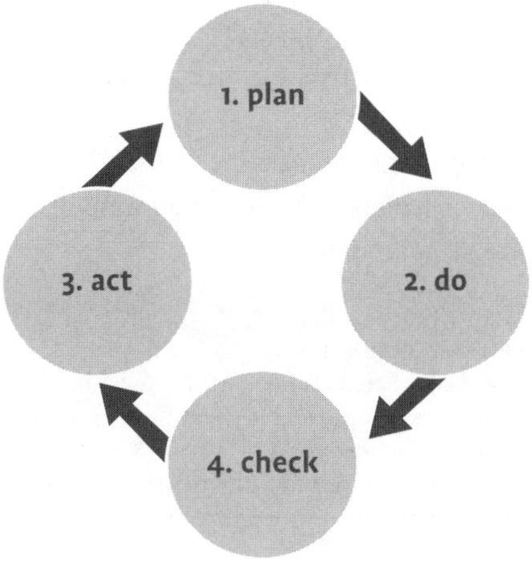

1. plan: Welche Schritte planen Sie?

2. do: Was muss gemacht werden?

3. check: Sind Sie noch auf Kurs (Soll-Ist-Abgleich)?

4. act: Was ist jetzt zu tun? Wie werden Sie agieren? Inwiefern müssen Sie den Kurs korrigieren?

Arbeitsblatt 105: If you can dream it, you can do it!

Aus seinem Lebensmotto: »If you can dream it, you can do it!«, entwickelte Walt Disney eine hochgradig kreative, effektive und erfolgreiche Zielfindungsmethoden: die Walt-Disney-Strategie.

Sie besteht aus den drei Kernelementen *Träumer, Realist* und *Kritiker,* die durch einen Perspektivwechsel eingenommen werden. Zu beachten ist dabei unbedingt, dass in der jeweiligen Kernposition nur die eine Funktion gefragt und erlaubt ist. Der Träumer träumt, der Realist überlegt, wie der Traum zu realisieren ist (er bewertet nicht!), und der Kritiker kritisiert – aber wohlwollend und konstruktiv. Auch hier erfolgt keinerlei Bewertung dazu, wie der Traum ist!

Wichtig bei der Walt-Disney-Strategie ist, dass die Schritte in chronologischer Reihenfolge durchlaufen werden, die jedoch beliebig oft wiederholt werden können, und zwar so lange, bis eine konkrete Zielstrategie gefunden ist.

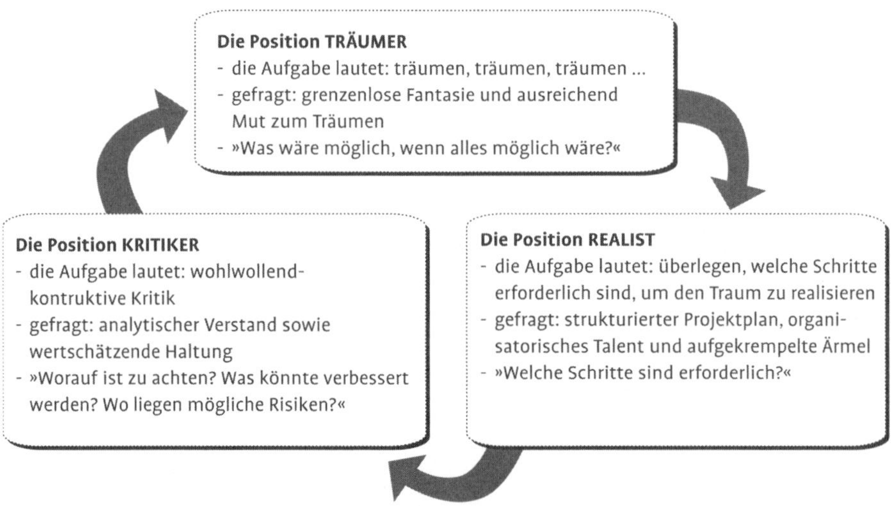

Ihr Coach hat sich dazu entschlossen, mit Ihnen nach der Walt-Disney-Strategie vorzugehen. Als Vorbereitung dazu können Sie sich vorab schon ein wenig gedanklich mit dem Thema beschäftigen.

- Nehmen Sie sich die Zeit zum Träumen – dazu wird es hilfreich sein, wenn Sie sich gedanklich in eine Situation versetzen, in der Sie bereits einmal ganz kreativ und voller Fantasie waren – ja, und dann träumen Sie!
- Im zweiten Schritt erinnern Sie sich bitte an eine Situation in Ihrem Leben, in der Sie tatkräftig Schritt für Schritt geplant haben. Überlegen Sie, was zu tun ist, was Sie tun könnten und was benötigt wird.

- Im dritten Schritt schauen Sie mit einem analytischen Blick auf Ihre bisherige Planung, um dann zu überlegen, worauf Sie unbedingt achten sollten, woran Sie noch denken sollten und was zu berücksichtigen ist.
- Wenn Sie Zeit und Lust dazu haben, nehmen Sie sich Moderationskarten zur Hand und schreiben für jede einzelne Position auf, was Ihnen dazu einfällt.

Anmerkung: Das Erkenntnisblatt »Drei Erkenntnisse aus dem Thema Zielstrebigkeit, die Sie für sich mitnehmen« erhalten Sie als Download.

Erfolgsbereitschaft

Zielkompetenz-Erfolgsfaktor Nr. 2: Erfolgsbereitschaft

Dieses Kapitel enthält Arbeitsblätter, mit deren Hilfe Ihr Klient Zugang zu erfolgreichen Ressourcen findet und darüber nachdenkt, was genau Erfolg für ihn bedeutet und welche Einflussfaktoren es für seine Erfolgsbereitschaft gibt.

Übersicht über die Arbeitsblätter:

- Arbeitsblatt 106: Gute Karten für Erfolgsbereitschaft
- Arbeitsblatt 107: Schauen Sie sich selbst in die Karten!
- Arbeitsblatt 108: Sammeln Sie Ihre Erfolge!
- Arbeitsblatt 109: Und – wie sehen Sie das?
- Arbeitsblatt 110: Denken Sie erfolgreiche Gedanken!
- Arbeitsblatt 111: Goethe ...
- Arbeitsblatt 112: Die Zutaten
- Erkenntnisblatt als Download: Drei Erkenntnisse aus dem Thema Erfolgsbereitschaft, die Sie für sich mitnehmen

Was ist Erfolg?

Erfolg bedeutet, das erreicht zu haben, was wir uns als Ziel gesetzt hatten. Es ist das positive Ergebnis einer oder mehrerer Handlungen, die wir aus einer bestimmten Motivation heraus durchgeführt haben. Wer Erfolg hat, hat das geschafft, was er wollte – er hat sein Ziel erreicht. Auch wenn Erfolg im beruflichen Sinne im Allgemeinen anhand von Position, Gehalt, Verantwortungsbereich und der Stufe auf der Karriereleiter definiert wird, lässt sich sagen, dass Erfolg an sich etwas sehr Individuelles ist. Jeder hat *seine* Definition von Erfolg in Abhängigkeit von seinen Erwartungen an sich selbst, seinen Bedürfnissen, Motiven, Zielen und seinen Träumen. Idealerweise passen Stärken, Fähigkeiten und Ressourcen zu den selbst gesteckten Zielen, damit die Erfolgswahrscheinlichkeit möglichst hoch ist.

Erfolg wird also – im besten Falle – von jedem anders definiert. Und auch wenn dies ein Buch über Erfolgsfaktoren für Führungskräfte ist, sei erwähnt, dass Erfolg natürlich nicht nur impliziert, dass er etwas mit Karriere und Beruf zu tun hat. Menschen empfinden die unterschiedlichsten Dinge oder Ereignisse als Erfolg – auch im privaten Bereich können wir erfolgreich sein. Einzige Voraussetzung: Wir müssen wissen, was wir erreichen möchten!

Lesen Sie sich die folgenden Gedanken des amerikanischen Philosophen Ralph Waldo Emerson in Ruhe durch – hätten Sie die von ihm genannten Aspekte primär in Verbindung mit Erfolg gebracht? Großartig, oder?

Erfolg heißt

Oft und viel lachen;
die Achtung intelligenter Menschen und die Zuneigung von Kindern gewinnen;
die Anerkennung aufrichtiger Kritiker verdienen und den Verrat falscher Freunde ertragen;
Schönheit bewundern, in anderen das Beste finden;
die Welt ein wenig besser verlassen, ob durch ein gesundes Kind, ein Stückchen Garten oder einen kleinen Beitrag zur Verbesserung der Gesellschaft;
wissen, dass wenigstens das Leben eines anderen Menschen leichter war, weil du gelebt hast.
Das bedeutet, nicht umsonst gelebt zu haben.

Ralph Waldo Emerson

Inwiefern ist Erfolgsbereitschaft ein Erfolgsfaktor für Führungskräfte?

Nun, das Wort Erfolgsfaktor erklärt das eigentlich schon. Dennoch sollten wir einen genaueren Blick auf die Frage werfen, denn sie ist nicht so obsolet, wie man auf den ersten Blick denken könnte. Der entscheidende Faktor ist das Wort *Bereitschaft,* das darin enthalten ist. Warum müssen wir über Erfolgsbereitschaft sprechen, wollen wir denn nicht alle Erfolg und sind deshalb bereit dafür? Aus meiner Sicht gibt es zwei Antworten darauf.

- Erfolgsbereitschaft hängt zum einen davon ab, ob es sich um unser *echtes* Ziel und nicht nur um ein vorgeschobenes handelt. Daraus resultiert, wie sehr wir das Ziel wirklich-wirklich erreichen wollen, und wie sehr wir daran glauben, dass wir bei der Zielerreichung erfolgreich sein können. Mit wie viel Selbstvertrauen verfolgen wir unsere Ziele? Erfolg beginnt im Kopf!
- Zum Zweiten hängt unsere Bereitschaft, erfolgreich sein zu wollen, von den Konsequenzen ab, die sich aus dem Erfolg ergeben. Hierbei lassen sich vier Dimensionen benennen:
  - **kognitiv:** Was ändert sich in meiner Selbstwahrnehmung dadurch? Welches Bild ergibt sich dann für mich? Setze ich mich dadurch selbst unter

Zugzwang, weil ich beim nächsten Mal noch mehr von mir erwarte? Entsteht daraus ein innerer Erwartungsdruck?

- **emotional:** Welche Gefühle verbinde ich mit meinem Erfolg? Nur Freude oder auch Angst vor Neid? Angst davor, aus der Masse hervorzustechen? Werde ich stolz auf mich sein?
- **sozial:** Was verändert sich durch meinen Erfolg in der Gruppe, der ich angehöre? Riskiere ich eventuell die Zugehörigkeit? Was erhoffe ich von meinen Mitmenschen, meinen Mitarbeitern, Kollegen, Vorgesetzten, Freunden? Wie werden die mich sehen? Was macht das mit mir?
- **beruflich:** Was bedeutet ein Erfolg für meine weitere Karriere? Was wird sich dadurch für mich verändern? Ist es das, wovon ich träume?

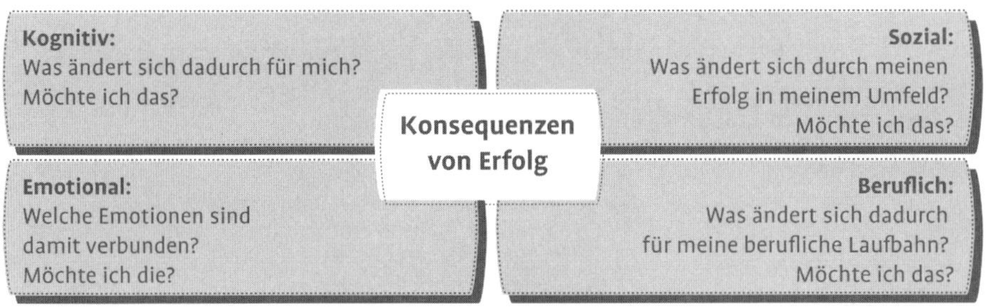

Gerade bei Führungskräften im mittleren Management, die der Ebene darunter entstammen, sind die Konsequenzen relevant, denn sie verlieren üblicherweise ihre Kollegen und werden zu deren Vorgesetzten. Sie haben durch den Karrieresprung eine neue Rolle, in die sie sich erst einfinden, und eine alte Rolle, von der sie sich verabschieden müssen.

Für viele Führungskräfte ist es eine große Herausforderung, mit ihrer neuen Rolle und den daraus resultierenden Veränderungen zurechtzukommen. Nicht jeder von ihnen hat sich vorher Vorstellungen davon machen können, was ihn in seiner neuen Position erwartet. Die meisten bejahen die monetären Veränderungen, finden sich aber manchmal nur schwer damit zurecht, dass sie nicht mehr Teil ihres ehemaligen Kollegenkreises sind. Es ist förderlich für die Erfolgsbereitschaft, sich im Vorfeld profunde Gedanken über die zu erwartenden Konsequenzen zu machen.

So oder so, Erfolgsbereitschaft hängt immer auch mit einer mentalen Stärke zusammen, und zwar inwieweit es dem Klienten gelingt, *erfolgreiche* Bilder von sich zu produzieren.

Was Sie im Coaching mit den Arbeitsblättern und mit Gesprächen zu diesem Thema erreichen können

Klienten kommen ins Business-Coaching, weil sie erfolgreich beziehungsweise erfolgreicher sein möchten und weil sie sich für die Erreichung ihrer persönlichen und beruflichen Ziele eine Begleitung wünschen. Sei es, um laut zu denken, um Impulse zu bekommen, neue Einsichten zu generieren oder weil sie Unterstützung benötigen.

Erfolg scheint in jedem Fall erstrebenswert zu sein, aber es stellen sich doch zunächst einmal folgende Fragen:

- Welchen Erfolg strebt Ihr Klient genau an?
- Was assoziiert er damit?
- Was verspricht er sich davon.
- Was soll sich dadurch für ihn erfüllen?
- Welchen Sinn sieht er darin?

Ob mithilfe unterschiedlicher Zitate zum Thema Erfolg oder der Auseinandersetzung mit erfolgreichen Gedanken oder aber mit der Sammlung eigener Erfolge, die vorliegenden Materialien bieten sich sowohl für die gemeinsame Bearbeitung während des Coachings oder aber als Hausaufgabe an. In jedem Fall wird es für Ihre Klienten eine Bereicherung sein, sich ausführlich mit ihrer Erfolgsbereitschaft zu beschäftigen.

Meine Empfehlung

Aus dem NLP stammt die folgende Idee, mit deren Hilfe Sie Ihren Klienten Appetit auf Erfolg machen können, indem Sie innere Bilder in ihm wachrufen: Lassen Sie Ihren Klienten noch einmal Erfolg fühlen! Dafür ist es hilfreich, wenn er für einen Moment die Augen schließt und sich daran erinnert, wie sich Erfolg für ihn anfühlt. Dafür können Sie ihm die folgenden Fragen stellen:

- Erinnern Sie sich an eine Situation, in der Sie erfolgreich waren und an die Sie ausschließlich gute Erinnerungen haben. (Wo? Was? Wer?)
- Was genau haben Sie in dieser Situation gesehen?
- Was genau haben Sie in dieser Situation gehört?
- Was genau haben Sie in dieser Situation gedacht?
- Was haben Sie genau gefühlt?
- Wo genau in Ihrem Körper haben Sie diese Emotion gespürt?

Danach geben Sie ihm die folgenden Gedanken:

- Verknüpfen Sie diese Situation nun mit einem Symbol.
- Verknüpfen Sie diese Situation mit einer Farbe.

Zum Abschluss erklären Sie ihm, dass er nun, wenn er an dieses Symbol oder diese Farbe denkt, das positive Gefühl in seiner Erinnerung hervorrufen und den positiven Effekt genießen kann (frei nach Engelmann 2012).

Ein schöner Gedanke zum Abschluss

Im Zusammenhang mit Erfolgsbereitschaft muss ich immer an ein Zitat von Vera F. Birkenbihl (2011) denken: »Der erfolgreiche Mensch sitzt im Zug des Lebens und steht nicht zeit seines Lebens nur an der Haltestelle.« Ja, so kann man das auch ausdrücken: Erfolgsbereitschaft zeigt sich nicht zuletzt in der Tatsache, ob Ihr Klient in den Zug einsteigen will oder nicht.

Anmerkung: Das Erkenntnisblatt »Drei Erkenntnisse aus dem Thema Erfolgsbereitschaft, die Sie für sich mitnehmen« erhalten Sie als Download.

Arbeitsblatt 106: Gute Karten für Erfolgsbereitschaft

Der Erfolgsfaktor Erfolgsbereitschaft umschreibt die vorhandene Bereitschaft, erfolgsreich zu sein.

- Was ist Erfolg eigentlich für Sie? Was verstehen Sie unter Erfolg? Woran denken Sie, wenn Sie das Wort Erfolg hören? Tragen Sie spontan Ihre Gedanken dazu ein.

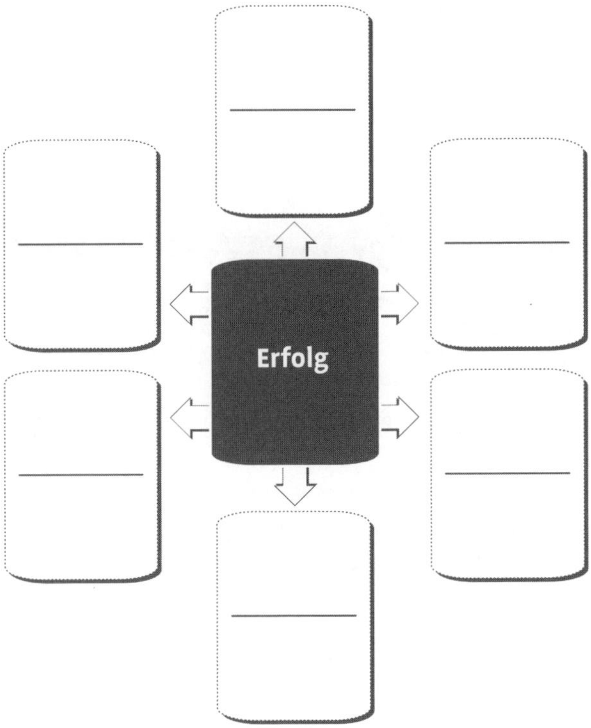

Arbeitsblatt 107: Schauen Sie sich selbst in die Karten!

Damit Sie sich Ihrer selbst bewusst werden, betrachten Sie die Gründe, warum das Ihre Karten in puncto Erfolg sind, einmal näher.

- Übertragen Sie zunächst die Antworten Ihres Kartensets von Arbeitsblatt 106 in die linke Spalte. Schreiben Sie dann die unterschiedlichen Gründe in die rechte Spalte.

Erfolg …	…, weil …
1.	
2.	
3.	
4.	
5.	
6.	

Arbeitsblatt 108: Sammeln Sie Ihre Erfolge!

Als Führungskraft blicken Sie vielleicht schon auf eine längere Zeit im Berufsleben zurück und sicher auch auf die unterschiedlichsten Erfolge. Versetzen Sie sich für ein paar Minuten gedanklich an den Anfang Ihrer Karriere und gehen Sie Jahr für Jahr ab diesem Zeitpunkt durch und sammeln Sie Ihre Erfolge. Was haben Sie erfolgreich geschafft? Was hat sich als erfolgreich erwiesen? Tragen Sie jeden einzelnen Erfolg hier ein und freuen Sie sich daran! Führen Sie sich Ihre Erfolge im wahrsten Sinne des Wortes vor Augen!

Arbeitsblatt 109: Und – wie sehen Sie das?

Lesen Sie sich die folgenden Zitate ausführlich durch:

- »Erfolg ist die Kunst, unbemerkt Fehler zu machen.« *(Anonymus)*
- »Ich habe niemals an den Erfolg geglaubt. Ich habe dafür gearbeitet.« *(Estée Lauder)*
- »Erfolg ist das Letzte, was einem vergeben wird.« *(Truman Capote)*
- »Erfolg hat drei Buchstaben: TUN!« *(Johann Wolfgang von Goethe)*
- »Der Preis des Erfolges sind Hingabe, harte Arbeit und unablässiger Einsatz für das, was man erreichen will...« *(Frank Lloyd Wright)*

Welches der Zitate spiegelt Ihre Einstellung zur Erfolgsbereitschaft am besten wider?

Warum haben Sie sich für dieses Zitat entschieden?

Was ist Ihrer Meinung nach die Quintessenz des Zitats?

Was genau spricht Sie an diesem Zitat mehr an als an den anderen?

Welche Schlüsse ziehen Sie für sich im Hinblick auf Ihre Erfolgsbereitschaft persönlich daraus?

Welche Strategie können Sie für sich daraus ableiten?

Was ist Ihrer Meinung nach die Quintessenz der anderen Zitate?

Was nehmen Sie aus den Zitaten für sich mit?

Arbeitsblatt 110: Denken Sie erfolgreiche Gedanken!

Erfolge lassen sich nicht erzwingen. Erfolg kommt auch nicht über Nacht. Erfolg ist das Ergebnis kontinuierlicher und konzentrierter Arbeit sowie das Produkt aus Leistungswillen, Überlegungen, Erfahrungen, Entscheidungen, Engagement, Möglichkeiten und Potenzial. Unter Erfolg verstehen wir das Erreichen gesetzter Ziele. Sie als Führungskraft können – beruflich gesehen – auf zweierlei Art Erfolg haben:

- persönlicher Erfolg im Beruf im Hinblick auf Ihre Karriere
- das Erreichen von Unternehmenszielen.

Erfolg beginnt im Kopf. Wenn Sie von sich denken, dass Sie erfolgreich sind oder erfolgreich sein werden, dann steigt die Wahrscheinlichkeit, dass Sie Erfolg haben werden, denn die positive Erwartung von Erfolg zieht automatisch eine steigende Erfolgsbereitschaft und damit Erfolg nach sich. Sie denken quasi in »Erfolg« und nicht in »Scheitern«. Wenn Sie erfolgreiche Gedanken, also Gedanken voller Erfolg denken, dann erwächst daraus eine sich selbst erfüllende Prophezeiung. Weil Sie Erfolg erwarten, werden Sie Erfolg haben. Zahlreiche Experimente und Studien haben das nachgewiesen; Paul Watzlawick schreibt: »Sich selbst erfüllende Prophezeiungen haben einen geradezu magischen, ›wirklichkeits‹-schaffenden Effekt« (Watzlawick 2011, S. 61).
Was denken Sie, wie groß Ihr Einfluss darauf ist, ob Sie Erfolg hinsichtlich a) Ihrer Karriere und b) der Unternehmensziele haben? Zeichnen Sie den jeweiligen Anteil in die nachstehenden Tortendiagramme ein.

Begründen Sie, wie Sie das mit Ihrem Einfluss auf Ihren Erfolg sehen.

Inwiefern halten Sie sich für erfolgreich und erfolgsbereit?

Wie beurteilen Sie Ihre bisherigen Erfolge? Was hat dazu geführt?

Was wird durch Erfolg für Sie möglich?

Was wird verhindert?

Welchen Preis sind Sie bereit, für Ihren Erfolg zu zahlen?

Nennen Sie drei Gründe, warum Sie Erfolg haben werden, was immer auch geschieht!

Arbeitsblatt 111: Goethe …

»Was immer du tun kannst oder erträumst zu können, beginne es. Kühnheit besitzt Genie, Macht und magische Kraft. Beginne es jetzt!«

Johann Wolfgang von Goethe

Von welchen Erfolgen träumen Sie? Welche halten Sie für möglich?

Was können Sie dazu beitragen, dass Sie diese Erfolge »einfahren«?

Was hindert Sie bisher daran?

Was würde sich dadurch für Sie erfüllen?

Wie erfolgreich könnten Sie sein, wenn Sie das täten, wovon Sie überzeugt sind?

Arbeitsblatt 112: Die Zutaten

*»Wenn wir alles täten, wozu wir imstande sind,
würden wir uns wahrlich in Erstaunen versetzen.«*

Thomas Edison

- Wer erfolgsbereit ist, **will** Erfolg! Unbedingt! Der lässt sich nicht durch Misserfolge abschrecken, sondern steht auf und geht weiter ... Was sind die Zutaten für Erfolg? Was führt dazu, dass Sie erfolgreich sind?

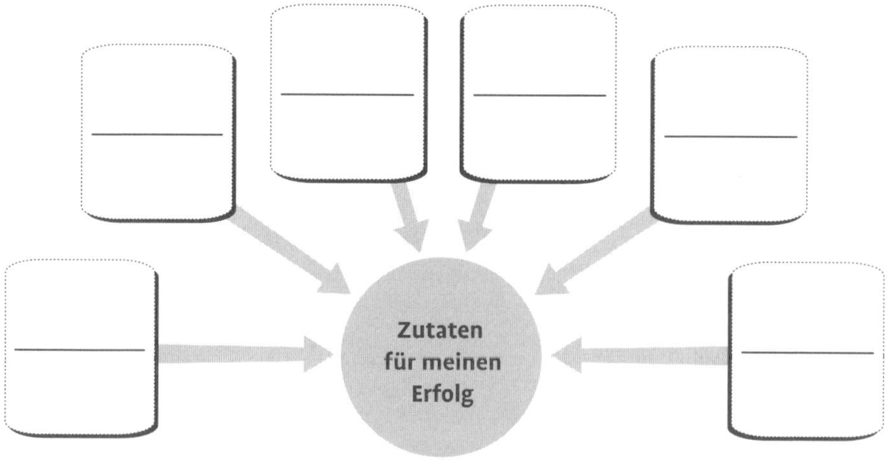

- Lesen Sie noch einmal aufmerksam das Zitat von Thomas Edison durch und überlegen Sie, wozu Sie imstande sind – wodurch würden Sie sich selbst in Erstaunen versetzen?

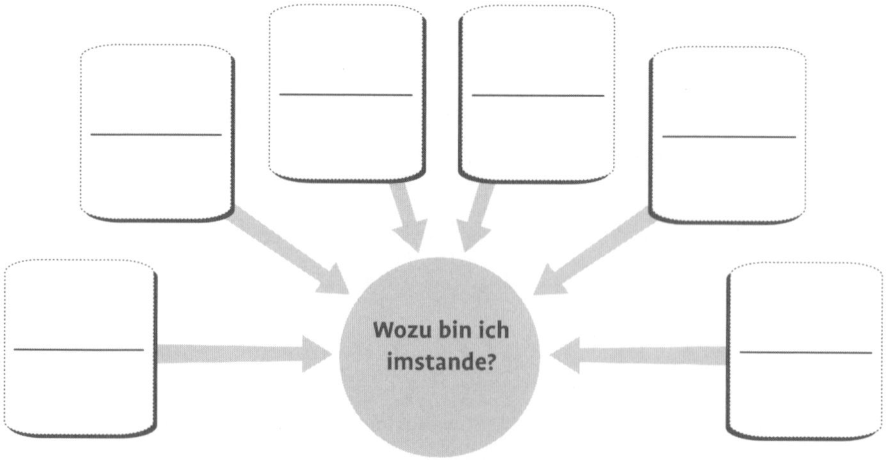

Veränderungsbereitschaft

Zielkompetenz-Erfolgsfaktor Nr. 3: Veränderungsbereitschaft

In diesem Kapitel erfahren Sie, warum Veränderungsbereitschaft auf zwei unterschiedlichen Ebenen vorhanden sein sollte, wie dadurch Erfolge erzielt werden und wo die Grenzen von Veränderungsbereitschaft liegen.

Diese Arbeitsblätter stehen Ihnen für Ihre Arbeiten mit Coachees zur Verfügung:

- Arbeitsblatt 113: Gute Karten für Veränderungsbereitschaft
- Arbeitsblatt 114: Schauen Sie sich selbst in die Karten!
- Arbeitsblatt 115: Bereit für Veränderungen?!
- Arbeitsblatt 116: Veränderungsbereitschaft und ich ...
- Arbeitsblatt 117: Bauen Sie Windmühlen?
- Arbeitsblatt 118: Noch Fragen?!
- Arbeitsblatt 119: Was ist zu tun?
- Erkenntnisblatt als Download: Drei Erkenntnisse aus dem Thema Veränderungsbereitschaft, die Sie für sich mitnehmen

Was ist Veränderungsbereitschaft?

Das Konzept der Veränderungsbereitschaft hat zwei relevante Ebenen:

Auf persönlicher Ebene besteht es in der Bereitschaft zu Wachstum, Entwicklung und Veränderung, die – aus entwicklungspsychologischer Sicht – jeder von uns im Laufe seines Lebens benötigt. Leben heißt Entwicklung, bedeutet Veränderung. Hier sind Führungskräfte – und nicht nur die – gut beraten, sich an dem folgenden Gedanken von Mahatma Gandhi zu orientieren: »Sei du selbst die Veränderung, die du dir wünschst für diese Welt« (Mahatma Gandhi).

Auf organisatorischer Ebene umfasst Veränderungsbereitschaft die Akzeptanz von Veränderungen, denen sich das Unternehmen ausgesetzt sieht, und die Aufgeschlossenheit sowie den Mut, neue Wege für das Unternehmen zu suchen und zu gehen. Doch auch wenn hier von Organisationen und Unternehmen die Rede ist: Es geht dabei um die Menschen, die ihre Arbeitskraft zu Verfügung stellen – sie sind es, die die Bereitschaft mitbringen müssen, diese Veränderungen mitzugehen, sie mitzutragen, damit innovatives, kreatives und ideenreiches Handeln die

Antwort auf die sich ankündigenden oder bereits eingetroffenen Veränderungen sein kann! Aber: Dafür benötigen diese Menschen ein einladendes Klima! Das gilt es zu schaffen!

Inwieweit ist Veränderungsbereitschaft ein Erfolgsfaktor für Führungskräfte?

Führungskräfte sind heute mehr denn je gefordert, sich immer und immer wieder auf Veränderungen einzustellen und ihre Mitarbeiter dafür zu begeistern. Dafür benötigen sie Mut, denn nur dadurch wird es ihnen möglich sein, die Zeichen der Zeit zu lesen, althergebrachte Methoden und Vorgehensweisen loszulassen und sich außerhalb vertrauter und bewährter Wege zu bewegen. Denn: Veränderungen bedeuten immer ein Risiko – keiner weiß, wie es danach wirklich weitergehen wird, ob die angestrebten Verbesserungen erzielt werden und die Ergebnisse am Ende stimmen. Denn neu gewählte Kurse beruhen – wenn wir ehrlich sind – einzig und allein auf Wahrscheinlichkeiten! Es gibt zweifelsohne immer auch ein Risiko, das möglichst gering gehalten werden soll.

Was heißt das für den Erfolg von Führungskräften? Sie sind gefordert, einerseits den Weg mit dem geringsten Risiko zu wählen und andererseits ihre Mitarbeiter dazu zu motivieren. Vielleicht kennen Sie das chinesische Sprichwort:

»Wenn der Wind des Wandels weht, bauen die einen Mauern und die anderen Windmühlen.«

Führungskräfte dürfen sich Veränderungen nicht verschließen und keine Mauern bauen, sondern sie müssen – um im Bild zu bleiben – Windmühlen bauen können oder angesichts des hohen Tempos von Veränderungen einen ganzen Windpark. Wie der Volksmund sagt: »Entweder man geht mit der Zeit oder man geht mit der Zeit.«

Veränderungen beginnen im Kopf – hierin besteht die Chance für Führungskräfte. Sie sind gefordert, sich vom althergebrachten Bild von Arbeit zu verabschieden: Es gibt heutzutage immer seltener *den* Job fürs Leben, der über Jahrzehnte hinweg konsistent ist. Veränderungsbereitschaft sollten sie als Basiskompetenz verstehen, dank der sie ihren Platz im Unternehmen aufs Neue definieren, anstreben und finden können.

Wer es als Führungskraft erreichen möchte, dass seine Mitarbeiter die anstehenden Veränderungen mittragen, der muss einerseits selbst davon überzeugt sein und andererseits die Bedürfnisse der Mitarbeiter, die üblicherweise sehr beständig sind, im Blick behalten.

Die Grenzen von Veränderungsbereitschaft

Ständige Veränderungen führen zu einer verheerenden Verunsicherung von Führungskräften und Mitarbeitern gleichermaßen, deren größtes Bestreben dann darin zu bestehen scheint, fehlerfrei zu bleiben. Denn ihr Bedürfnis nach einem *sicheren* Arbeitsplatz – auch nach der nächsten Um- oder Restrukturierung – ist größer als ihr Bestreben, mit innovativen und kreativen Ideen zu glänzen und einen wertvollen Beitrag für das Unternehmen zu leisten. Viele Mitarbeiter sind längst abgestumpft, erledigen ihre Arbeit und warten gespannt auf den nächsten Kurswechsel. Ich kenne Unternehmen, in denen das Leitbild öfter verändert wird als die Farbe an den Wänden, in denen eine Reform die nächste jagt und in denen die Mitarbeiter bei Neuankündigungen schon nicht mehr wirklich zuhören, weil sie wissen, dass auch das vorübergeht ... Viele von ihnen sind es einfach leid, sind müde, sind frustriert.

Stellt sich die Frage: Wie sollen Führungskräfte es anstellen, die Mitarbeiter für solche Neuerungen zu gewinnen? Denn schließlich geht es um das wirtschaftliche Überleben der Unternehmen. Die Antwort dafür liegt auf der Hand: Sie können dafür weit im Voraus den Boden sorgfältig bereiten.

Förderliche Faktoren für Veränderungsbereitschaft	Hinderliche Faktoren für Veränderungsbereitschaft
verlässliche Beziehungen zu den Mitarbeitern	schlechte beziehungsweise keine wirklichen Beziehungen zu den Mitarbeitern
wertschätzender Umgang im Team	ungerechte sowie ungerechtfertigte Kritik
transparente, symmetrische Kommunikation	schlechter Informationsfluss
Offenheit für innovative Ideen	sich durch Ideen bedroht und minderwertig fühlen
konstruktiver Umgang mit Kritik	Kritik im Keim ersticken
Kenntnis der Bedürfnisse der Mitarbeiter	Desinteresse
Kontinuität im Führungsstil	unberechenbares Verhalten

Zum Einsatz der Arbeitsmaterialien

Die Arbeitsblätter 113 bis 115 bieten einen idealen Einstieg in die Selbstreflexion zum Thema. Beim Arbeitsblatt 116 empfehle ich Ihnen, ausführlich im Gespräch mit Ihrem Klienten zu bleiben. Da Veränderungsbereitschaft sehr eng mit der generellen Bereitschaft für Neues zusammenhängt, kann es hilfreich sein, über Angst und Mut zu sprechen. Ermutigen Sie Ihren Klienten, aber nicht im Sinne einer »Tschakka-Tschakka-Alles-ist-super«-Mentalität, sondern aufrichtig und voller Respekt.

Berücksichtigen könnten Sie dabei folgende Erkenntnisse: Meine Studie zum Thema »Mut« (2011) ergab: Die meisten Menschen haben (große) Angst vor Veränderungen.

Was macht wirklich glücklich?

In meiner repräsentativen Studie zum Thema Glück (2010) habe ich den Teilnehmern unter anderem diese qualitative Frage gestellt: »Wenn Sie einen Wunsch frei hätten, was würden Sie sich wünschen, damit Sie glücklich sind?«
Was denken Sie? Wie würde Ihre eigene Antwort lauten? Notieren Sie Ihre Gedanken.

Die drei häufigsten Nennungen sind:

- Gesundheit
- Es soll alles so bleiben, wie es ist.
- Familie/Harmonie in Beziehungen

An zweiter Stelle steht also: Es soll alles so bleiben, wie es ist. Das ist unser tiefer Wunsch, doch gleichzeitig müssen wir Menschen die Fähigkeit entwickeln, Veränderungen gegenüber aufgeschlossen zu sein – denn, wie Sie wissen, heißt Leben Veränderung. Damit alles fast so bleibt, muss sich vieles ändern.

Literaturtipp

Ich empfehle Ihnen an dieser Stelle gern zwei Bücher des Managementtrainers Reinhard K. Sprenger, die mir sehr gut gefallen, weil sie so klar und konsequent sind. Und radikal – also, an die Wurzel gehend … Das gefällt mir sehr!

- Sprenger, R. K. (2012): Radikal führen. Frankfurt am Main: Campus.
- Sprenger, R. K. (2010): Die Entscheidung liegt bei dir! Wege aus der alltäglichen Unzufriedenheit. Frankfurt am Main: Campus.

Arbeitsblatt 113: Gute Karten für Veränderungsbereitschaft

Nichts im Leben ist so beständig wie der Wandel, sagt der Volksmund ... Auch wenn sich die meisten von uns wünschen würden, dass alles so bleibt, wie es ist, wenn Sie einen Wunsch frei hätten (Engelmann 2008).

- Was ist Veränderungsbereitschaft für Sie? Woran denken Sie bei dem Wort Veränderungsbereitschaft?

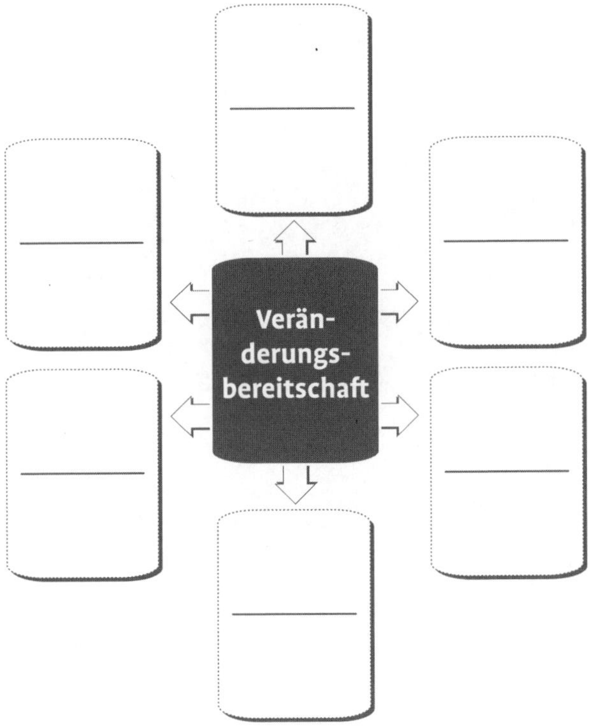

Arbeitsblatt 114: Schauen Sie sich selbst in die Karten!

Damit Sie sich Ihrer selbst bewusst werden, betrachten Sie die Gründe, warum das Ihre Karten in puncto Veränderungsbereitschaft sind, einmal näher.

- Übertragen Sie zunächst die Antworten Ihres Kartensets von Arbeitsblatt 113 in die linke Spalte. Schreiben Sie dann die unterschiedlichen Gründe in die rechte Spalte.

Veränderungs-bereitschaft ...	..., weil ...
1.	
2.	
3.	
4.	
5.	
6.	

Arbeitsblatt 115: Bereit für Veränderungen?!

»Wer aufhört, besser werden zu wollen, hört auf, gut zu sein.«

Marie von Ebner-Eschenbach

Wie stehen Sie generell zu Veränderungen?

Wie gut können Sie sich auf Veränderungen einstellen?

Welche Veränderungen haben sich in Ihrem (Berufs-)Leben als positiv herausgestellt?

Welchen Unterschied sehen Sie zwischen Veränderungen, die von außen auf Sie zukommen, und solchen, die aus Ihnen heraus entstehen?

Mit welchen Strategien sind Sie Veränderungen begegnet, die von außen initiiert wurden?

Mit welchen Veränderungen haben Sie es momentan in Ihrem Beruf zu tun? Wie gehen Sie damit um?

Warum haben Sie Veränderungen in Bezug auf sich selbst heraus eingeläutet? Wie hoch ist Ihre persönliche Veränderungsbereitschaft?

Was würden Sie gern bei sich selbst verändern? Was könnten Sie »besser« machen?

Was hindert Sie bisher daran?

Was wäre das Gute daran, wenn Sie das wirklich täten?

Arbeitsblatt 116: Veränderungsbereitschaft und ich …

Nachstehend sehen Sie 16 Begriffe – suchen Sie die acht Begriffe aus, die Ihrer Meinung nach relevant im Zusammenhang mit Veränderungsbereitschaft sind, und ordnen Sie jedem Begriff durch Beschriften ein Tortenstück zu.

Beständigkeit	Offenheit	Widerstand	Neues
Selbstvertrauen	Potenzial ausschöpfen	Entwicklung	Entscheidungen
Risiko	Erfolg	Chance	Gewinn
Krise	Tabula rasa	Ungewissheit	Komfortzone

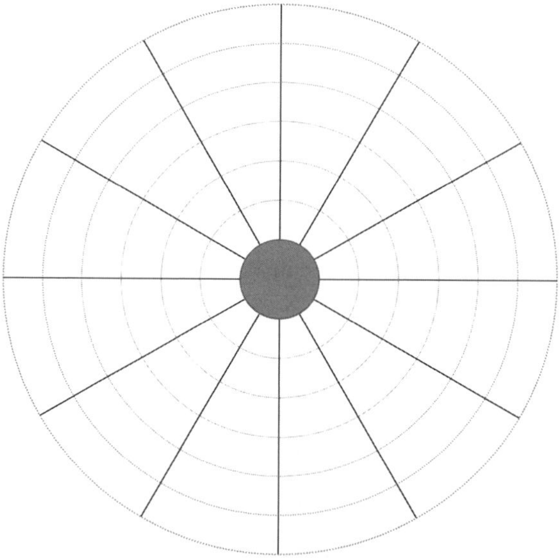

- Schätzen Sie sich nun selbst auf einer Skala von 1 bis 10 für jeden der acht von Ihnen gewählten Faktoren ein, wobei gilt: 1 = hier habe ich sehr viel Potenzial, 10 = ich habe mein Potenzial voll ausgeschöpft. Schreiben Sie Ihr Ergebnis zum jeweiligen Begriff dazu.

Arbeitsblatt 117: Bauen Sie Windmühlen?

»Wenn der Wind des Wandels weht, bauen die einen Mauern und die anderen Windmühlen.«

Chinesisches Sprichwort

Veränderungen sind nicht populär – schon gar nicht in Unternehmen. Das hängt unter anderem damit zusammen, dass sich das Unternehmen und seine Mitarbeiter in dieser Phase in einer Art »Schwebezustand« befinden und keiner (beziehungsweise die wenigsten) weiß, wie es genau weitergehen wird. »Wie weitgehend sind die Veränderungen?«, »Wie sehr werde ich davon betroffen sein?«, fragt sich dann jeder. Aus Unsicherheit und vielleicht sogar Angst heraus neigen viele dazu, lieber Mauern zu bauen, weil sie sich dahinter sicher und geborgen fühlen. Und Sie – wie stehen Sie Veränderungen gegenüber? Bauen Sie eine Windmühle?

Was würde dazu führen, dass Sie eine Windmühle bauen?	Und wie verhält es sich, wenn Sie als Führungskraft die Veränderung herbeiführen und dafür verantwortlich zeichnen?
Wie oft haben Sie schon Windmühlen gebaut?	Wie bereiten Sie Ihre Mitarbeiter darauf vor?
Was benötigen Sie, um Windmühlen zu bauen und keine Mauern?	Wie transparent gestalten Sie den Veränderungsprozess?

Je weniger Unsicherheit eine Veränderung begleitet, desto geringer wird der Widerstand sein – gestalten Sie deshalb den Veränderungsprozess so transparent wie möglich!

Arbeitsblatt 118: Noch Fragen?!

Veränderungsbereitschaft ist eine notwendige Eigenschaft, die Unternehmen heute haben müssen – aber das war eigentlich schon immer so ... Ein wesentlicher Erfolgsfaktor ist die Veränderungsbereitschaft jedes Einzelnen im Unternehmen. Die folgenden Aussagen beziehen sich auf Ihre Einschätzungen zu Ihrer Bereitschaft, sich verändern zu wollen, zu können und – vielleicht auch – zu müssen. Kreuzen Sie die zutreffende Antwortmöglichkeit an (1 = trifft gar nicht zu, 2 = trifft etwas zu, 3 = trifft überwiegend zu, 4 = trifft völlig zu).

Veränderungen ...	1	2	3	4
gegenüber bin ich sehr aufgeschlossen	☐	☐	☐	☐
machen mir schon manchmal Angst	☐	☐	☐	☐
bringen so viel Unruhe mit sich – das gefällt mir nicht wirklich	☐	☐	☐	☐
gehören zum Leben dazu	☐	☐	☐	☐
bedeuten auch neue Chancen	☐	☐	☐	☐
– darauf kann ich mich gut einstellen	☐	☐	☐	☐
sehe ich als Herausforderung für mich	☐	☐	☐	☐
sind unerlässlich auf dem Weg zum Erfolg	☐	☐	☐	☐
sind eigentlich kaum der Rede wert – ich bin dafür bereit	☐	☐	☐	☐

Ein verändernder Impuls

Durch Veränderungen wird es möglich, dass ...

1. ______

2. ______

3. ______

Arbeitsblatt 119: Was ist zu tun?

»Es ist sinnlos zu sagen: Wir tun unser Bestes. Es muss dir gelingen, das zu tun, was erforderlich ist.« *Winston Churchill*

Sicher, es ist gut, wenn Sie sich gut und leicht auf Veränderungen einstellen können! Und falls Ihnen das schwerfällt, so mag Ihnen das genannte Zitat eine Hilfe sein.

Anmerkung: Das Erkenntnisblatt »Drei Erkenntnisse aus dem Thema Veränderungsbereitschaft, die Sie für sich mitnehmen« erhalten Sie als Download.

Entscheidungsstärke

Zielkompetenz-Erfolgsfaktor Nr. 4: Entscheidungsstärke

In diesem Kapitel erfahren Sie, warum Hasen mehr mit Entscheidungsstärke zu tun haben, als Sie bis eben dachten ... Sie lernen Einflussfaktoren von Entscheidungsprozessen sowie Charakteristika von Entscheidungsstärke kennen.

Übersicht über die dazu erstellten Arbeitsmaterialien:

- Arbeitsblatt 120: Gute Karten für Entscheidungsstärke
- Arbeitsblatt 121: Schauen Sie sich selbst in die Karten!
- Arbeitsblatt 122: Wie viele Hasen jagen Sie?
- Arbeitsblatt 123: »Weg von ...« oder »Hin zu ...«?
- Arbeitsblatt 124: Nutzen Sie Ihren Entscheidungsspielraum
- Arbeitsblatt 125: Entscheidende Fragen
- Arbeitsblatt 126: Entscheiden Sie aus dem Bauch heraus!
- Erkenntnisblatt als Download: Drei Erkenntnisse aus dem Thema Entscheidungsstärke, die Sie für sich mitnehmen

Ein kluger Rat ...

Mein Vater gab mir früher einen sehr klugen Rat, für den ich ihm ewig dankbar sein werde: »Beurteile nie eine Entscheidung von früher mit dem Wissen von heute, denn zu dem damaligen Zeitpunkt hattest du dieses Wissen noch nicht!« Für mich ist der Rat meines Vaters Gold wert, denn er ermöglicht es mir, zu entscheiden und zu handeln und zu meinen Entscheidungen zu stehen.

Was ist Entscheidungsstärke?

Darum geht es bei dem Erfolgsfaktor Entscheidungsstärke: den richtigen Zeitpunkt innerhalb eines bestimmten, vertretbaren Zeitrahmens abzupassen, an dem eine Entscheidung nach bestem Wissen und Gewissen möglich wird, und dann aus den gegebenen Optionen diejenige auswählen, die den optimalen Ausgang ermöglicht. Dieser Zeitpunkt ist genau der Punkt, an dem die Wahrscheinlichkeit, dass zusätzliche Informationen mehr Entscheidungssicherheit bieten würden, nicht mehr zunimmt. Aber: Für eine Entscheidung bedarf es einer gehörigen Portion an Mut und Vertrauen, weil wir nicht wissen können, wie die Sache ausgeht!

Entscheidungsstärke besteht aus mehreren Segmenten, wobei Geschwindigkeit und Mut die herausragenden Merkmale sind:

Inwiefern ist Entscheidungsstärke ein Erfolgsfaktor?

Unternehmen müssen in der Lage sein, sich den Marktbedingungen anzupassen und auf Signale und Anforderungen von außen zu reagieren – deshalb ist insbesondere Entscheidungsstärke eine wesentliche Kompetenz für Führungskräfte (Löhner 2005, S. 116). Die Geschwindigkeit, mit der Manager Entscheidungen treffen müssen, ist ausschlaggebend für den Unternehmenserfolg, und das bei steigender Frequenz. Zumeist liegen ihnen dafür nur etwa 60 bis 80 Prozent der benötigten Informationen vor. Das können kleine oder bedeutsame Entscheidungen sein. Wie auch immer: Entscheidung bedeutet, sich bewusst *für* eine von zwei oder mehreren Möglichkeiten zu entscheiden und – ob sie das wollen oder nicht – das bedeutet gleichzeitig, dass sie sich *gegen* die eine oder mehr Möglichkeiten entschieden haben. Es gibt nur entweder A oder B – das ist das Wesen einer Entscheidung. Ich erinnere mich daran, dass meine Mutter mir, seit ich denken kann, immer gesagt hat: »Du musst dich entscheiden: *ent* oder *weder*.« Das trifft es auf den Punkt!

Doch auch, wenn wir uns nicht entscheiden, haben wir uns entschieden. Frei nach Watzlawick lässt sich sagen: »Man kann sich nicht nicht entscheiden.« Wer sich nicht entscheidet, nimmt Konsequenzen in Kauf, für die er sich sonst nicht aus freien Stücken entschieden hätte – und das kann ein fataler Fehler sein. Denn dann ist die Wahrscheinlichkeit, dass die Folgen für das Unternehmen nicht günstig sind, gestiegen. Und das ist die Aufgabe von Führung: Entscheidungen so im Sinne des Unternehmens zu treffen, dass die ausgegebenen Unternehmensziele erreicht werden. Dafür ist Führung erforderlich. Die Schwierigkeit ist dabei ganz klar, dass zum Zeitpunkt der Entscheidung noch nicht alle benötigten Informationen vorliegen ...

Ein weiterer Grund: Führungskräfte sind Vorbilder für ihre Mitarbeiter, und das gilt natürlich auch für den Erfolgsfaktor Entscheidungsstärke, denn Führungskräfte erwarten ja auch zu Recht von ihren Mitarbeitern, dass diese ebenfalls entscheidungsstark sind. Für Mitarbeiter sind Führungskräfte wie Leuchttürme, denn sie dienen ihnen zur Orientierung, und Mitarbeiter versuchen, mit ihrem Verhalten in deren Nähe zu kommen.

Einflussfaktoren im Entscheidungsprozess

Warum treffen wir unsere Entscheidungen? Wovon hängt es ab, wie wir uns entscheiden? Welche Faktoren spielen bei diesem Prozess eine Rolle?

Tragweite der Entscheidung	**Entscheidungsstruktur**	**Kontext**	**Beurteilungsvermögen**
Fehlertoleranz	**Selbstvertrauen**	**zur Verfügung stehende Zeit**	**Fähigkeit zur Priorisierung**
Risikoanalyse	**Wissen um Entscheidungsalternativen**	**fehlende Informationen**	**Mut**

Ob eine Entscheidung sich als richtig oder falsch, als klug oder unklug, als glücklich oder unglücklich, als gute oder schlechte Entscheidung herauskristallisiert, wird dann erst die Zeit zeigen. – So ist das. Wem ein glückliches Händchen bei Entscheidungen nachgesagt wird, der hat das Glück, dass die Konsequenzen seiner Entscheidungen, die er getroffen hat, obwohl er noch nicht über alle relevanten Informationen verfügt hat, in die gewünschte Richtung gegangen sind. Auch wenn es wie Kalkül aussieht, da bei Entscheidungen Wahrscheinlichkeiten beteiligt sind, haben sie doch auch immer etwas mit Glück zu tun.

Wer im Laufe seines Lebens gute Erfahrungen mit seiner Entscheidungsfähigkeit gemacht hat, der wird sich ohne jeden Zweifel sehr viel leichter tun als derjenige, der im Nachhinein die meisten seiner Entscheidungen bereut.

Wichtig für Sie im Coaching

»Ich jage nie zwei Hasen auf einmal.« So lautete die Erfolgsregel Otto von Bismarcks in puncto Entscheidungen. Wie klug und effizient! Unterstützen Sie Ihren Coachee während der gemeinsamen Gespräche dahin gehend, dass er Entscheidungen nicht als Last empfindet, sondern als Möglichkeit, bestimmten Entwicklungen eine Richtung zu geben. Das ist ein sehr selbstbestimmter Prozess. Wenn Sie ihm dann noch die Erfolgsregel Bismarcks erzählen und Ihr Klient versteht, dass er durch sein Handeln nur einen Hasen treffen wird und es auch muss, bevor sie längst über alle Berge sind, dann fällt es ihm bestenfalls leichter, sich zu entscheiden und nicht zu zögern und zu zaudern ... Sie können mit ihm über seine Antreiber bei Entscheidungen reflektieren und ihm darüber hinaus zeigen, wie groß sein Gestaltungsfreiraum ist.

Arbeitsblatt 120: Gute Karten: Entscheidungsstärke

Entscheidungsstärke, starke Entscheidungen treffen, auf die eigenen Stärken vertrauen, um Entscheidungen zu treffen – was ist eigentlich Entscheidungsstärke?

- Was ist Entscheidungsstärke für Sie? Was verstehen Sie unter Entscheidungsstärke? Woran denken Sie, wenn Sie das Wort Entscheidungsstärke hören? Tragen Sie spontan Ihre Gedanken dazu ein.

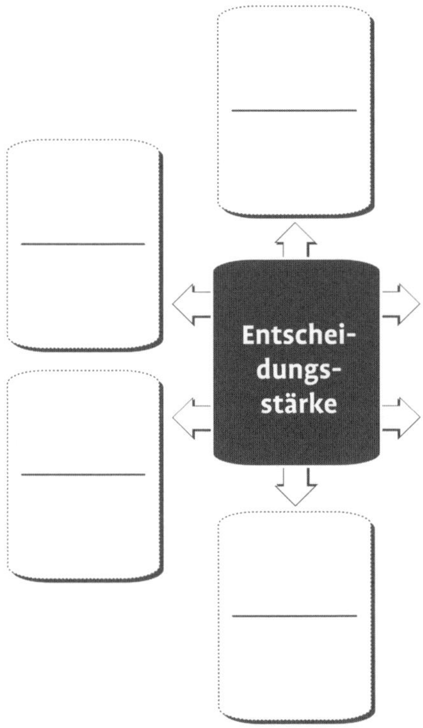

Arbeitsblatt 121: Schauen Sie sich selbst in die Karten!

Damit Sie sich Ihrer selbst bewusst werden, betrachten Sie die Gründe, warum das Ihre Karten in puncto Entscheidungsstärke sind, einmal näher.

- Übertragen Sie zunächst die Antworten Ihres Kartensets von Arbeitsblatt 120 in die linke Spalte. Schreiben Sie dann die unterschiedlichen Gründe in die rechte Spalte.

Entscheidungsstärke …	…, weil …
1.	
2.	
3.	
4.	
5.	
6.	

Arbeitsblatt 122: Wie viele Hasen jagen Sie?

»Ich jage nie zwei Hasen auf einmal.«

Otto von Bismarck –

So lautete die Erfolgsregel Otto von Bismarcks, wenn es um Entscheidungen ging. Das ist eine kluge Regel und eine effiziente dazu, denn er würde sowieso nicht beide treffen können. In dem Wort Entscheidung steckt das Wort »scheiden«, das für »sich trennen, sich abgrenzen, auseinandergehen« steht. So ist es: Um sich *für* einen Hasen entscheiden zu können, müssen Sie sich wohl oder übel auch *gegen* den anderen Hasen entscheiden. Wenn Sie sich für einen Hasen entschieden haben, so bedeutet das in der Konsequenz, dass Sie sich damit gegen den anderen entschieden haben. Und: Sie werden *keinen einzigen* Hasen erlegen, wenn Sie nicht in der Lage sind, eine Entscheidung zu treffen, um es in der Sprache Otto von Bismarcks zu sagen ... Denn während Sie noch zögern und zaudern, sind die Hasen längst schon über alle Berge.

Wie gern treffen Sie eigentlich Entscheidungen?	1 ☐ 2 ☐ 3 ☐ 4 ☐ 5 ☐ 6 ☐ 7 ☐ 8 ☐ 9 ☐ 10 ☐
Diesen Wert habe ich angekreuzt, weil	
Bitte schätzen Sie ein, wie entscheidungsstark Sie sind.	1 ☐ 2 ☐ 3 ☐ 4 ☐ 5 ☐ 6 ☐ 7 ☐ 8 ☐ 9 ☐ 10 ☐
Diesen Wert habe ich angekreuzt, weil	

Als Führungskraft müssen Sie Entscheidungen treffen – und keine Hasen jagen –, denn Sie haben viel Verantwortung, eine komplexe Aufgabe und die Notwendigkeit, entscheidungsstark zu sein. Wie viele Entscheidungen treffen Sie etwa am Tag? Wie geht es Ihnen damit? (Sie haben sich übrigens gerade dafür entschieden, sich mit Entscheidungsstärke auseinanderzusetzen – herzlichen Glückwunsch!)

Welche Entscheidungen fallen Ihnen leicht? Woran merken Sie das?

Was macht es Ihnen leicht, sich zu entscheiden?

Welche Entscheidungen fallen Ihnen schwer? Womit hängt das zusammen?

Gibt es Entscheidungen, die Sie seit geraumer Zeit vor sich herschieben? Wenn ja, welche sind das?

Was würde Ihnen dabei helfen, diese Entscheidungen treffen zu können?

Was wäre das Gute daran, wenn Sie die Entscheidungen treffen würden?

Bis wann werden Sie sich spätestens entschieden haben? Auf welche Ihrer Stärken können Sie dafür zurückgreifen?

Die beste Zeit ist immer jetzt! Sie werden sowieso nicht 100 Prozent aller Informationen bekommen, die Sie benötigen. Worauf warten Sie? Seien Sie kein Frosch! Trauen Sie sich! Sie schaffen das!

Arbeitsblatt 123: »Weg von …« oder »Hin zu …«?

Was würden Sie bei anstehenden Entscheidungen auf die folgende Frage antworten: »Wollen Sie weg von oder hin zu etwas?« Der Motivationstrainer Jürgen Höller unterscheidet zwischen zwei Antreibern, die unsere Entscheidungen beeinflussen: Erstens: Wir wollen weg von etwas. Oder zweitens: hin zu etwas (Höller 2010).

Was ist Ihr Antreiber für Entscheidungen? Warum ist das so?

Inwiefern könnte es Ihrer Ansicht nach zielführend sein, Entscheidungen nach dem Motto »Hin zu …« zu treffen?

Inwiefern könnte es Ihrer Ansicht nach zielführend sein, Entscheidungen nach dem Motto »Weg von …« zu treffen?

Wie beurteilen Sie die Aussage: »Entscheidungsstärke hängt von drei Faktoren ab: erstens von der Bereitschaft, Verantwortung zu übernehmen, zweitens davon, Vertrauen in die eigenen Fähigkeiten zu haben und drittens davon, auch Fehler machen zu dürfen«?

Wie beurteilen Sie die Aussage: »Es ist schwer Entscheidungen zu treffen, weil man solche Angst vor Fehlentscheidungen hat«?

Wie beurteilen Sie die Aussage: »Ich habe durch falsche Entscheidungen schon einmal erhebliche Nachteile gehabt – das soll mir nicht mehr passieren«?

Wie beurteilen Sie die Aussage: »Wer als Führungskraft keine Entscheidungsstärke zeigt, wird handlungsunfähig und somit erfolglos sein«? Gilt hier der Umkehrschluss, was meinen Sie?

Wie beurteilen Sie die Aussage: »Entscheidungen machen es möglich, den Dingen die gewollte Richtung zu geben?«

Ein entscheidender Impuls

Durch Veränderungen wird es möglich, dass ...

1.

2.

3.

Arbeitsblatt 124: Nutzen Sie Ihren Entscheidungsspielraum

Als Führungskraft haben Sie einen bestimmten Entscheidungsspielraum, den Sie nutzen können und sollten, um Erfolg zu haben. Die Prämisse dafür: Sie müssen Ihr Ziel kennen und daraufhin die dafür erforderlichen Entscheidungen treffen. Vielleicht hilft es Ihnen, zu wissen, dass Ihnen keiner die Entscheidung abnehmen kann und wird, denn am Ende werden Sie dafür geradestehen und müssenzur Verantwortung gezogen werden.
Mark Twain wird mit den Worten zitiert: »Wer nicht weiß, wohin er will, der muss sich nicht wundern, wenn er ganz woanders ankommt!« Entscheidungen zu treffen hat nicht nur eine »schwere« Seite, sondern auch etwas wirklich Gutes, da Sie durch Ihre Entscheidungen die Richtung bestimmen, in die sich Ihr Unternehmensbereich entwickeln wird. Sie können sich das wie eine T-Kreuzung vorstellen, an der die Frage lautet: Rechts oder links? Ja oder nein? An oder ab? Selbst wenn Sie – wie alle anderen auch – schon einmal Fehlentscheidungen getroffen haben, dann sehen Sie das als Chance für sich und eine Möglichkeit, für Ihren weiteren Lebens- und Berufsweg etwas zu lernen. Sollten Sie dann im Laufe Ihres Berufslebens wieder an diesem oder einem ähnlichen Punkt ankommen, dann können Sie nun auf Ihre Erfahrung zurückgreifen und mit dem neuen Wissen eine andere Entscheidung treffen. Das, was sich früher als Fehlentscheidung und Nachteil zeigte, erweist sich später als wertvolle Erfahrung, die es Ihnen ermöglicht, den »richtigen« Weg zu gehen.

- Sie sehen sich in der nachstehenden Abbildung in der Mitte Ihres Entscheidungsfreiraums.
- Welche Entscheidungen können Sie treffen? Und welche nicht? Welche liegen jenseits Ihres Entscheidungsfreiraums, ob Ihnen das nun gefällt oder nicht?
- Angenommen, Sie würden Ihren gesamten Freiraum nutzen, um Entscheidungen zu treffen, die zu treffen sind, welche wären das? Tragen Sie diese in den Kreis ein.

Ihr persönlicher Entscheidungsspielraum:

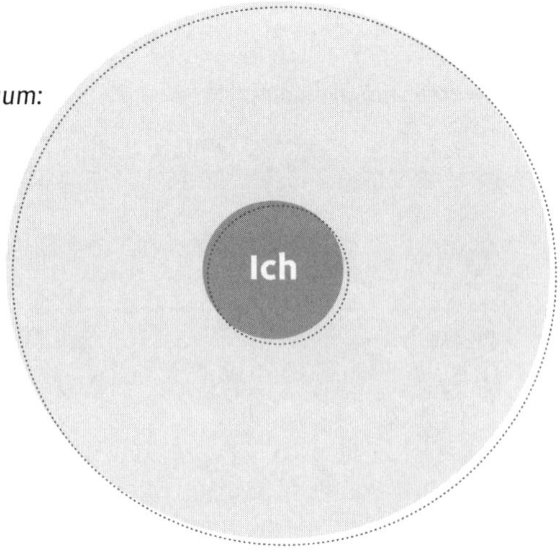

Arbeitsblatt 125: Entscheidende Fragen

Ein wesentlicher Erfolgsfaktor für Unternehmen ist ihre Veränderungsbereitschaft und damit die Fähigkeit, auf äußere Gegebenheiten reagieren zu können. Dies erfordert von den Beteiligten im Unternehmen ebenfalls eine hohe Veränderungsbereitschaft, die es möglich macht, neue Wege einzuschlagen. Dafür benötigen Sie als Führungskraft Mut. –Die folgenden Aussagen beziehen sich auf Ihre Einschätzungen darüber, was Ihnen möglich wäre, wenn Sie bereits jetzt so mutig wären, wie Sie gern wären. Wie würde sich das auf Ihren Job auswirken? Kreuzen Sie die zutreffende Antwortmöglichkeit an (1 = trifft gar nicht zu, 2 = trifft etwas zu, 3 = trifft überwiegend zu, 4 = trifft völlig zu).

Entscheidungen …	1	2	3	4
überlasse ich eigentlich lieber anderen				
und Fehlentscheidungen halten sich bei mir in etwa die Waage				
bekommen mit zunehmenden Sprossen auf der Karriereleiter eine immer größer werdende Tragweite				
treffen zu können, ist eine Ausdruck von Selbstbestimmtheit				
zu treffen heißt für mich, die Wahl zu haben				
haben immer Vor- und Nachteile				
sind dann schwer zu treffen, wenn ich weiß, dass die Zukunft meiner Mitarbeiter davon abhängt				
kann ich dann treffen, wenn ich in Ruhe darüber nachdenken kann				
überlasse ich ungern anderen				
stellen für mich eine Herausforderung dar, die ich sehr gern annehme				
fallen mir nicht schwer, wenn ich weiß, dass ich sie nach bestem Wissen getroffen habe				

Arbeitsblatt 126: Entscheiden Sie aus dem Bauch heraus!

Nehmen wir einmal an, Sie müssten in den nächsten Tagen eine weitreichende Entscheidung treffen. Was können Sie tun? Sie können sich Informationen einholen, Pro- und Kontralisten schreiben, Experten befragen, doch was tun Sie, wenn am Ende Ihres Entscheidungsprozesses immer noch kein Ergebnis vorliegt? Was tun Sie, wenn der Zeitpunkt gekommen ist, an dem Sie eine Entscheidung fällen müssen, ob Sie sich dafür bereit fühlen oder nicht? In solchen Momenten kann es hilfreich sein, wenn Sie auf Ihre innere Stimme hören, Ihre Intuition, Ihr Bauchgefühl. Jeder von uns hat diese Fähigkeit – es ist eine natürliche Kompetenz, die wir haben, die wir aber auch im Laufe unseres Lebens verlernen, wenn wir unsere innere Stimme übertönen. Vertrauen Sie sich selbst – Sie haben alles, was Sie dafür benötigen, bereits in sich.

- Überlegen Sie, inwieweit Intuition ein guter Berater für Sie ist. Nehmen Sie Stellung zu den folgenden vier Aussagen:

Sicher, Intuition ist der beste Berater – aber für mich trifft das nicht wirklich zu ... __________ __________ __________ __________ __________	Wer seiner Intuition vertraut, lebt seine inneren Überzeugungen und wirkt dadurch überzeugend. __________ __________ __________ __________ __________
Es ist erfolgsversprechend für mich, wenn ich Entscheidungen gut vorbereite und dann auf meine innere Stimmer höre. __________ __________ __________ __________ __________	Entscheidend für den Erfolg im Beruf ist nicht irgendeine innere Stimme, sondern einzig und allein die Faktenlage. __________ __________ __________ __________ __________

Anmerkung: Das Erkenntnisblatt »Drei Erkenntnisse aus dem Thema Entscheidungsstärke, die Sie für sich mitnehmen« erhalten Sie als Download.

Lösungsorientierung

Zielkompetenz-Erfolgsfaktor Nr. 5: Lösungsorientierung

In diesem Kapitel dreht sich alles um Lösungen und nicht um Probleme ... Ebenso um den Wunsch, manchmal keine Lösungen finden zu wollen, ganz nach dem Motto: »Geh mir weg mit deiner Lösung, sie wär der Tod für mein Problem.«

Die Arbeitsblätter unterstützen Sie bei Ihrer Arbeit mit Ihrem Klienten, einen profunden Einblick darüber zu erhalten, was Lösungsorientierung für ihn bedeutet und mit sich bringt. Schauen Sie sich zudem selbst in die Karten!

- Arbeitsblatt 127: Gute Karten für Lösungsorientierung
- Arbeitsblatt 128: Schauen Sie sich selbst in die Karten!
- Arbeitsblatt 129: Lösungen im Quadrat
- Arbeitsblatt 130: Ich hätte da gern mal ein Problem!
- Arbeitsblatt 131: Houston, wir haben ein Problem!
- Arbeitsblatt 132: Schlimmer geht es immer!
- Arbeitsblatt 133: Die Sonne geht auf!
- Erkenntnisblatt als Download: Drei Erkenntnisse aus dem Thema Lösungsorientierung, die Sie für sich mitnehmen

Was ist Lösungsorientierung?

Der Erfolgsfaktor Lösungsorientierung ist weitaus mehr als die Ausrichtung auf die Lösung, er verkörpert vielmehr eine konstruktive innere Haltung dem Leben gegenüber – auch dem Arbeitsleben. »Der eine sieht nur Bäume, Probleme dicht an dicht. Der andere Zwischenräume und das Licht.« Dieser Gedanke von Matani fasst das treffend zusammen. Lösungsorientierte Menschen sind davon überzeugt, dass es Lösungen gibt, selbst wenn sie diese im Moment noch nicht erahnen geschweige denn sehen können. Diese Haltung befähigt sie dazu, den Scheinwerfer ihrer Aufmerksamkeit konsequent in Richtung Lösung zu richten. Sie finden Lösungen für Probleme. Um Missverständnissen gleich vorzubeugen: Das heißt nicht automatisch, dass lösungsorientierte Menschen die Existenz von Problemen leugnen oder, in etwas abgemilderter Form, verniedlichen, indem sie diese als Herausforderungen bezeichnen, nein, sie wissen um deren Existenz und suchen gerade deswegen nach Lösungen. Wie sagte Steve de Shazer so schön: »Lösungsfokussiert heißt nicht problemphobisch!«

Die Geschichte von den verscheuchten Elefanten des Kommunikationsforschers und Philosophen Watzlawick handelt davon, wie die scheinbare Vermeidung oder Abwehr von Problemen den gegenteiligen Effekt erzielt: nämlich die Aufrechterhaltung des Problems (Watzlawick 2005, S. 53):

Verscheuchen Sie noch Elefanten?

Die Geschichte vom Mann, der alle zehn Sekunden in die Hände klatscht.
Nach dem Grund für dieses merkwürdige Verhalten befragt, erklärt er: »Um die Elefanten zu verscheuchen.« »Elefanten? Aber es sind doch hier gar keine Elefanten.« Darauf er: »Na, also! Sehen Sie?«

Lösungsorientierung als Erfolgsfaktor

Lösungsorientierte Menschen sind entschlossen, ihre Handlungsoptionen zu mehren, damit sie die richtigen Entscheidungen im Unternehmenssinne finden, und sie behalten ihren Lösungsfokus auch bei Konflikt- und Krisensituationen. Führungskräfte sollten mit kühlem Kopf reagieren, wenn Schwierigkeiten am Himmel aufziehen. Und wenngleich es selbstverständlich wichtig ist, Ursachenforschung zu betreiben, sollte diese jedoch erst gemacht werden, nachdem das Problem gelöst ist. Natürlich sind es branchenspezifische Erfordernisse, die den Unterschied machen. So ist die Lösungssuche bei Herzchirurgen anders als bei Logistikern. Wirtschaftsinformatiker haben einen anderen Blick auf Probleme als Journalisten – doch unabhängig davon, aus welcher Branche Führungskräfte stammen: Um erfolgreich zu sein, sollten sie lösungsorientiert denken.

Um Lösungsmöglichkeiten zu finden, steht eine Reihe unterschiedlicher Fragetechniken zur Verfügung.

Wunderfragen	Verschlimmerungsfragen	Verbesserungsfragen	Skalierungsfragen	Unterschiedsfragen
Übereinstimmungsfragen	zirkuläre Fragen	»Und-was-noch?«-Fragen	Fortschrittsfragen	»Ausnahme«-Fragen
hypothetische Fragen	Klassifikationsfragen	Prozentfragen	»Als-ob«-Fragen	______

Elemente von Lösungsorientierung

Was sind eigentlich Lösungen? Sie sind Veränderungen in einem gewissen Kontext und einem bestimmten System. Das erklärt auch, warum es keine universellen Lösungen gibt, die immer und überall passen, sondern warum es so bedeutsam ist, kontextspezifische und systemische Lösungen herauszufiltern. Dennoch gibt es grundlegende Elemente, die charakteristisch für den Weg zur Lösung sind:

- Ressourcen aufspüren
- Stärken vergegenwärtigen
- Ziele definieren
- Werte identifizieren
- Zukunft betrachten
- Entwicklung beschreiben
- Offenheit haben

Welch wichtige Rolle Offenheit bei der Lösungssuche spielt, zeigt die folgende Geschichte »Der Kapitän« (Tschepp/Schinagl 2007, Karte 10, grün):

Der Kapitän

Der Funker meldet seinem Kapitän, dass das Radar ein Objekt zeigt, das auf Kollisionskurs liegt.

Kapitän: »Ändern Sie Ihren Kurs 12 Grad nach Süden, Sie befinden sich auf direktem Kollisionskurs.«

Antwort: »Ich empfehle Ihnen, Ihren Kurs um 12 Grad nach Norden zu ändern, um eine Kollision zu vermeiden.«

Kapitän: »Hier spricht der Kapitän eines Schiffes der Marine der Vereinigten Staaten. Noch einmal: Ändern Sie Ihren Kurs.«

Antwort: »Nein. Ich sage Ihnen noch einmal: Sie ändern den Kurs.«

Kapitän: »Ich bin ein Kriegsschiff! Ich befehle, dass Sie Ihren Kurs 12 Grad nach Süden ändern, oder wir müssen Maßnahmen ergreifen, um die Sicherheit dieses Schiffes zu gewährleisten!«

Antwort: »Und ich bin ein Leuchtturm. Sie sind dran.«

Wie Sie die Arbeitsmaterialien im Coaching einsetzen können

Die einzelnen Arbeitsblätter nähern sich dem Konzept der Lösungsorientierung aus unterschiedlichen Richtungen an, sodass Sie je nach Bedarf das passende auswählen können. Vermutlich ist der Aspekt, dass jedes Problem auch einen verdeckten Gewinn in sich birgt, neu für Ihre Klienten. Wer hätte gedacht, dass Probleme nicht nur problematisch sind, sondern dass es noch einen anderen Blickwinkel darauf gibt? Auch mithilfe der Verschlimmerungsfragen können Sie Ihren Klienten zeigen, dass es unglaublich viele Möglichkeiten für den Umgang mit Problemen gibt – und nicht nur das. Auch wenn die Situation aussichtslos scheint, ist es mit einem gehörigen Schuss Kreativität möglich, Lösungen über Lösungen zu finden.

Literaturtipps:

Wenn Sie ein wirklich praxisnahes Buch zum Thema Beratung und vor allem unbedingte Lösungsorientierung lesen möchten, so empfehle ich Ihnen *»Lösungsorientierte Beratung«* von Günter G. Bamberger (2010).

Meiner Ansicht nach *der Klassiker* schlechthin in puncto systemischer Therapie und Beratung, das Sie unbedingt gelesen haben sollten, ist das *»Lehrbuch der systemischen Therapie und Beratung«* von Arist von Schlippe und Jochen Schweitzer (2003).

Arbeitsblatt 127: Gute Karten für Lösungsorientierung

Sie als Führungskraft müssen in der Lage sein, Probleme zu lösen.

- Was verstehen Sie unter dem Wort Lösungsorientierung? Woran denken Sie, wenn Sie das Wort Lösungsorientierung hören? Tragen Sie spontan Ihre Gedanken dazu ein.

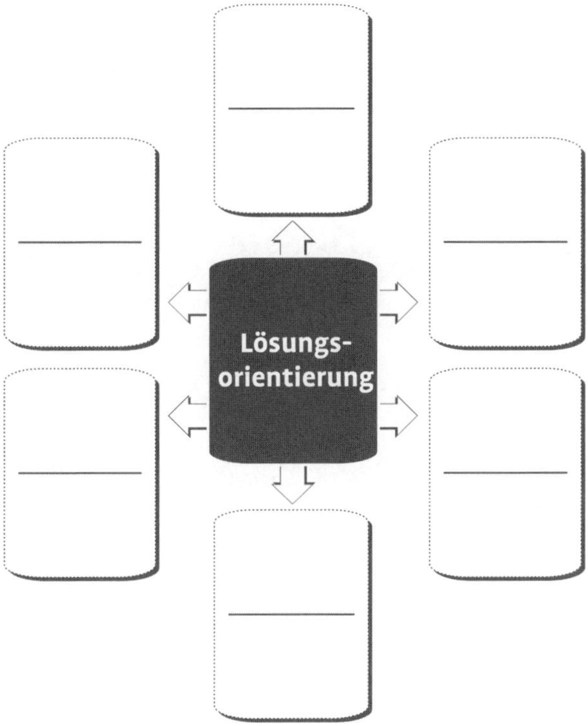

Arbeitsblatt 128: Schauen Sie sich selbst in die Karten!

Damit Sie sich Ihrer selbst bewusst werden, betrachten Sie die Gründe, warum das Ihre Karten in puncto Lösungsorientierung sind, einmal näher.

- Übertragen Sie zunächst die Antworten Ihres Kartensets von Arbeitsblatt 127 in die linke Spalte. Schreiben Sie dann die unterschiedlichen Gründe in die rechte Spalte.

Lösungsorientierung …	…, weil …
1.	
2.	
3.	
4.	
5.	
6.	

Arbeitsblatt 129: Lösungen im Quadrat

»Was man sich vorstellen kann, ist wirklich«, meinte Pablo Picasso. Deshalb gibt es keine Limits für Lösungsvorschläge, solange diese sich innerhalb der vorhandenen Rahmenbedingungen bewegen – nachdem die Überprüfung erfolgt ist, ob daran wirklich nichts zu ändern ist …

Benennen Sie eines der Probleme, mit dem Sie es zurzeit zu tun haben. Gehen Sie mithilfe der klassischen Lösungsfragen vor und notieren Sie die Antworten.

Was ist bereits gut?

Was soll so bleiben?

Fragen auf dem Weg zu den Lösungen …

Was wünschen Sie sich?

Wie können Sie das ändern?

Arbeitsblatt 130: Ich hätte da gern mal ein Problem!

»Geh mir weg mit deiner Lösung, sie wär der Tod für mein Problem ...« – Kennen Sie das Lied von Annett Louisan? Diese Textzeile ist doch einfach genial, oder? Manchmal neigen wir unbewusst dazu, an altbekannten Problemen festzuhalten, und sind gar nicht so auf eine Lösung des Problems aus, weil wir uns dann mit neuen und uns noch nicht so vertrauten Problemen auseinandersetzen könnten respektive müssten ... Kennen Sie das auch?

Was ist der verdeckte Gewinn, den Sie persönlich durch das Problem haben?

Angenommen, Sie hätten eines Ihrer größten Probleme im Job bereits gelöst – lassen Sie es uns als Problem Nr. 1 bezeichnen –, was würde dahinter sichtbar? Worin besteht das dann auftauchende Problem Nr. 2?

Inwiefern wäre das für Sie machbar, Lösungen für Problem Nr. 2 zu finden?

Mit welchem Problem, nennen wir es Problem Nr. 3, würden Sie sich stattdessen lieber beschäftigen?

Bitte benennen Sie nun konkret Ihre Probleme:

- Problem Nr. 1:
- Problem Nr. 2:
- Problem Nr. 3:

Inwieweit würden Ihnen die Lösung bei einem der drei Probleme leichter fallen als bei den anderen beiden?

Welche Lösungen könnten Sie sich für Problem Nr. 1 vorstellen? Nennen Sie mindestens drei mögliche Ideen.

Welche Lösungen könnten Sie sich für Problem Nr. 2 vorstellen? Nennen Sie mindestens drei mögliche Ideen.

Welche Lösungen könnten Sie sich für Problem Nr. 3 vorstellen? Nennen Sie mindestens drei mögliche Ideen.

Wenn Sie sich selbst einen Rat geben müssten, was würden Sie sich raten? Was ist als Nächstes zu tun?

Arbeitsblatt 131: Houston, wir haben ein Problem!

Wie geht es Ihnen, wenn Sie merken, dass Sie ein Problem haben? Verursacht es Ihnen sofort Stress, weil Sie sich gedanklich nur damit befassen, oder beginnen Sie damit, nach geeigneten Lösungen zu suchen? Anders gefragt: Bleiben Sie im Problemfeld oder machen Sie sich auf den Weg zum Lösungsraum? Denn nur, weil eine Lösung anfangs nicht gleich in Sicht ist, heißt es noch lange nicht, dass es keine gibt ... Also gestehen Sie sich ein, dass Sie es mit einem ernst zu nehmenden Problem zu tun haben, und machen Sie sich mit den richtigen Fragen auf den Weg in den Lösungsraum. Was sind die richtigen Fragen? Das sind alle Fragen, die Sie in Richtung Lösung bringen!

Lösungsfragen ...	..., weil ...
Was müssen Sie verbessern?	
Zu wie viel Prozent halten Sie Ihr Problem für ein organisatorisches?	
Was bringen Sie für die Lösung des Problems mit?	
Angenommen, Ihr Problem wäre schon gelöst, was wäre dann anders?	
Was würden Sie dann anderes tun?	
Wer würde das als Erstes bemerken?	

Arbeitsblatt 132: Schlimmer geht es immer!

Eine sehr erfolgreiche Technik bei der Suche nach Lösungen sind Verschlimmerungsfragen, mit denen es auf humorvolle Art gelingt, ganz neue Möglichkeiten auf dem Weg zur Lösung zu entdecken. Das Problem wird dadurch nicht weggedacht, sondern bewusst in den Vordergrund gestellt. Verschlimmerungsfragen sind Elemente der paradoxen Intervention. Probieren Sie es aus!

Was müssten Sie tun, damit das Problem für immer bei Ihnen bleibt?

Was könnten Sie dazu beitragen, dass das Problem noch schlimmer wird?

Was müssten Sie tun, damit Sie noch mehr Probleme bekommen?

Was würden Sie anderen empfehlen, damit diese ebenfalls solche Probleme haben, wenn sie es denn wollten?

Was wäre das Gute für Ihren Verantwortungsbereich, wenn das Problem noch länger Ihr Begleiter ist?

Arbeitsblatt 133: Die Sonne geht auf …

Wenn Sie denken, Sie befinden sich in einer Situation, in der die Suche nach Lösungen aussichtslos erscheint, dann greifen Sie zur »Lösungssonne« (Asgodom 2012, S. 132). Was Sie tun müssen? Schreiben Sie spontan acht mögliche Lösungen auf, die ruhig auch ein bisschen *verrückt* und *sehr* kreativ sein dürfen. Bewerten Sie diese nicht, sondern schreiben Sie sie erst einmal auf, indem Sie sie in die »Lösungssonne« eintragen.

Nun bringen Sie die acht Lösungsvorschläge in eine Reihenfolge von 1 bis 8. Dem Vorschlag, der Ihnen am abwegigsten erscheint, weisen Sie die Nummer 1 zu, und so verfahren Sie mit allen Vorschlägen – am Ende erhält der Vorschlag die Nummer 8, den Sie als beste Lösungsalternative betrachten. Voilà!

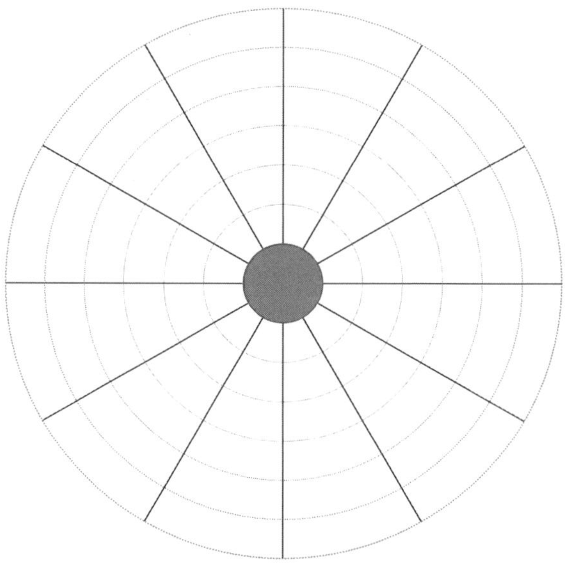

Anmerkung: Das Erkenntnisblatt »Drei Erkenntnisse aus dem Thema Lösungsorientierung, die Sie für sich mitnehmen« erhalten Sie als Download.

Kreativität

Zielkompetenz-Erfolgsfaktor Nr. 6: Kreativität

In diesem Kapitel erfahren Sie, welche Voraussetzungen schöpferisches Handeln benötigt,

Überblick über die Arbeitsblätter:
- Arbeitsblatt 134: Gute Karten für Kreativität
- Arbeitsblatt 135: Schauen Sie sich selbst in die Karten!
- Arbeitsblatt 136: Ein kreatives Vorbild
- Arbeitsblatt 137: Machen Sie sich ein anderes Bild davon!
- Arbeitsblatt 138: Die erste Geige
- Arbeitsblatt 139: Mit Abstand betrachtet
- Arbeitsblatt 140: Do it your way!
- Erkenntnisblatt als Download: Drei Erkenntnisse aus dem Thema Kreativität, die Sie für sich mitnehmen

Was ist Kreativität?

Kreativität ist Schöpferkraft, ist schöpferische Kompetenz. Das Konzept der Kreativität umfasst schöpferisches Denken, Handeln und Gestalten (Metzger 1962). Kreativität setzt dynamische Prozesse in Bewegung, die von inneren Kräften getragen werden und Hindernisse überwindbar machen. »Kreativität heißt, eine *Gestalt* zu tilgen zugunsten einer besseren«, so die Definition des Gestaltpsychologen Max Wertheimer. »Kreativität ist nicht verbissene Arbeit, sondern freies Spielen. Kreativität ist geistiges Gleitschirmfliegen. Kreativität fängt da an, wo der Verstand aufhört, das Denken zu behindern« (Weidenmann 2010, S. 11). Und noch ein Aspekt ist mir in diesem Zusammenhang wichtig: Kreativität überwindet Grenzen, die selbst gesetzt sind. Kreative Denker müssen nicht nur querdenken, sondern auch grenzüberschreitend denken, ganz nach dem Motto: »Hebt man den Blick zum Himmel, so sieht man keine Grenzen« (chinesisches Sprichwort).

Voraussetzungen für schöpferisches Handeln

Kreativität im Unternehmen ist gleichbedeutend mit schöpferischem Denken. Kreativität ist immer dann gefordert, wenn Veränderungen im Raum stehen und gewohnte Bahnen verlassen werden. Im Unternehmenskontext bedarf es der Kreativität, damit Lösungen für die Zukunft kreiert, Prozesse gesteuert und die wirtschaftlichen Anforderungen gemeistert werden können. Das sind Erwartungen an die Mitarbeiter – und das gepaart mit permanentem Zeitdruck. Es existiert also die Forderung nach Kreativität – und zwar jetzt!

Nur, wie soll das gehen? Seien Sie mal auf Kommando kreativ im Sinne einer schöpferischen Kompetenz. Eben ... – das geht nicht. Es müssen also bestimmte Voraussetzungen im Unternehmen für schöpferisches Handeln gegeben sein:

Welche Bedeutung hat Kreativität als Erfolgsfaktor?

»Jeder Veränderungsprozess im Unternehmen braucht Kreativität beziehungsweise kreative Menschen in allen Unternehmensbereichen, die die Bereitschaft haben, kritisch und zukunftsgewandt die erforderlichen Schritte auszuarbeiten und zu unternehmen« (Papmehl u. a. 2009, S. 23). Diese Aussage betont, dass es ohne Kreativität nicht in Richtung Erfolg geht. Organisationen und Unternehmen sind darauf angewiesen, dass die in ihnen arbeitenden Menschen auch schöpferisch sein möchten. Doch kreative Menschen, die ihre Kreativität auch ausleben und einbringen wollen, gibt es nur in Unternehmen, in denen ein Klima herrscht, in dem man die genannten Voraussetzungen vorfindet.

Nur wenn Vorgesetzte offen mit ihren Mitarbeitern sind, ihnen vertrauen und sie wertschätzen, werden ihre Mitarbeiter einen Handlungsspielraum wahrnehmen, der es ihnen ermöglicht, aus gewohnten Denkmustern auszubrechen und den Blick nach oben zu richten ...

Sie müssen sich darauf verlassen können, dass sie in ihrem kreativen Denken alte Grenzen ausdehnen und übertreten dürfen, dass es eine gewisse Fehlerfreundlichkeit gibt, die eine bestimmte Anzahl von Fehlern toleriert – nur so ist Freiheit, nicht zu verwechseln mit Beliebigkeit (!), gegeben. Führungskräfte sollten vom eigenen Tun, von ihren Aufgaben und von den Herausforderungen im Unternehmen begeistert sein, damit sie ihren Mitarbeiter Lust darauf machen, ebenfalls mit Begeisterung zu arbeiten. Wem das als Führungskraft gelingt, der muss keine Kreativität einfordern, denn er hat den dafür erforderlichen Gestaltungsrahmen geschaffen. Und das reicht schon.

Übrigens haben einige Studien gezeigt, dass Kreativität innerhalb der Methode Brainstorming in einer Gruppensituation schwer möglich ist, weil ein gewisser Gruppendruck besteht und Mitarbeiter sich nicht trauen, ihre Ideen zum Besten zu geben, aus Angst davor, was ihre Kollegen und Chefs darüber denken.

»Wenn Sie heute irgendeine Idee killen wollen,
brauchen Sie nur dafür zu sorgen, dass ein Komitee darüber berät.«

Charles Kettering

Was Sie im Coaching mit den Arbeitsblättern und mit Gesprächen zu diesem Thema erreichen können

Schaffen Sie gute Rahmenbedingungen, die Raum für Kreativität bieten, und unterstützen Sie Ihren Klienten darin, seine Wahrnehmung dafür zu schärfen. Öffnen Sie seinen Blick für schöpferisches Denken – ein erster Schritt in die Richtung ist, Probleme oder anderen Anliegen aus dem gewohnten Bezugsrahmen herauszulösen und in ein anderes Themenfeld zu überführen.

Arbeiten Sie beispielsweise mit Metaphern – welche kennt Ihr Klient, welche mag er besonders, welche sind ihm fremd, zu welchen hat er einen positiven emotionalen Bezug, zu welchen einen negativen, ...

Literaturtipp

Zum Thema Metaphern gibt es beispielsweise ein wunderbares Buch von Regina Mahlmann »Sprachbilder, Metaphern & Co. – Einsatz von bildlicher Sprache in Coaching, Beratung und Training« (2010).

Schauen Sie zudem: Was benötigt Ihr Klient für ein kreativitätsbejahendes Klima? Ist der Zugang Musik, Bewegung (vielen kommen gute Ideen beim Joggen), Kochen, Entspannung, Schlaf? Ermutigen Sie ihn dazu, seine eigenen Denkmuster kennenzulernen und zu hinterfragen – denken Sie an das schöne Zitat von Plato: »Das Denken ist das Selbstgespräch der Seele.« Bringen Sie dieses Selbstgespräch durch Ihr Coaching in Gang, denn Kreativität ist schöpferisches Denken. Ermuntern Sie Ihren Klienten dazu, sich selbst und die vor ihm liegenden Herausforderungen und Aufgaben aus unterschiedlichen Perspektiven zubetrachten.

Es kann sein, dass Ihr Klient durch die Beanspruchungen und Belastungen im Alltag ein wenig mehr Anlaufzeit als sonst benötigt, doch mithilfe generell einsetzbarer Kreativitätsmethoden bahnen Sie den Weg.

Was ich Ihnen für den Einsatz der Materialien im Coaching empfehle

Wenn Kreativität das Thema im Coaching ist, dann machen Sie etwas anders als sonst üblich. Ändern Sie die Sitzordnung, coachen Sie während eines Spaziergangs, gehen Sie mit Ihrem Coachee an eine tolle Location.

Was auch immer Sie machen – lösen Sie althergebrachte »Routinen« oder Gewohnheiten auf. Brechen Sie gemeinsam mit Ihrem Klienten aus gewohnten Handlungs- und Verhaltensbahnen aus, um so Raum für schöpferisches Denken zu schaffen. Nehmen Sie sich für diesen Termin Zeit, denn auf Kommando kann keiner kreativ sein. Das ist eine Frage des Trainings, aber für ein erstes Thematisieren von Kreativität braucht es Zeit. Alle anderen Voraussetzungen für Kreativität sind im Coachingprozess ja ohnehin gegeben.

Literaturtipps

Ich möchte Ihnen dazu das Buch »Schöpferische Freiheit« (1962) von Wolfgang Metzger empfehlen, der als bedeutender Vertreter der Gestaltpsychologie gilt.

Arbeitsblatt 134: Gute Karten für Kreativität

Manchmal ist Kreativität gefragt, um Wege zum Ziel zu finden.

- Was ist Kreativität eigentlich für Sie? Was verstehen Sie unter Kreativität? Woran denken Sie, wenn Sie das Wort Kreativität hören? Tragen Sie spontan Ihre Gedanken dazu ein.

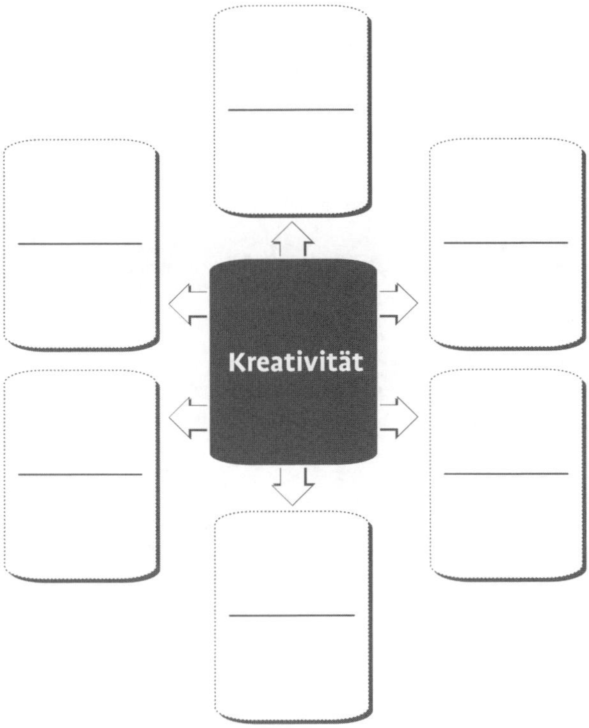

Arbeitsblatt 135: Schauen Sie sich selbst in die Karten!

Damit Sie sich Ihrer selbst bewusst werden, betrachten Sie die Gründe, warum das Ihre Karten in puncto Kreativität sind, einmal näher.

- Übertragen Sie zunächst die Antworten Ihres Kartensets von Arbeitsblatt 134 in die linke Spalte. Schreiben Sie dann die unterschiedlichen Gründe in die rechte Spalte.

Kreativität …	…, weil …
1.	
2.	
3.	
4.	
5.	
6.	

Arbeitsblatt 136: Ein kreatives Vorbild

In manchen Situationen kann es sein, dass die angedachten Schritte nicht zur Zielerreichung führen – aus welchen Gründen auch immer. Vielleicht haben sich einige Vorzeichen verändert, Bedingungen sind anders oder Etappenziele mussten neu definiert werden. Doch das ist kein Grund dafür, angestrebte Ziele fallen zu lassen. Gefragt ist jetzt eine Prise Kreativität, um unter den nun gegebenen Vorzeichen doch noch das Ziel erreichen zu können.

Für wie kreativ halten Sie sich?	1 ☐ 2 ☐ 3 ☐ 4 ☐ 5 ☐ 6 ☐ 7 ☐ 8 ☐ 9 ☐ 10 ☐
Diesen Wert habe ich angekreuzt, weil	
Wie sehr hilft Ihnen Kreativität bei Ihrer Arbeit?	1 ☐ 2 ☐ 3 ☐ 4 ☐ 5 ☐ 6 ☐ 7 ☐ 8 ☐ 9 ☐ 10 ☐
Diesen Wert habe ich angekreuzt, weil	

Wie denken Sie über Kreativität im Berufsleben?

Wer ist Ihrer Ansicht nach wirklich kreativ?

Inwiefern macht Kreativität einen Unterschied?

Wann hat sich Ihre Kreativität als erfolgreich erwiesen?

Warum benötigen Sie Kreativität, um erfolgreich zu sein?

Woran merken Sie, dass Sie kreativ sind?

Was benötigen Sie, um kreativ sein zu können?

Was empfinden Sie als inspirierend?

Ein kreativer Impuls

Wenn ich wirklich kreativ sein kann, dann ...

1.

2.

3.

Arbeitsblatt 137: Machen Sie sich ein anderes Bild davon!

Mithilfe von Metaphern gelingt es, anders über gegebene Sachverhalte zu denken. Nachstehend finden Sie zwölf unterschiedliche Begriffe aus ganz unterschiedlichen Lebensbereichen.

- Schreiben Sie zu jedem der Begriffe drei Wörter auf, die Ihnen in Verbindung mit dem jeweiligen Themenfeld einfallen.

Orchester	**Theater**	**Haus**
Zoo	**Politik**	**Berufe**
Sport	**Reise**	**Jahreszeiten**
Abenteuer	**Weltraum**	**Fischer**

Wählen Sie nun das Bild aus, das Ihnen am meisten zusagt, und übertragen Sie die Situation im Unternehmen auf die gewählte Metapher. Wie solide ist das Fundament? Wer sind die stützenden Pfeiler? Wo bröckelt der Putz von den Wänden?

Arbeitsblatt 138: Die erste Geige

»Probleme kann man niemals mit derselben Denkweise lösen, durch die sie entstanden sind.«

Albert Einstein

Wie recht Albert Einstein hat! Wenn Sie zu einer Lösung kommen müssen, Ihnen das aber – warum auch immer – schwerfällt, empfiehlt es sich, *anders, quer* oder *neu* zu denken. Denn wenn Sie nur »mehr desselben« tun als vorher, werden Sie nicht zu einer anderen Lösung kommen können. Probieren Sie etwas anderes aus! Wenn Sie nun an ein aktuell zu lösendes Problem in Ihrem Bereich denken, dann denken Sie das doch einmal in der Metapher *Orchester* und »übersetzen« Sie die Herausforderung, vor der Sie stehen, konsequent in diese Metapher. Sie finden einige Beispielfragen – bitte ergänzen Sie diese um die Fragen, die für Sie noch hilfreich wären, und beantworten Sie diese!

Welches Musikstück spielen Sie eigentlich?

Wie lange üben Sie schon?

Wer spielt die erste Geige?

Welcher Musiker muss noch mehr üben?

Frage:

Frage:

Frage:

Arbeitsblatt 139: Mit Abstand betrachtet

Kennen Sie das? Sie sind mit dem Auto auf dem Strand oder im Sand stecken geblieben und treten nun kräftig das Gaspedal, um da wieder herauszukommen. Je mehr Sie sich festgefahren haben, desto mehr Gas geben Sie – mit dem Ergebnis, dass Sie sich irgendwann komplett festgefahren haben. Beim Denken geht es uns auch manchmal so: Wir haben uns »festgefahren« – und dann ist es sehr sinnvoll, hin und wieder beim Denken die Richtung zu wechseln. Doch das ist manchmal leichter gesagt als getan, weil der Druck oftmals so hoch ist, dass wir meinen, die Zeit nicht zu haben. Wann immer Sie an einem solchen Punkt angelangt sind, sollten Sie eines tun: Fuß vom Gaspedal, eine kurze kreative Pause einlegen, in Ruhe durchatmen und das Ganze mit Abstand betrachten.

- Nachfolgend finden Sie vier unterschiedliche Möglichkeiten, auf Ihre derzeitige Situation zu schauen. Spielen Sie alle in Gedanken einmal durch und schreiben Sie die wichtigsten Stichpunkte und Erkenntnisse auf.

Angenommen, Sie kämen von einem anderen Planeten, was würden Sie dann über die Situation denken? Wo würden Sie Lösungen entdecken können?

Stellen Sie sich vor, Sie sind die Lampe an der Decke. Was sehen Sie von dort und was würden Sie sich raten?

Stellen Sie sich für einen Moment vor, Sie wären das Bild an der Wand in Ihrem Arbeitszimmer, das schon vieles gesehen hat… Welche Lösung würde Ihnen dann in den Sinn kommen?

Wenn Sie Theaterregisseur wären, wie würden Sie die vorliegende Herausforderung inszenieren?

Arbeitsblatt 140: Do it your way!

Seien Sie kreativ und ergänzen Sie die vorhandenen Fragen durch Ihre Fragen und erstellen Sie so einen (fast) eigenen Fragebogen in puncto Kreativität. Welche Fragen sind Ihnen wichtig, wenn es um den Erfolgsfaktor Kreativität geht? Kreuzen Sie die zutreffende Antwortmöglichkeit an (1 = trifft gar nicht zu, 2 = trifft etwas zu, 3 = trifft überwiegend zu, 4 = trifft völlig zu).

Kreativität	1	2	3	4
Kreativität hat man oder man hat sie nicht.	☐	☐	☐	☐
Kreativität wird im Wirtschaftsleben unterschätzt.	☐	☐	☐	☐
Wenn ich nicht kreativ wäre, könnte ich meinen Job nicht gut ausfüllen.	☐	☐	☐	☐
Mein Chef ist kreativ.	☐	☐	☐	☐
In meinem Team gibt es sehr kreative Mitarbeiter.	☐	☐	☐	☐
	☐	☐	☐	☐
	☐	☐	☐	☐
	☐	☐	☐	☐

Ein kreativer Impuls

Ich mag meine Kreativität, denn

1.

2

3.

Anmerkung: Das Erkenntnisblatt »Drei Erkenntnisse aus dem Thema Kreativität, die Sie für sich mitnehmen« erhalten Sie als Download.

Krisenmanagement

Zielkompetenz-Erfolgsfaktor Nr. 7: Krisenmanagement

Dieses Kapitel zeigt auf, wie unterschiedlich Krisen betrachtet werden können und welche Faktoren zu einem effektiven Krisenmanagement gehören und den Blick schärfen für vorhandene Ressourcen.

Folgende Arbeitsblätter unterstützen Sie in Coachingprozessen mit Ihren Klienten:

- Arbeitsblatt 141: Gute Karten für Krisenmanagement
- Arbeitsblatt 142: Schauen Sie sich selbst in die Karten!
- Arbeitsblatt 143: Welches Bild haben Sie von einer Krise?
- Arbeitsblatt 144: Krisen sind Chancen ...
- Arbeitsblatt 145: Stück für Stück aus der Krise
- Arbeitsblatt 146: Wie sind Sie in Krisenzeiten?
- Arbeitsblatt 147: Welche Möglichkeiten schlummern unter der Oberfläche?
- Erkenntnisblatt als Download: Drei Erkenntnisse aus dem Thema Krisenmanagement, die Sie für sich mitnehmen

Was ist Krisenmanagement?

Unter Krisenmanagement versteht man die Fähigkeit von Unternehmen und Organisationen, mit Situationen umzugehen, die a) so nicht erwartet wurden, b) dem Unternehmen substanziell schaden könnten oder c) das Unternehmen bedrohen. Ziel eines guten Krisenmanagements muss dabei immer sein, den sogenannten Turnaround zu schaffen und das Unternehmen so schnell wie möglich in sicheres Fahrwasser zu bringen. Doch es gibt auch die Auffassung, dass Krisenmanagement schon bei Konfliktsituationen erforderlich ist, weil Krise mit Konflikt gleichzusetzen sei. Krisenmanagement in diesem Abschnitt bezieht sich auf jede Form von Krise, mit der Führungskräfte konfrontiert werden.

Welche Rolle spielt ein gutes Krisenmanagement für den Erfolg von Führungskräften?

In Zeiten der Krise kommt die Wahrheit ans Licht: Wie gut beherrschen Führungskräfte ihre Sache in Situationen, die sicherlich die Ausnahme von der Regel darstellen und so nicht eingeplant waren? Mehr denn je kommt es in derartigen Situationen darauf an, dass sie wirklich führen.

Denken Sie noch einmal an das Bild mit dem Dschungel: Insbesondere in instabilen Zeiten müssen Führungskräfte ihren Mitarbeitern Sicherheit geben – soweit es ihnen irgend möglich ist. Denn die Mitarbeiter vertrauen darauf, dass ihre Vorgesetzten auf dem höchsten Baum sitzen und nach dem richtigen Weg Ausschau halten. Verlieren die Mitarbeiter in Krisenzeiten das Vertrauen und macht sich schlimmstenfalls Panik breit, dann bedarf es einer großen Kraftanstrengung seitens der Führungsriege, das Vertrauen zurückzugewinnen, damit die Mitarbeiter nicht angstgesteuert sind, sondern sich mutig genug dafür fühlen, die Herausforderung anzunehmen. Damit Vorgesetzte das leisten können – obwohl sie meistens selbst am Anfang nicht wissen, wie die krisenhafte Situation einzuschätzen ist –, benötigen sie neben ihrem Fachwissen auch noch Kenntnisse darüber, wie Krisen gemanagt werden. Natürlich wäre es wünschenswert, wenn sie schon Erfahrung damit haben – aber irgendwann ist ja nun einmal immer das erste Mal. Dann hilft aber Know-how weiter. Wir dürfen ja nicht vergessen, dass gravierende Konflikte und Krisen auch Manager an ihre Grenzen bringen und unter Umständen noch darüber hinaus.

Zu Beginn einer Krise ist meistens nicht vorhersehbar, in welche Richtung sich die Dinge entwickeln, wodurch der Druck immens groß wird, gute Ergebnisse abzuliefern, die Reportingsequenz steigt und darüber hinaus ist die Notwendigkeit der Akzeptanz durch die Mitarbeiter größer denn je.

In Krisenzeiten stellen sich bezüglich des Erfolgs von Führungskräften viele Fragen:

- Wie reagieren sie auf Umsatzeinbrüche, schlechte Ergebnisse und sofort zu treffende Sparmaßnahmen?
- Verhalten sie sich generell besonnen oder eher kopflos?
- Wie gut können sie mit dem erhöhten Druck umgehen?
- Sind sie voller Optimismus oder geben sie innerlich bereits auf?
- Fühlen sie sich im Kern bedroht oder betrachten sie die Krise als temporär?
- Sind sie resilient? Über welche Schutzfaktoren verfügen sie?
- Waren sie darauf vorbereitet, weil Anzeichen schon länger sichtbar waren, oder wurden sie davon überrumpelt?

- Haben sie Erfahrung mit derart schwierigen Situationen oder haben sie es mit einem für sie bislang auch unbekannten Ausmaß zu tun?
- Würden sie am liebsten abtauchen – und tun sie das auch? Oder sind sie in der Lage, sich dieser neuen Situation zu stellen?
- Wie gehen sie in Krisenzeiten mit ihrem Team um?
- Wie stark ist der Zusammenhalt innerhalb des Führungsteams?
- Kommunizieren sie transparent?

Führungsaufgaben im Zusammenhang mit Krisenmanagement

Der Managementberater Reinhard K. Sprenger fordert, dass Manager zukunftsfähig handeln können. Darunter versteht er die Fähigkeit von Führungskräften, nicht nur vorhersehbare Situationen handhaben zu können, sondern »wenn es gerade *anders* kommt, als es geplant war, und man *dennoch* erfolgreich damit umgehen kann«. Führungskräfte müssen – je nach Stadium – unterschiedliche Führungsaufgaben bewältigen.

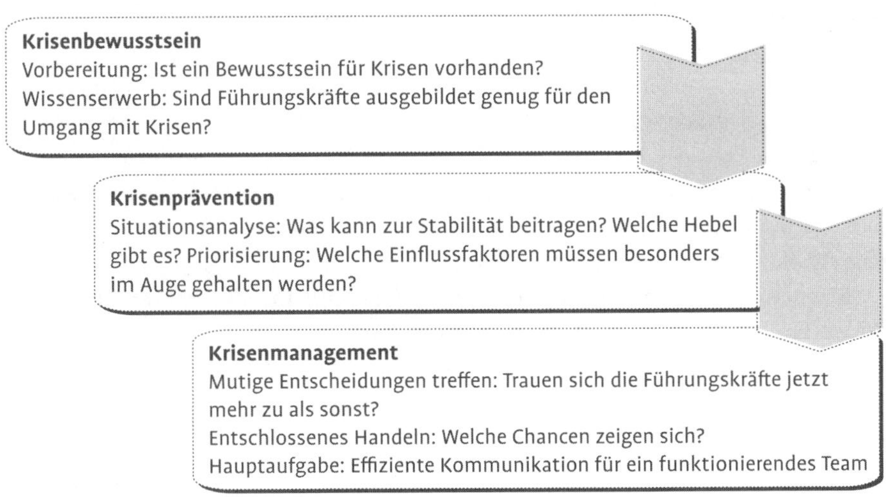

Was Sie im Coaching mit den Arbeitsblättern für Ihren Coachee erzielen können

»Und genau in der Krise, im Umgang mit der Überraschung, beweist sich die Qualität der Führung. Denn: Was passiert, mögen Sie nicht im Griff haben; wie Sie darauf antworten, schon.«

Reinhard K. Sprenger

Der Gedanke Sprengers zeigt den Weg: Sie können Ihren Coachee darin unterstützen, eine gute Antwort auf die Krise und die Überraschung zu haben. Dafür benötigt er einen guten Zugang zu seinen Ressourcen, ein klares Bewusstsein dafür, welche Einstellung er im Allgemeinen zu Krisen hat, und – falls erforderlich – an dieser zu arbeiten, da solche Situationen proaktives und zukunftsfähiges Handeln erfordern und eine resignierte oder gar pessimistische Haltung kontraproduktiv wäre.

Mit Ihnen zusammen kann der Klient eine Vision dafür entwickeln, wie der Weg aus der Krise gelingen kann. Stück für Stück. Wessen bedarf es nach Ansicht des Klienten? Welche Möglichkeiten schlummern unter der Oberfläche – sowohl in Bezug auf das Team und die Führungskraft selbst?

Ein Tipp zum Abschluss

Wenn die Führungskräfte wissen, wie sie aus organisatorischer Sicht vorgehen müssen, dann ist es doch auch gleichermaßen wichtig, dass sie für sich persönlich eine erhöhte Selbstfürsorge betreiben.

Machen Sie Resilienz zum Thema, indem Sie mit Ihrem Klienten über seine Widerstandsfähigkeit sprechen. Erarbeiten Sie gemeinsam die Schutzfaktoren und die Belastungsfähigkeit, schauen Sie gemeinsam auf seine Kraftquellen und – wenn Sie es für angezeigt halten – auf sein Stressmanagement (s. Kompetenzfeld 1, Erfolgsfaktor 6, S. 113 ff.).

Literaturtipp

Das Buch »Radikal führen« (2012) von Reinhard K. Sprenger empfehle ich allen, die sich wirklich intensiv mit den Kernaufgaben von Führung auseinandersetzen wollen. Denn der Autor packt das Thema »Führen« an der Wurzel an.

Arbeitsblatt 141: Gute Karten für Krisenmanagement

Die Krise managen und in der Krise managen ...

- Was ist Krisenmanagement eigentlich für Sie? Woran denken Sie, wenn Sie das Wort Krisenmanagement hören? Tragen Sie spontan Ihre Gedanken dazu ein.

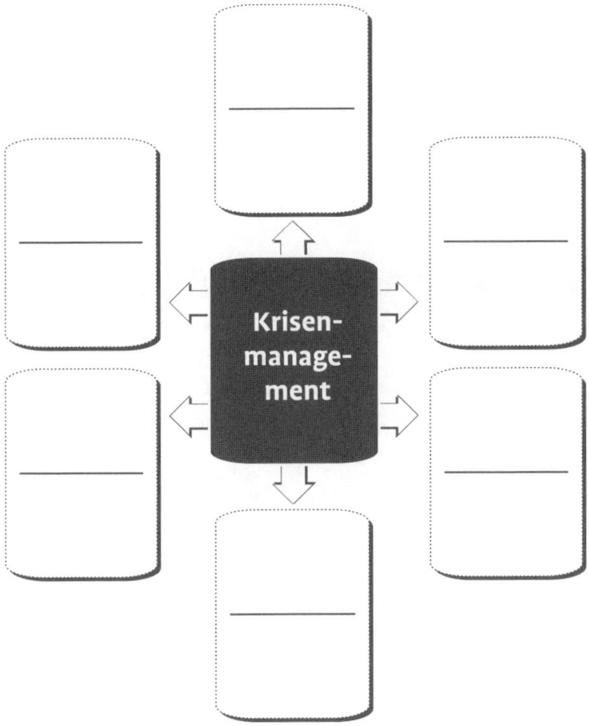

Arbeitsblatt 142: Schauen Sie sich selbst in die Karten!

Damit Sie sich Ihrer selbst bewusst werden, betrachten Sie die Gründe, warum das Ihre Karten in puncto Krisenmanagement sind, einmal näher.

- Übertragen Sie zunächst die Antworten Ihres Kartensets von Arbeitsblatt 141 in die linke Spalte. Schreiben Sie dann die unterschiedlichen Gründe in die rechte Spalte.

Krisenmanagement ...	..., weil ...
1.	
2.	
3.	
4.	
5.	
6.	

Arbeitsblatt 143: Welches Bild haben Sie von einer Krise?

Betrachten Sie die vier Fotos (Weidenmann/Weidenmann 2013).

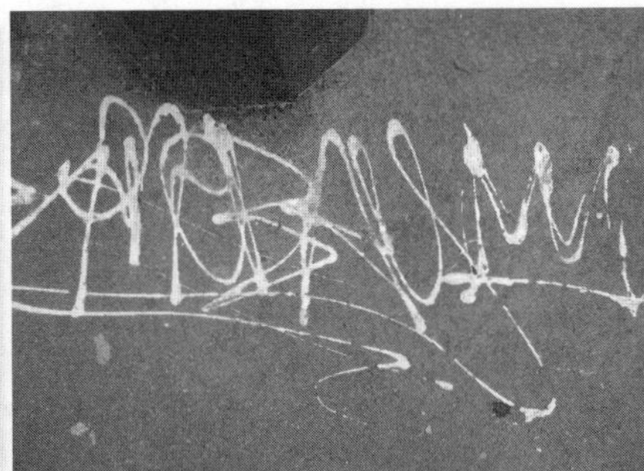

Welches entspricht Ihrem Bild von der Krise am ehesten. Warum?

Wenn Sie Fotograf wären, welches Motiv hätten Sie ausgewählt, um die Krise darzustellen?

Arbeitsblatt 144: Krisen sind Chancen …

Lesen Sie sich die folgenden Zitate aufmerksam durch.

»Krise ist ein produktiver Zustand. Man muss ihm nur den Beigeschmack der Katastrophe nehmen.« *(Max Frisch)*
»Wenn es eine Chance zum Umdenken gibt, dann gibt es auch eine Chance zum Umdenken in der Krise.« *(Richard David Precht)*
»Das Wort Krise setzt sich im Chinesischen aus zwei Schriftzeichen zusammen – das eine bedeutet Gefahr und das andere Gelegenheit.« *(John F. Kennedy)*
»In der Krise beweist sich der Charakter.« *(Helmut Schmidt)*

Welches der Zitate spricht Sie am meisten an, wenn es um Krisenmanagement geht?

Warum haben Sie sich für dieses Zitat entschieden?

Was ist Ihrer Meinung nach die Quintessenz des Zitats?

Was genau spricht Sie an diesem Zitat mehr an als an den anderen?

Welche Schlüsse ziehen Sie für sich persönlich daraus?

Welche Strategie können Sie für sich daraus ableiten?

Was ist Ihrer Meinung nach die Quintessenz der anderen Zitate?

Was können Sie für sich in Zeiten der Krise aus den Zitaten lernen?

Arbeitsblatt 145: Stück für Stück aus der Krise

Nachstehend sehen Sie 16 Begriffe – suchen Sie acht Begriffe aus, die Ihrer Meinung nach wichtig im Zusammenhang mit Krisenmanagement sind, und ordnen Sie jedem Begriff durch Beschriften ein Tortenstück zu.

Analyse	Verbesserung	Handlungsbedarf	Kommunikation
Einflussfaktoren	Chancen entdecken	Fokussierung	Prioritäten setzen
Stärken	Konzentration	erforderliche Maßnahmen	Ruhe bewahren
Transparenz	kritischer Blick	Stabilität	Entschlossenheit

- Schätzen Sie sich nun selbst auf einer Skala von 1 bis 10 für jeden der acht Faktoren ein, wobei gilt: 1 = das liegt mir gar nicht; 10 = beherrsche ich sehr gut

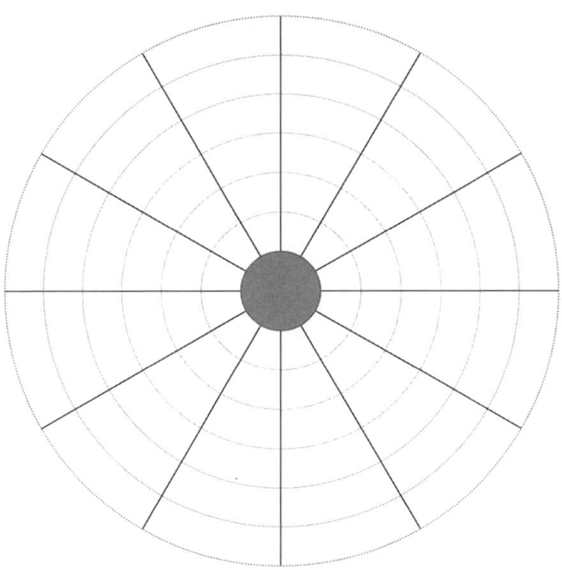

Arbeitsblatt 146: Wie sind Sie in Krisenzeiten?

In Krisen sind zumeist andere Strategien gefragt als in »normalen« Zeiten. Und natürlich sind auch die beteiligten Menschen »anders« als sonst.

Wie würden Sie Ihr Verhalten in Krisenzeiten beschreiben?

Was ändert sich durch eine Krise für Sie?

Welche Gefühle lösen Krisen in Ihnen aus?

Wie sehen Sie Ihre Rolle als Führungskraft?

Was ändert sich für Sie?

Welche Krisen haben Sie in Ihrem Leben bereits gemeistert?

Was hat Ihnen dabei geholfen?

Auf welche Ressourcen konnten Sie dabei zurückgreifen?

Welche stehen Ihnen nun zur Verfügung?

Ein chancenreicher Impuls

In Krisenzeiten gebe ich nicht auf, weil ...

1.

2.

3.

Arbeitsblatt 147: Welche Möglichkeiten schlummern unter der Oberfläche?

Für ein gelingendes Krisenmanagement ist es von großer Wichtigkeit, dass Sie Ressourcen im Unternehmen und bei den Mitarbeitern aktivieren, die noch unter der Oberfläche verborgen sind, denn nun müssen alle zur Verfügung stehenden Kräfte sehr zielgerichtet mobilisiert werden, um die Krise gemeinsam zu meistern.

- Beschriften Sie die Linien, die über der Oberfläche liegen, mit den offensichtlich zur Verfügung stehenden Krisenstrategien und -ressourcen.
- Nun überlegen Sie bitte, welches Potenzial Sie und Ihre Mitarbeiter bisher noch nicht ausgeschöpft haben. Welche Strategien sind nun wichtig? Welche Möglichkeiten schlummern unter der Oberfläche? Welche Notfallpläne gibt es? Wer könnte Sie beratend unterstützen? Tragen Sie das auf die Linien unter der Oberfläche ein.

- Wie wird die Zeit nach der überwundenen Krise aussehen? Wo sehen Sie sich in einem Jahr?

Anmerkung: Das Erkenntnisblatt »Drei Erkenntnisse aus dem Thema Krisenmanagement, die Sie für sich mitnehmen« erhalten Sie als Download.

Anhang 04

Schlussbemerkung

Liebe Leserin, lieber Leser,

nun kennen Sie mein Modell mit den 3 × 7-Erfolgsfaktoren für eine positive Unternehmensführung und die Arbeitsmaterialien, die es Ihnen ermöglichen, Führungskräfte auf ihrem Weg zu begleiten. Ich betrachte es als ein dynamisches Modell, eine Weiterentwicklung wird es sicher geben – und dennoch ist es zum jetzigen Zeitpunkt *fertig*. In der Praxis habe ich die Erfahrung gewonnen, dass es unglaublich viele unterschiedliche Erfolgsfaktoren gibt – je nach Unternehmen, Branche, Situation des Unternehmens, Unternehmenskultur, Persönlichkeit der Führungskraft und und und ... Mit dem Konstrukt der Erfolgskompetenz und den daraus resultierenden 21 Erfolgsfaktoren können Sie Ihrem Klienten sicherlich sehr hilfreich zur Seite stehen. Das wünsche ich Ihnen!

Je älter ich werde, desto mehr komme ich zu der Ansicht – oder auch Einsicht –, dass alles im Leben eine Frage der Haltung ist. Und so werden auch Ihre Coachingprozesse davon geprägt sein, mit welcher Haltung Sie als Coach arbeiten – und welche Haltung Ihr Klient hat. Wenn Sie gut zusammenarbeiten können, so laden Sie ihn zum Nachdenken, Selbstdenken und Querdenken ein. In meinen Augen ist es unerlässlich, eigene Standpunkte zu überdenken, Position zu beziehen und eine klare Haltung einzunehmen, um erfolgreich zu sein – im Beruf und im Leben im Allgemeinen. Genau dabei unterstützt Sie dieses Buch!

Mir hat es große Freude gemacht, dieses Buch für Sie zu schreiben. Eine persönliche Bemerkung sei mir noch gestattet: Ich bin seit mehr als 20 Jahren mit einer (nun) Führungskraft verheiratet und kenne die Thematik auch aus der Perspektive der Ehefrau. Auch diese Erkenntnisse sind ein bisschen in das Buch mit eingeflossen.

Ich hoffe von Herzen, dass Ihnen dieses Buch eine Quelle der Inspiration ist und Sie viele Impulse für sich und Ihre Arbeit mitnehmen können. Ich wünsche Ihnen viel Kreativität beim Coachen, spannende Klienten und viel Erfolg! Und ja, dann wünsche ich Ihnen weiterhin viel Freude mit Ihrem Buch und bei Ihrer Arbeit!

Alles Gute, Ihre Bea Engelmann

Anmerkung: Eine Übersicht über die Arbeitsblätter erhalten Sie ebenfalls als Download.

Literatur

Allport, G. W. (1961). Pattern and Growth in Personality. New York: *Holt, Rinehart & Winston.*

Antonovsky, A. (1997): *Salutogenese: Zur Entmystifizierung der Gesundheit.* Tübingen: DGVT.

Asgodom, S. (2012): *So coache ich.* München: Kösel.

Auhagen, A. E. (Hrsg.) (2008): *Positive Psychologie.* 2. Auflage. Weinheim und Basel: Beltz.

Bamberger, G. G.(2010): *Lösungsorientierte Beratung.* 4. Auflage. Weinheim und Basel: Beltz.

Bea, F. X./Friedl, B./Schweitzer, M. (2005): *Allgemeine Betriebswirtschaftslehre, Bd. 2:* Führung. Stuttgart: UTB.

Ben-Shahar, T. (2007): *Glücklicher.* Lebensfreude, Vergnügen und Sinn finden. München: Riemann.

Birbaumer, N./Schmidt, R. F. (2003): *Biologische Psychologie.* 5. Auflage. Heidelberg: Springer.

Birkenbihl, V. F. (2011): *Kommunikationstraining.* 32. Auflage. München: MVG.

Brahm, A. (2010): *Die Kuh, die weinte.* 8. Auflage. München: Random House.

Bucher, A. A. (2009): *Psychologie des Glücks.* Weinheim und Basel: Beltz.

Burkhard, A. (2011): *Achtsamkeit.* Entscheidung für einen neuen Weg. Stuttgart: Schattauer.

Cohn, Ruth (1991): *Von der Psychoanalyse zur themenzentrierten Interaktion.* Stuttgart: Klett-Cotta.

Covey, S. R. (2008): *Der achte Weg: Mit Effektivität zu wahrer Größe.* 8. Auflage. Offenbach: Gabal.

Covey, S. R. (2013): *Die 7 Wege zur Effektivität.* Prinzipien für persönlichen und beruflichen Erfolg. 26. Auflage. Offenbach: Gabal.

Damasio, A. R. (2002): *Ich fühle, also bin ich.* Die Entschlüsselung des Bewusstseins. Berlin: List.

Deutscher Qualifikationsrahmen für lebenslanges Lernen 02/2009.

Dick, A. (2010): *Mut – Über sich hinauswachsen.* Bern: Hans Huber.

Dilts, R. (1990): *Changing beliefs with NLP.* Capitola: Meta.

Dilts, R. (2010): *Die Veränderung von Glaubenssystemen.* NLP-Glaubensarbeit. Paderborn: Junfermann.

Doran, G. T. (1981): *There's a S.M.A.R.T.* way to write management's goals and objectives. Management Review, 70 (11) (AMA FORUM), S. 35–36.

Engelmann, B. (2008): *Glück ...! Eine Studie im Rahmen der Positiven Psychologie.* Universität Bremen (unveröffentlicht).

Engelmann, B. (2011 a): *Willkommen in der Mutzone.* Sei kein Frosch, trau dich! Heidelberg: Carl Auer.

Engelmann, B. (2011 b): *Mut.* Unveröffentlichte Studie. (Informationen erhältlich bei der Autorin.)

Engelmann, B. (2012): *Therapie-Tools Positive Psychologie.* Achtsamkeit, Glück, Mut. Weinheim und Basel: Beltz.

Engelmann, B. (2013): *Nur Mut! Schritt für Schritt in ein mutiges Leben.* Impulse und Übungen. Audio-CD. Weinheim und Basel: Beltz.

Erikson, E. H. (1984): *Kindheit und Gesellschaft.* 9. Auflage. Stuttgart: Ernst Klett.

Frankl, V. (2009): *... trotzdem Ja zum Leben sagen.* Ein Psychologe erlebt das Konzentrationslager. 5. Auflage. München: Kösel.

Fromm, E. (2009): *Authentisch leben.* 6. Auflage. Freiburg im Breisgau: Herder.

Groth, A. (2010): *Führungsstark in alle Richtungen.* 360-Grad-Leadership für das mittlere Management. 2. Auflage. Frankfurt am Main: Campus.

Hampel, P./Petermann, F. (2003): *Anti-Stress-Training für Kinder.* Weinheim und Basel: Beltz.

Herzberg, F. (1966): *Work and Nature of Man.* Cleveland: World Publishing.

Kanfer, F. H./Reinecker, H./Schmelzer, D. (2005): *Selbstmanagement-Therapie: Ein Lehrbuch für die klinische Praxis.* 4. Auflage. Heidelberg: Springer.

Kanning, U. P. (2005): *Soziale Kompetenzen: Praxis der Personalpsychologie.* Göttingen: Hogrefe.

Kehr, H. M. (2002): *Souveränes Selbstmanagement: Ein wirksames Konzept zur Förderung von Motivation und Willensstärke.* Weinheim und Basel: Beltz.

Langhoff, T. (2009): *Den demographischen Wandel im Unternehmen erfolgreich gestalten: Eine Zwischenbilanz aus arbeitswissenschaftlicher Sicht.* Heidelberg: Springer.

Lazarus, R.S./Launier, R. (1981): *Stressbezogene Transaktionen zwischen Person und Umwelt.* In: J. R. Nitsch (Hrsg.): Stress, Theorien, Untersuchungen, Maßnahmen. Bern: Huber.

Löhner, M. (2005): *Führung neu denken.* Frankfurt am Main: Campus.

Lyubomirsky, S. (2008): *Glücklich sein: Warum Sie es in der Hand haben, zufrieden zu leben.* Frankfurt am Main: Campus.

Mahlmann, R. (2010): *Sprachbilder, Metaphern & Co.* Einsatz von bildlicher Sprache in Coaching, Beratung und Training. Weinheim und Basel: Beltz.

Maslow, A. (1971). Farther Reaches of Human Nature. New York: *Viking Press.*

Metzger, W. (1962): *Schöpferische Freiheit.* 2. Auflage. Frankfurt am Main: Waldemar Kramer.

Migge, B. (2013): *Schema-Coaching.* Weinheim und Basel: Beltz.

Myers, D. G. (2005): *Psychologie.* Heidelberg: Springer.

Mingyur Rinpoche, Yongey (2007): *Buddha und die Wissenschaft vom Glück.* München: Arkana.

Nelson, B./Econonmy, P. (2005): *Management für Dummies.* Weinheim: Wiley-VCH.

Neuberger, O. (2002): *Führen und führen lassen.* Ansätze, Ergebnisse und Kritik der Führungsforschung. 6. Auflage. Stuttgart: Lucius & Lucius.

Papmehl, A./Gastberger, P./Budai, Z. (2009): *Die kreative Organisation.* Wiesbaden: Gabler.

Peterson, C. (2009): *Positive Psychology.* Reclaiming children and youth, 18, S. 3–7.

Pümpin, C./Kobi H./Wüthrich J.-M. (1985): *Unternehmenskultur.* Basis strategischer Profilierung erfolgreicher Unternehmen. In: Schweizer Volksbank (Hrsg.): Die Orientierung. Heidelberg: Physika.

Riedelbauch, K./Laux, L. (2011): *Persönlichkeitscoaching.* Weinheim und Basel: Beltz.

Rossbach, G. (2013): *Mit Achtsamkeit zum inneren Glück.* 15 ZENtrierungsübungen für mehr Lebensintensität und Lebensfreude. Weinheim und Basel: Beltz.

Schein, E. (1995): *Unternehmenskultur: Ein Handbuch für Führungskräfte.* Frankfurt am Main: Campus.

Schulte, T. (2013): *Der Weg zum professionellen Coach.* Coaching für Fortgeschrittene. Weinheim und Basel: Beltz.

Schulz von Thun, F. (2006): *Miteinander reden.* 44. Auflage. Reinbek bei Hamburg: Rowohlt Taschenbuch

Seligman, M. E. P. (2005): *Der Glücks-Faktor.* 2. Auflage. Bergisch-Gladbach: Bastei-Lübbe.

Seligman, M. E. P. (2011): *Flourish.* Wie Menschen aufblühen. München: Random House.

Späth, T./Grabitzki, S. (2012): *Leben und Arbeit in Balance.* Strategien und Übungen für Trainer, Coaches und Berater«. Weinheim und Basel: Beltz.

Sprenger, R. K. (2012): *Radikal führen.* Frankfurt am Main: Campus.

Sprenger, R. K. (2010): *Die Entscheidung liegt bei dir! Wege aus der alltäglichen Unzufriedenheit.* Frankfurt am Main: Campus.

Steinebach, C./Jungo, D./Zihlmann, R. (Hrsg.) (2012): *Positive Psychologie in der Praxis.* Weinheim und Basel: Beltz.

Stroebe, W./Jonas, K./Hewstone, M. (Hrsg.) (2003): *Sozialpsychologie.* 4. Auflage. Heidelberg: Springer.

Thoma, H. (2004): *Viel Glück für dich.* Münster: Coppenrath.

Tschepp, C./Schinagl, S. (2007): *Die Hummel.* 99 Metaphern, die dem Leben Flügel verleihen. Paderborn: Junfermann.

Ware, B. (2012): *The top five regrets of the dying, A Life Transformed by the Dearly Departing.* UK: Hay House.

Watzlawick, P. (2005): *Menschliche Kommunikation: Formen, Störungen, Paradoxien.* 11. Auflage. Bern: Huber.

Weidenmann, B. (2010): *Handbuch Kreativität.* Weinheim und Basel: Beltz.

Weidenmann, S./Weidenmann, B. (2013): *75 Bildkarten für Coaching und Beratung.* Weinheim und Basel: Beltz.

Wellensiek, S. K. (2012): *Fels in der Brandung statt Hamster im Rad.* Weinheim und Basel: Beltz.

Zimbardo, P. G./Gerrig, R. J. (2004): *Psychologie.* 16. Auflage. München: Pearson Studium.